전기 · 전자 · 통신 공학도를 위한

공학수학

최동유 · 노순국 · 노진수 공저

도서출판 태영문화사

머리말

과학의 발전과 더불어 지금까지 이루어 놓은 과학의 성과를 최대한 활용하고 더욱 발전시켜 나가기 위해서는 수학의 기초가 없이는 불가능한 것이다. 특히, 전기·전자·통신공학 분야를 전공하는 학생들에게는 다른 어떠한 분야에서 보다 더욱 고도의 수학적 지식이 요구되고 있으며, 이러한 수학적 기초가 제대로 되어 있지 않으면 전공을 이해하기란 매우 어려운 일이다.

따라서, 이 책은 수학의 기초지식이 다소 부족하지만, 공학을 공부하는 4년제 대학 및 전문대학 학생들이 흥미있고 손쉽게 공학수학을 이해할 수 있도록 집필하였다. 특히 전기·전자·통신공학 분야 교과과정에 적합하도록 편성하였으며, 공학수학에 대한 기본 개념과 함께 전공분야와 관계있는 예제와 문제를 다루어 학생 스스로 명확히 이해하고 습득함으로써 응용력을 기를 수 있도록 하였다. 또한 각 장마다 엄선된 연습문제를 선정 배열하여 전공과목의 실제 면에서 효용성을 중요시 하였으며 학생들이 전공이론을 공부하는데 도움이 되도록 하였다.

책의 구성으로는 1장과 2장에서 기본 용어 및 회로법칙, 기초수학을 다루어 학생들이 기초개념을 이해할 수 있도록 하였고, 각 전기·전자·통신 분야에서 필수적으로 취급하는 내용인 함수, 지수함수와 로그함수, 삼각함수, 행렬식과 행렬, 벡터, 복소수, 미분법, 적분법을 3장~10장에 차례로 구성하였으며, 응용분야인 푸리에급수, 미분방정식, 라플라스변환을 11장~13장에 추가하여 전공과목에 대하여 단계적으로 쉽게 배울 수 있도록 하는데 역점을 두었다.

본 책이 발간되기까지 많은 배려와 노고를 아끼지 않고 힘써주신 도서출판 태영문화사 이진권 사장님을 비롯하여 많은 관계자분들께 머리 숙여 깊이 감사의 말씀을 드립니다.

저자 일동

차 례

제 1 장 기본 용어 및 법칙

제 2 장 기초수학

제 3 장 함수

제 4 장 지수함수와 로그함수

제 5 장 삼각함수

제 6 장 행렬식과 행렬

제 7 장 벡터

제 8 장 복소수

제 9 장 미분법

제 10 장 적분법

제 11 장 푸리에 급수

제 12 장 미분 방정식

제 13 장 라플라스 변환

제 1 장 기본 용어 및 법칙

정보화 및 멀티미디어 시대를 이끌어 가고 있는 도구인 컴퓨터를 다루는 사람은 누구나 그 계산 속도에 놀라며, 컴퓨터의 구조는 어떻게 되어 있는가, 이 컴퓨터를 작동하고 있는 에너지인 전기란 무엇인가 등의 의문과 동시에 흥미와 관심을 갖고 그 전기에 대한 지식욕을 북돋을 것으로 생각한다.

이 장에서는 전기, 전자 및 통신을 전공하는데 있어 모든 기초가 되는 전기관련 기본 용어를 비롯해서 전기, 전자, 통신회로를 해석하는데 가장 기본이 되는 단위계, 기본소자 및 몇 가지 기본 법칙 등에 대해서 가능한 한 이해하기 쉽고, 계산식도 가장 기본이 되는 것에 대해 중점적으로 설명하고자 한다.

1.1 단위계

1.1.1 기본단위와 유도단위

일반적으로 SI로 불리는 국제단위계가 전기·전자공학분야에서 사용되는데 표 1-1에 표시되어 있는 것과 같이 일곱 개의 기본단위인 길이, 질량, 시간, 전류, 절대온도, 광도, 물질량과 2개의 보조단위인 평면각과 입체각으로 되어 있다. SI 단위계는 공식적으로는 MKS 단위계가 사용된다. 여기서 M(Meter)은 길이, K(Kilogram)는 질량, S(Second)는 시간을 의미한다.

표 1-1 SI 국제단위계(기본단위, 보조단위)

	양	단위	기호
기본단위	길이	미터	m
	질량	킬로그램	Kg
	시간	세컨드	s
	전류	암페어	A
	절대온도	켈빈	K
	광도	칸델라	cd
	물질량	몰	mol
보조단위	라디안	라디안	rad
	스테라디안	스테라디안	sr

다른 일반단위계는 기본단위와 보조단위로부터 파생된 것으로 표 1-2에 표시된 것처럼 사용된다. 예를 들면 전하의 단위는 쿨롬인데 쿨롬은 기본단위계의 시간(s)과 전류(A)로부터 유도된 것이다. 전기·전자공학분야에서 사용되는 대부분의 단위계는 유도단위계이다.

표 1-2 SI 유도단위

양	단위	기호
에너지	줄	J
힘	뉴턴	N
전력	와트	W
전하량	쿨롬	C
전압	볼트	V
저항	옴	Ω
컨덕턴스	지멘스	S
정전용량	패럿	F
인덕턴스	헨리	H
주파수	헤르츠	Hz
자속	웨버	Wb
자속밀도	테슬라	T

1.1.2 미터법 접두어

기초전기의 연구에 있어서 대부분의 전기단위계들은 너무 작거나 너무 커서 표현하기가 어렵다. 예를 들면 저항의 경우 대개 우리가 사용하는 저항값은 수천 Ω에서 수백만 Ω인데 이것을 숫자로 표시하면 정확하게 표시할 수도 없을뿐더러 혹시 정확하게 표시한다고 해도 대단히 불편하기 때문에 이런 숫자를 간단하게 표시하고자 하는 방법으로 사용되는 것이 10진 배수와 약수인데 이때 사용되는 문자기호를 단위 앞에 붙여 쓰기 때문에 접두어라고 부른다. 표 1-3은 일반적으로 사용되는 미터법 접두어와 접두어의 값을 나타내고 있다.

표 1-3 미터법 접두어

접두어	의미	10의 승수
Y(Yotta)	Septillion	24
Z(Zetta)	Sextillion	21
E(Exa)	Quintillion	18
P(Peta)	Quadrillion	15
T(Tera)	Trillion	12
G(Giga)	Billion	9
M(Mega)	Million	6
K(Kilo)	Thousand	3
m(Milli)	Thousandth	−3
u(Micro)	Millionth	−6
n(Nano)	Billionth	−9
p(Pico)	Trillionth	−12
f(Femto)	Quadrillionth	−15
a(Atto)	Quintillionth	−18
z(Zepo)	Sextillionth	−21
y(Yocto)	Septillionth	−24

1.2 전기회로

전지를 이용해서 그림 1-1과 같이 전지의 플러스(+)와 마이너스(−) 단자에 동선과 같은 전선을 사용해서 전구를 접속하면 전류는 ⊕극→전선→전구→전선→⊖극→전지→⊕극의 순으로 흐른다.

이와 같이 전류가 흐르는 완전한 통로를 **전기회로**(electric circuit)라 한다.

전지나 발전기와 같이 기전력을 가지고 있어서 전류의 원천이 되는 것을 **전원**(electric source)이라 하고, 전등, 전열기, 전동기와 같이 전기를 공급받아 어떤 일을 하는 것을 **부하**(load)라고 한다.

우리들이 실제로 이용하고 있는 전류에는 시간에 따라 크기와 방향이 항상 일정한 직류(direct current)와 시간에 따라 크기와 방향이 주기적으로 변화하는 교류(alternating current)가 있다. 직류가 흐르는 전기회로를 **직류회로**(D.C circuit)라 하고 교류가 흐르는 전기회로를 **교류회로**(A.C circuit)라고 한다.

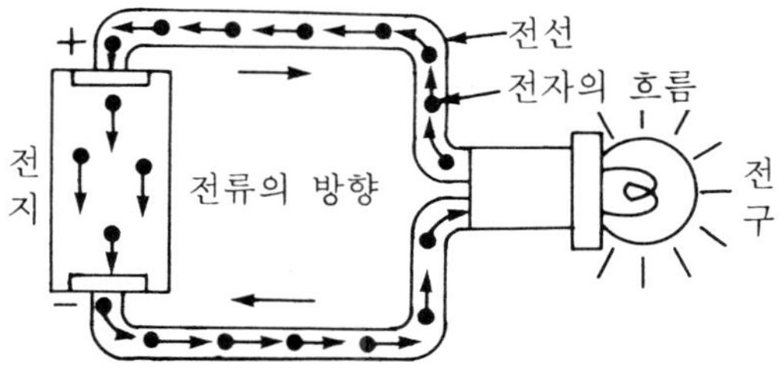

•• 그림 1-1 전류와 전자의 방향 ••

1.3 전하와 전기량

전기적으로 중성인 정상상태에서 보다 자유전자의 수가 많거나 적게되어 전기적 성질을 가지게 되는 것을 물질이 대전(electrification)되었다고 하며, 이때 발생된 양(+)전기와 음(−)전기 사이에는 서로 같은 전기 사이에는 반발하고, 다른 전기는 흡인하는 성질을 가지고 있다.

대전된 전기의 크기를 나타내는 가장 기본적인 양을 **전하**(electric charge)라 하고, 전하가 가지고 있는 전기적인 양을 **전기량**이라 한다.

전기량의 단위는 MKS단위계에서는 쿨롱(coulomb)이며, 기호는 [C]로 표시한다.

전자 1개가 가지는 전기량은 1.60219×10^{-19}[C]이며, 이것은 전기량의 최소의 값이다. 따라서 1[C]의 전하를 만드는데 필요한 전자의 수 N은 다음과 같다.

$$N = \frac{1}{1.60219 \times 10^{-19}} = 6.24 \times 10^{18}[\text{개/C}]$$

1.4 전 류

그림 1-1과 같이 전지의 ⊕극과 ⊖극 사이에 작은 전구를 전선으로 접속하면 전구는 빛을 낸다. 이것은 전지에서 생긴 전기가 전지의 ⊕극에서 ⊖극으로 이동할 때 작은 전구에 빛을 내게 한다고 생각된다. 이와 같은 전하의 이동을 **전류**(electric current)라 한다. 전류의 흐르는 방향은 관습상 양(+)전하가 이동하는 방향으로 정하므로 전자가 이동하는 방향과는 반대가 된다.

전류의 단위로는 MKS단위계에서는 암페어(ampere, 기호 A)를 쓰며, 그 크기는 1[sec]동안에 얼마만큼의 전하가 이동했는가에 따라 정해진다. 만일, 어떤 도체속을 t[sec] 동안에 Q[C]의 전기량이 이동하였다면 전류의 크기 I는 다음 식과 같다.

$$I = \frac{Q}{t}[\text{A}] \tag{1-1}$$

따라서 1[sec]동안에 1[C]의 전기량이 이동하면 1[A]의 전류가 흐르는 것이 된다. 전기량이 이동하는 시간적 변화율이 일정하지 않을 때에는 각 순간의 전류를 생각하여야 하며, 미소시간 dt초간에 이동한 전하를 dq쿨롱이라 하면 그 순간의 전류 i는 다음 식으로 표시된다.

$$i = \frac{dq}{dt} \tag{1-2}$$

그림 1-1에서 동선과 같이 전기를 잘 흘리는 물질을 **도체**(conductor)라 하며 동선과 같은 전선대신 고무나 비닐을 썼다하면 전류가 쉽게 흐르지 않는다. 이와 같이 전기를 통과시키지 않는 물질을 **부도체**(nonconductor)라 한다.

또 이 부도체가 전기가 필요하지 않은 곳에 흐르는 것을 막기 위해서 쓰일 때는 **절연체**(insulator)라 하고, 도체와 부도체의 중간인 것을 **반도체**(semiconduc-tor)라 한다.

1.5 전 압

전위가 서로 다른 두 점을 도체로 연결하면 전위차에 의해 높은 전위에서 낮은 전위로 전하가 이동하여 전류가 흐른다. 이것은 마치 물이 높은 수위에서 낮은 수위로 흐르는 것과 유사하며, 물의 흐름은 수위차가 필요하다. 전기회로에서는 수위차에 해당하는 전기적인 압력의 차이 즉, 전위차(electric potential differ-ence)가 있을 때 전류가 흐른다. 이것을 **전압**(voltage)이라 한다.

물이 흘러 수위가 변화될 때 에너지 변환이 수반되듯이 전기회로에 전류가 흐를 때에도 에너지의 변환 또는 전송이 일어나면서 이 전후에 있어서 전위차가 발생한다. 이때 두 점간의 전위차는 단위정전하가 그 두 점간을 이동할 때 얻거나 잃게 되는 에너지로써 결정된다.

전압의 단위로는 볼트[Volt, V]가 쓰인다. 1[V]는 1[C]의 전하가 두 점간을 이동할 때 얻거나, 또는 잃는 에너지가 1[J]이 되는 두 점간의 전위차를 말한다.

그림 1-2와 같이 양의 1[C]의 전하가 $P-N$ 사이를 이동하여 1[J]의 일을 하는 경우 $P-N$ 사이의 전위차를 1[V]라고 정하였다.

지금 Q[C]의 전하가 전위차가 일정한 두 점간을 이동하며 W[J]의 일을 하였다면 그 두 점간의 전압 V[V]는

$$V = \frac{W}{Q}\,[\mathrm{V}],\quad W = QV\,[\mathrm{J}] \tag{1-3}$$

의 관계가 성립된다.

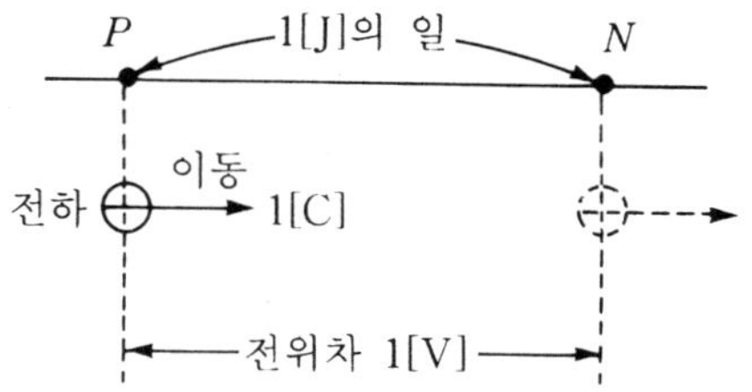

• • 그림 1-2 • •

전기회로에 전류가 항상 계속해서 흐르게 하기 위해서는 항상 전위차가 유지되도록 하는 힘이 있어야 한다. 이 전위차를 만들어 내는 힘을 **기전력**(electromotive force)이라 하며 전지나 발전기가 이와 같은 힘을 가지고 있으며, 물에서와 같은 펌프의 힘에 해당하는 것이다.

1.6 전력과 전력량

전구나 전동기 등에 전압을 가하여 전류가 흐르면 빛이나 열이 발생하고 또 기계적인 일을 한다. 이와 같이 단위시간에 전기가 하는 일의 양 다시 말해서 단위시간에 변환 또는 전송되는 전기에너지를 **전력**(electric power)이라 한다. 전력의 단위로는 [J/s]을 사용하기도 하지만, 이에 대한 MKS단위로는 와트[Watt, W]가 주로 쓰인다. 1[W]는 1[sec] 사이에 주고받는 에너지가 1[J]일 때의 전력이다.

따라서 주고받는 에너지 W[J]이 시간적으로 일정할 때의 전력 P는

$$P = \frac{W}{t} = VI = I^2R = \frac{V^2}{R}\,[\mathrm{W}] \tag{1-4}$$

로 표시된다. 또 전동기의 힘을 표시하는 것으로는 마력의 단위를 사용하며 1마력은 다음의 와트수에 상당한다.

$$1\text{영마력} = 1[\mathrm{HP}] = 746[\mathrm{W}] \fallingdotseq \frac{3}{4}\,[\mathrm{kW}]$$

한편 전력량은 전기에너지(일)를 나타내는 말이다. 즉 전류가 어떤 시간동안에

한 일의 총량을 **전력량**이라 하며, 전력과 그 전력을 사용한 시간과의 곱한 값으로 표시된다. 따라서 P[W]의 전력을 t[sec]동안 사용하였을 때의 전력량 W는

$$W = Pt[\mathrm{J}] \tag{1-5}$$

로 표시된다. 만일 I[A]의 전류가 R[Ω]의 저항속을 t[sec]동안 흐를 때에는

$$W = I^2Rt[\mathrm{W \cdot S}] \tag{1-6}$$

의 전력량이 모두 열로 되어 소비되므로 이때 발생하는 열량을 H[cal]라 하면

$$H = \frac{I^2Rt}{4.186} = 0.24I^2Rt[\mathrm{cal}] \tag{1-7}$$

의 관계식이 성립된다.

식 (1-7)의 뜻은 저항에 의해 발생하는 열량이 전류의 제곱과 저항의 곱에 비례한다는 것을 나타내고 있으며 이것을 **주울의 법칙**(Joule's law)이라 한다.

이와 같이 저항 속을 전류가 흘러 발생하는 열을 **주울의 열**이라 한다.

전력량의 단위는 [Ws], [Wh], [kWh] 등이 사용되며 이들 사이의 관계는 다음과 같다.

$$1[\mathrm{kWh}] = 10^3[\mathrm{Wh}] = 3.6 \times 10^6[\mathrm{J}]$$

전선은 주로 구리나 알루미늄을 사용한 도체로서, 이 도체에 전류를 흘리면, 도체 중에 저항이 있기 때문에 주울열이 발생하며 이 열이 절연피복을 변질시키거나 소손하여 화재 발생의 원인이 된다. 따라서 전선에는 안전한 상태로 사용할 수 있는 한도의 전류값이 반드시 정해져 있으며 이것을 **허용전류**(allowable cur-rent)라 한다. 그러므로, 도체는 허용전류 이하의 전류로 사용해야 한다. 또, 도체에서 어느 정도의 전류를 흘릴 수 있는가를 나타내지 않아도 어느 정도의 전력까지 소비시킬 수 있는가를 알고 있으면 저항체를 사용하는 경우에 많은 도움이 된다. 이것을 **허용전력**이라 한다.

허용전력을 P[W], 저항 R[Ω]인 도체의 허용전류 I는 식 (1-4)에 의해

$$I=\sqrt{\frac{P}{R}}[\mathrm{A}] \tag{1-8}$$

로 나타낼 수 있다.

1.7 전기저항

어떤 물체를 통하여 전하가 흐를 때는 항상 역학계에서의 마찰력과 비슷한 저항을 받는다. 이 저항은 전자와 전자간이나 물질내의 다른 원자와의 충돌 때문에 생긴다. 그리고 이 저항은 물질이 가지고 있는 자유전자의 수나 원자핵의 구조, 물질의 형상 또는 온도에 따라 변화된다.

이와 같이 물질에 전류의 흐름을 방해하는 정도를 표시하는 것을 전기저항(resistance, R)이라 한다. 특히 전기적인 특성이 주로 저항인 실물을 저항기(resistor)라고 한다.

전기저항의 크기를 나타내는 단위에는 옴[ohm, Ω]을 사용한다.

1[Ω]이란 1[A]의 전류를 흐르게 하는데 1[V]의 전압을 필요로 하는 도체의 저항이다.

1.7.1 고유저항과 도전율

물질의 저항은 재질, 형상, 온도에 따라 변화하며, 형상 및 온도를 일정하게 하면 재질에 따라 저항값이 달라진다. 일반적으로 고유저항은 단위길이, 단위면적의 물질의 전기저항을 말하고, 여러 가지 물체의 저항을 비교할 때의 기준으로 사용한다.

그림 1-3과 같이 도체의 단면적을 $S[\mathrm{m}^2]$, 길이를 $l[\mathrm{m}]$라 하면 이 도체의 저항 R은

$$R=\rho\frac{l}{s}[\Omega] \tag{1-9}$$

로 나타낼 수 있다. 여기서 ρ는 물질에 따라 결정되는 비례상수로서 단위 단면

적, 단위 길이의 저항을 나타내는 것으로, 물질의 종류가 따라 정해지는 값으로, 이 ρ를 그 물질의 **고유저항** 또는 **저항률**이라고 한다.

고유저항 ρ의 단위는 옴 미터[ohm meter, Ωm]로 표시한다.

금속도체와 같이 고유저항이 작은 경우에는 10^{-8}[Ω · m] 또는 [μΩ · cm]를 사용한다. 불순물이 다소 첨가된 일반 구리선(경동선)의 고유저항은 1.723[μΩ · cm]이다.

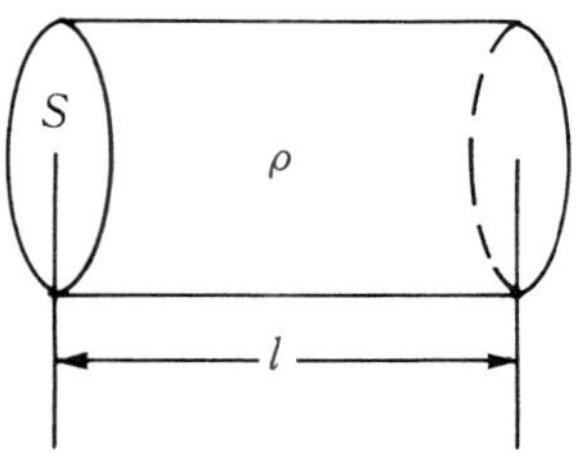

• • 그림 1-3 저항 • •

고유저항, 즉 저항률에 대하여 물질내의 전류가 흐르기 쉬운 정도를 나타내는 말로서, 저항률의 역수를 **도전율**(conductivity)이라 하고, 단위로는 [Ω^{-1} · m]=[℧/m]를 사용한다. 도전율 $\varkappa$는

$$\varkappa = \frac{1}{\rho} = \frac{l}{RS}\,[\mho/\mathrm{m}] \tag{1-10}$$

로 표시된다.

1.7.2 저항의 온도계수

일반적으로 금속도체의 전기저항은 온도의 영향을 많이 받는다. 금속은 온도가 상승하면 저항이 증가되며, 반도체, 탄소, 절연체 등에서는 반대로 감소된다.

지금 온도가 0[℃]일 때의 저항을 R_0[Ω], 온도가 t[℃]로 올라간 후의 저항을 R_t[Ω]이라 하면, 다음과 같은 관계가 성립한다.

$$R_t = R_0(1 + \alpha_0 t)[\Omega] \tag{1-11}$$

여기서 α_0는 각 금속에 따라 정해지는 정수로서 0[℃]에서 1[℃]의 온도상승에 대한 저항의 증가비율을 나타내며, 이것을 저항의 온도계수라고 한다.

여기서는 전선으로 가장 많이 쓰이는 구리선의 온도계수만을 다루어 보기로 한다.

만국표준연동의 α_0는

$$\alpha_0 = 0.00427 = \frac{1}{234.5}$$

이고, t[℃]에서의 온도계수 α_t는 다음과 같이 표시한다.

$$\alpha_t = \frac{\alpha_0 t}{1+\alpha_0 t} = \frac{1}{234.5+t}$$

1.7.3 저항의 접속법

전기회로를 구성하는 저항은 하나의 회로에 1개만을 사용하는 경우도 있으나 몇 개의 저항을 조합하여 사용하는 경우가 많다. 이 경우, 조합방법 중에서 가장 간단한 것은 직렬접속과 병렬접속이 있다.

① 직렬접속 : 그림 1-4와 같이 3개의 저항 R_1, R_2, R_3[Ω]은 a, b사이에 직렬로 접속하고 여기에 V[V]의 전압을 가할 때에 흐르는 전류를 I[A]라 하면 저항 R_1, R_2, R_3[Ω]에도 전류가 흐르므로, 각 저항의 양단의 전압을 V_1, V_2, V_3[V]라고 하면 옴의 법칙에 의해서 다음과 같은 식이 얻어진다.

$$V = V_1 + V_2 + V_3 = R_1 I + R_2 I + R_3 I = (R_1 + R_2 + R_3) I = RI \quad (1\text{-}12)$$

그리고, 식 (1-12)를 변형하면 다음과 같이 된다.

$$R = \frac{V}{I} = R_1 + R_2 + R_3 [\Omega] \quad (1\text{-}13)$$

식 (1-13)의 R을 이 회로의 합성저항이라 하며, 각 저항의 합이 된다.

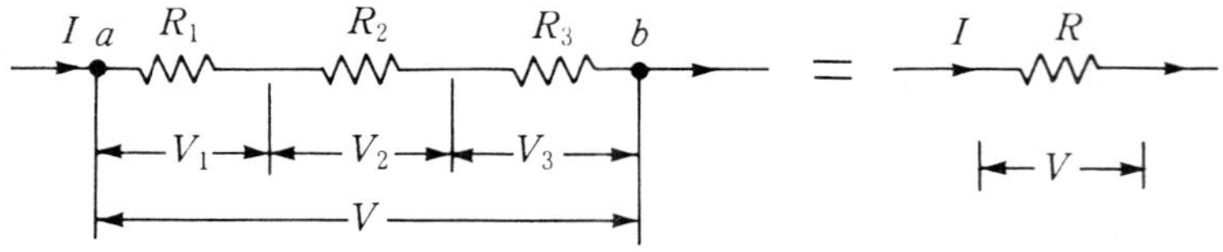

•• 그림 1-4 직렬접속 ••

② **병렬접속** : 그림 1-5와 같이 3개의 저항 R_1, R_2, R_3[Ω]을 병렬로 접속하고, 그 양단에 전압 V를 인가하면, 저항 R_1, R_2, R_3에 흐르는 전류 I_1, I_2, I_3은 각각 다음과 같이 된다.

$$I_1 = \frac{V}{R_1}, \ I_2 = \frac{V}{R_2}, \ I_3 = \frac{V}{R_3} \tag{1-14}$$

회로의 전 전류 I[A]는 I_1, I_2, I_3의 합이므로, 다음과 같이 된다.

$$I = I_1 + I_2 + I_3 = \frac{V}{R_1} + \frac{V}{R_2} + \frac{V}{R_3} = \left(\frac{1}{R_1} + \frac{1}{R_2} + \frac{1}{R_3}\right)V = \frac{V}{R} \tag{1-15}$$

또, 식 (1-15)를 변형하면

$$R = \frac{V}{I} = \frac{1}{\dfrac{1}{R_1} + \dfrac{1}{R_2} + \dfrac{1}{R_3}} \tag{1-16}$$

이 된다. 식 (1-16)의 R은 이 회로의 합성저항이라 하며, 각 저항의 역수의 합의 역수가 된다.

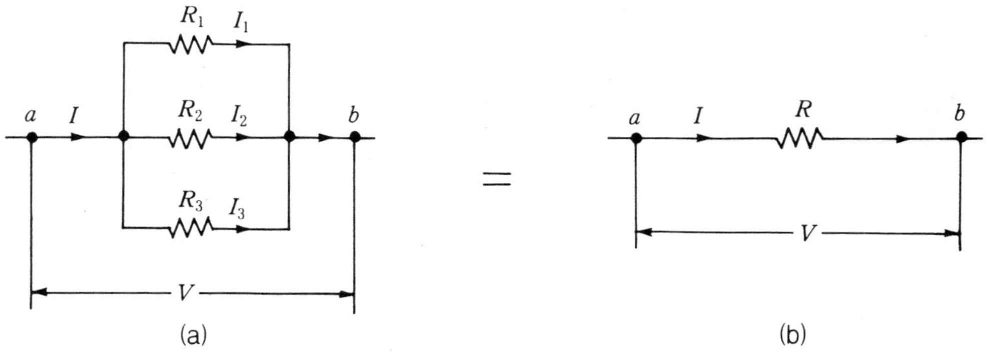

•• 그림 1-5 병렬접속 ••

예제 그림 1-6과 같은 병렬회로에서 $R_1=3[\Omega]$, $R_2=6[\Omega]$이라고 한다. 이때, 합성저항 $R[\Omega]$을 구하여라.

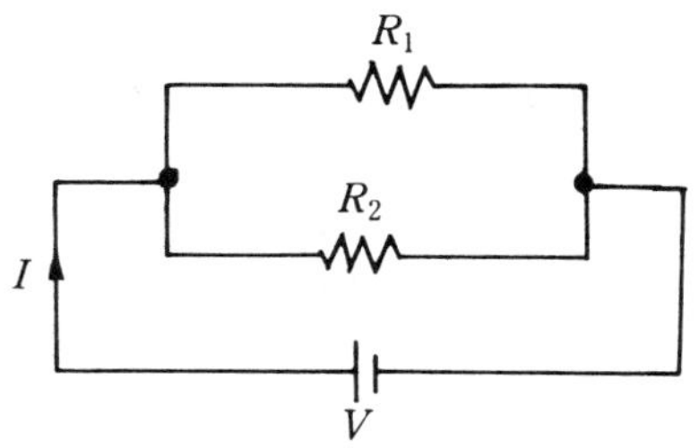

•• 그림 1-6 ••

풀이 합성저항 R은

$$R=\frac{1}{\frac{1}{R_1}+\frac{1}{R_2}}=\frac{1}{\frac{R_1+R_2}{R_1R_2}}=\frac{R_1R}{R_1+R_2}\text{이므로}$$

$$\therefore R=\frac{R_1R_2}{R_1+R_2}=\frac{3\times6}{3+6}=2[\Omega]$$

③ **직·병렬접속** : 경우에 따라서는 직렬연결과 병렬연결을 혼합해서 사용하는 수가 있는데, 이런 경우 혼합연결 또는 직·병렬연결이라고 부르고 합성저항을 구하는 방법은 병렬합성저항을 먼저 구하고 다시 직렬저항에 더하면 되는데 중요한 점은 전원에서 먼 쪽에서부터 전원에 가까운 쪽으로 구해 온다는 사실

이다.

예제 그림 1-7에 표시된 회로의 합성저항 $R[\Omega]$을 구하여라.

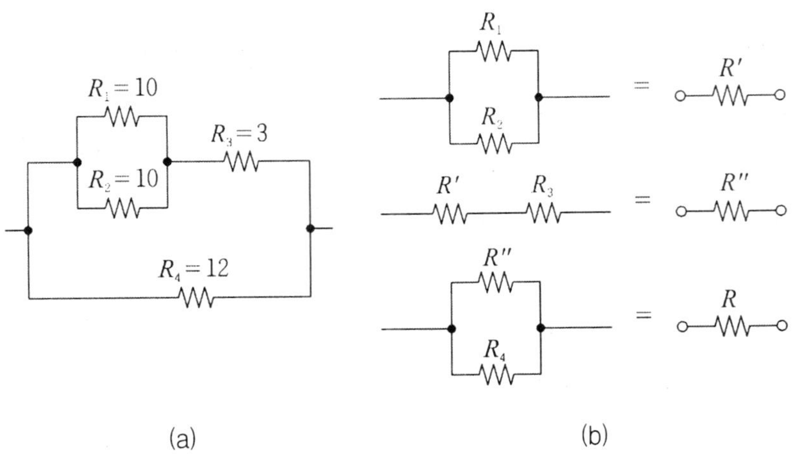

•• 그림 1-7 ••

풀이 R_1과 R_2의 합성저항을 구하면 5[Ω]이다.

$$R = \frac{10 \times 10}{10+10} = 5[\Omega]$$

이런 병렬합성저항이 직렬저항에 더해지면 R''은 8[Ω]이 된다.

$$R'' = R' + R_3 = 5 + 3 = 8[\Omega]$$

끝으로 R''이 R_4에 병렬연결 되므로 합성저항은 4.8[Ω]이 된다.

$$R = \frac{8 \times 12}{8+12} = 4.8[\Omega]$$

1.8 인덕턴스

도체에 전류가 흐르면 그 주위에 자장(magnetic field)이 형성되며, 그 자장의 모양을 기하학적으로 표현한 것을 **자력선**이라 한다. 어떤 단면을 통하는 자력선을 한 묶음으로 생각하여 이것을 **자속**(magnetic flux)이라 부르며 보통 ϕ로써 표시한다. 자속의 MKS단위는 웨버(weber)이다.

그림 1-8과 같은 코일에 변화하는 전류를 흘리면 코일을 관통하는 자속이 변화하기 때문에 코일에는 그 변화를 방해하는 방향으로 기전력이 발생한다.

이 경우, 어느 정도의 전류의 변화에 대해서 어느 정도의 전압이 발생하는가는 코일 자체의 모양, 크기, 구조 등에 의해서 다르며, 그 양을 나타내는 인덕턴스(inductance)라고 하는 물리량을 쓰게 된다. 전기적 성질이 주로 인덕턴스인 실물을 인덕터(inductor) 또는 속칭 코일(coil)이라 한다.

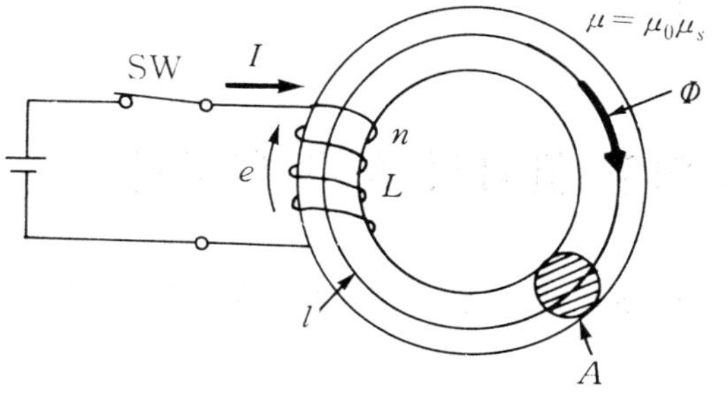

•• 그림 1-8 자기유도 ••

1.8.1 자기 인덕턴스

그림 1-8과 같이 전류가 흐르는 코일 자체에 전압이 발생하는 작용을 자기유도(self induction)작용이라 한다.

이 경우 발생하는 전압 e는 짧은 시간에 크게 변화할수록 크고, dt[sec] 동안에 di만큼 변화하면 e의 크기는 다음과 같이 된다.

$$e = L\frac{di}{dt} \tag{1-17}$$

윗 식의 비례상수 L은 코일 특유의 값으로서 자기 인덕턴스(self inductance)라고 하며, 단위로는 헨리(Henry, H)를 쓴다. 1[H]란 1[sec]동안에 1[A]의 전류가 변화하여 1[V]의 전압이 발생하는 코일의 자기 인덕턴스이다.

헨리라는 단위는 너무 크므로 보조단위로 밀리 헨리[mH]가 자주 쓰인다.

$$1[\mathrm{mH}] = 10^{-3}[\mathrm{H}]$$

예제 어느 코일에 흐르는 전류가 0.01[S]동안에 4[A]로 변화하여 2[V]의 기전력이 유기된다면 이 코일의 인덕턴스[H]는 얼마인가?

풀이 $e = L\dfrac{di}{dt}$ 에서

$$L = e\frac{dt}{di} = 2\times\frac{0.01}{4} = 0.005[\mathrm{H}] = 5[\mathrm{mH}]$$

1.8.2 솔레노이드 코일의 자기 인덕턴스

그림 1-8과 같은 환상의 자기회로에 코일을 감은 것을 솔레노이드 코일이라 한다.

코일의 권수를 n회, 자기회로의 단면적을 $A[\mathrm{m}^2]$, 자기회로의 길이를 $l[\mathrm{m}]$ 투자율을 $\mu = \mu_0\mu_s$라고 할 때, 전류 i가 흐르고 있다면 자기회로에 생기는 자속 ϕ는 다음과 같이 된다.

$$\phi = \frac{ni}{\dfrac{l}{\mu A}} = \frac{\mu A n i}{l} \tag{1-18}$$

dt[sec] 동안에 자속이 $d\phi$만큼 변화했다면 코일에 발생하는 전압 v는 다음과 같이 된다.

$$e = -n\frac{d\phi}{dt} = \frac{\mu A n^2}{l}\cdot\frac{di}{dt} \tag{1-19}$$

그러나, $e = -L\dfrac{di}{dt}$ 이므로, 솔레노이드의 자기 인덕턴스 L은 다음과 같은 식으로 나타낸다.

$$L = \frac{\mu A n^2}{l} = \frac{\mu_0\mu_s A n^2}{l} \tag{1-20}$$

식 (1-20)에서 알 수 있는 바와 같이, 자기 인덕턴스는 자기회로의 투자율, 자기회로의 길이, 단면적, 코일의 권수 등에 의해서 정해지는 값으로서, 특히 권수의 제곱에 비례하는 성질이 있다.

만일 인덕터의 인덕턴스가 L[H]이고, 전류가 I[A]이면 이 인덕터에 축적되는 에너지 W[J]은 다음과 같이 된다.

$$W = \frac{1}{2} LI^2 \tag{1-21}$$

1.8.3 상호 인덕턴스

인덕터에서 전류가 변하면 인접한 다른 인덕터에 의해서 변하는 자속이 절단되고 양쪽 인덕터에 모두 유도전압이 발생된다. 그림 1-9에서 코일 L_1은 발전기 측에 연결되어 권선 내에서 전류변화를 발생시킨다. L_2는 L_1과 연결되어 있지는 않지만 권선은 자기장에 의해서 결합되어 있다. L_1에서 전류가 변하면 L_1과 L_2 양단에 전압이 유도되어지며 만약 L_1의 전류가 발생시키는 모든 자속이 L_2에서 절단되어지면 L_2의 각 권선에서의 유도전압의 크기는 L_1의 유도전압의 크기와 같다. 따라서 유도전압 v_{L2}는 L_2에 연결된 부하저항에 전류를 흐르게 할 수 있다. 유도전압이 L_2에서 전류를 발생시키면 이것에 의한 자기장의 변화가 L_1에 전압을 유도시키게 된다. 따라서 두 개의 코일 L_1, L_2는 상호 인덕턴스를 가지게 되고 서로 반대편에 유도전압을 발생시키게 된다. 상호 인덕턴스의 단위 역시 H를 사용하지만 기호로 L_M으로 표시하고 두 코일이 1[H]의 상호 인덕턴스를 가질 때 한쪽 코일에서 1[A]의 전류가 변화하변 반대편 코일에 1[V]의 전압을 유도시킨다.

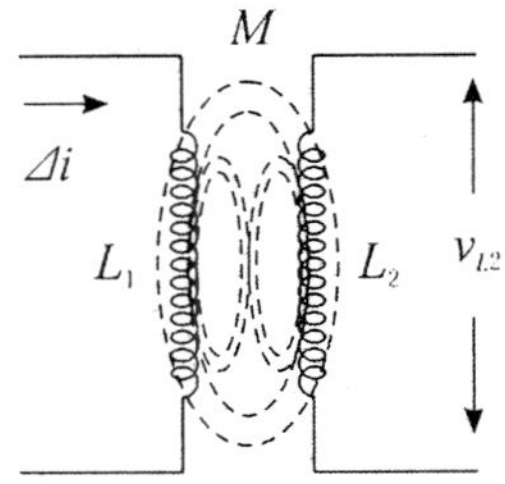

•• 그림 1-9 상호 인덕턴스 ••

1.9 커패시턴스

그림 1-10과 같이 절연체를 사이에 두고 대립하고 있는 도체간에 전위차가 존재하면 전위가 높은 도체에 양(+)전하, 전위가 낮은 도체에 같은 양의 음(−)전하가 축적된다. 이때 축적되는 전하와 전위차가 비례하는 범위에서는

$$q \propto v = Cv \tag{1-22}$$

이 때의 비례상수 C를 커패시턴스(capacitance) 또는 **정전용량**이라 한다. 커패시턴스의 MKS단위는 패러드(Farad)이다.

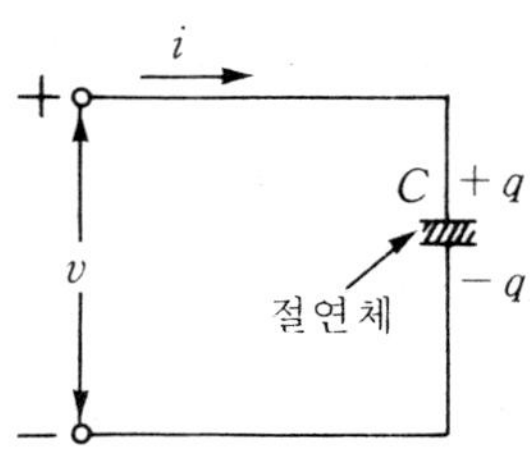

•• 그림 1-10 커패시턴스 회로 ••

1[F]는 1[V]의 전위차에 의하여 1[C]의 전하가 축적될 때의 커패시턴스이다. 패러드라는 단위는 너무 크므로 보통 마이크로패러드[μF] 또는 피코패러드[pF]를 쓴다.

$1[\mu F] = 10^{-6}[F]$

$1[pF] = 10^{-12}[F]$

전기적 성질이 주로 커패시턴스인 실물을 축전기(capacitor) 또는 통상 콘덴서(condenser)라고 한다.

1.9.1 커패시턴스에서의 전압 - 전류관계

식 (1-22)를 식 (1-2)에 대입하면 다음과 같다.

$$i = \frac{dq}{dt} = \frac{d(cv)}{dt} = C\frac{dv}{dt} \tag{1-23}$$

이것이 축적되는 전하가 전압에 비례하는 소자에서의 단자전류와 단자전압과의 관계이며 전류가 전압의 시간적 변화율에 비례함을 알 수 있다.

만일 콘덴서의 커패시턴스가 C[F]이고, 전압이 V[V]이면 이 콘덴서에 축적되는 에너지 W[J]은 다음과 같이 된다.

$$W = \frac{1}{2}CV^2 \tag{1-24}$$

1.9.2 콘덴서의 접속

(1) 직렬접속

정전용량이 각각 C_1, C_2, C_3인 3개의 콘덴서를 그림 1-11과 같이 직렬로 접속하여 2단자 a, b 사이에 V[V]의 전압을 가했을 때, 단자 a, b 사이에 Q[C]의 전하가 축적되었다면, 각 콘덴서의 전극에는 정전유도에 의해서 $+Q$[C] 및 $-Q$[C]의 전하가 유도된다.

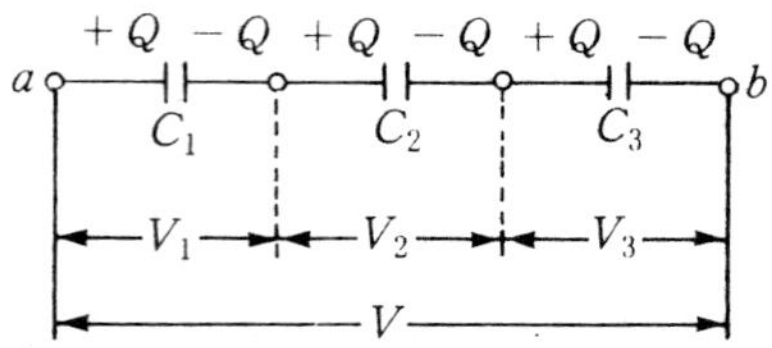

•• 그림 1-11 직렬접속 ••

즉, 콘덴서를 직렬로 접속했을 때에는 정전용량에 관계없이 각 콘덴서에는 같은 양의 전하가 축적된다.

따라서, 각 콘덴서 양단의 전위차를 각각 V_1, V_2, V_3라 하면

$$V_1 = \frac{Q_1}{C_1},\ V_2 = \frac{Q_2}{C_2},\ V_3 = \frac{Q_3}{C_3} \tag{1-25}$$

폐회로에 키르히호프의 전압법칙을 적용하면

$$V = V_1 + V_2 + V_3 \tag{1-26}$$

이므로

$$V = \frac{Q_1}{C_1} + \frac{Q_2}{C_2} + \frac{Q_3}{C_3} = \left(\frac{1}{C_1} + \frac{1}{C_2} + \frac{1}{C_3}\right)Q[\mathrm{V}] \tag{1-27}$$

따라서, 단자 $a-b$ 사이의 합성용량 C[F]은

$$C = \frac{Q}{V} = \frac{Q}{\left(\frac{1}{C_1} + \frac{1}{C_2} + \frac{1}{C_3}\right)Q} = \frac{1}{\frac{1}{C_1} + \frac{1}{C_2} + \frac{1}{C_3}}[\mathrm{F}] \tag{1-28}$$

즉, 콘덴서를 직렬로 접속했을 때의 합성용량은 각 콘덴서의 정전용량의 합의 역수와 같다.

(2) 병렬접속

정전용량이 각각 C_1, C_2, C_3인 3개의 콘덴서를 그림 1-12와 같이 병렬로 접속하여 2단자 $a-b$ 사이에 V[V]의 전압을 가했을 때, 각 콘덴서의 양 도체 사

이에는 V[V]의 전압이 가해지므로, 각 콘덴서에 축적되는 전하는 다음과 같다.

$$Q_1 = C_1 V,\quad Q_2 = C_2 V,\quad Q_3 = C_3 V \tag{1-29}$$

따라서, 단자 a, b에서 보면 축적된 전 전하 Q는 각각의 합과 같다.

$$Q = Q_1 + Q_2 + Q_3 = (C_1 + C_2 + C_3)V[\mathrm{C}] \tag{1-30}$$

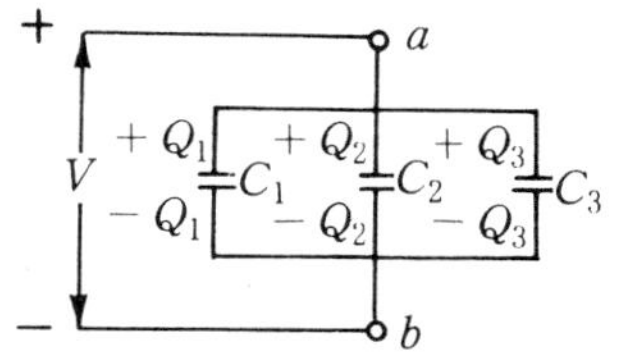

• • 그림 1-12 병렬접속 • •

그러므로, 합성정전용량 C는

$$C = \frac{Q}{V} = \frac{(C_1 + C_2 + C_3)V}{V} = C_1 + C_2 + C_3[\mathrm{F}] \tag{1-31}$$

즉, 콘덴서를 병렬로 접속했을 때의 합성용량은 각 콘덴서의 정전용량의 합과 같다.

예제 4[μF]와 2[μF]의 콘덴서 2개를 직렬로 연결하였을 때와 병렬로 연결하였을 때의 합성정전용량을 각각 구하여라. 또한 병렬합성 정전용량은 직렬합성 정전용량의 몇 배인가?

풀이 직렬로 연결할 때의 정전용량 C_S는

$$C_S = \frac{C_1 C_2}{C_1 + C_2} = \frac{4\times 2}{4+2} = \frac{4}{3}$$

병렬로 연결할 때의 정전용량 $C_p = C_1 + C_2 = 4 + 2 = 6$[F]

$$\therefore \frac{C_p}{C_S} = \frac{6}{\frac{4}{3}} = 4.5(\text{배})$$

1.10 옴의 법칙

옴(ohm)의 법칙은 전압(V), 전류(I), 저항(R)의 상호관계를 규정한 법칙으로 독일의 물리학자 George Simon Ohm(1787~1854)에 의해서 실험적으로 증명된 것이다. 그림 1-13과 같은 회로가 있다고 할 때 전기회로에 흐르는 전류의 크기는 전압에 비례하고, 전기저항에 반비례한다. 즉, 다음 식으로 표시한다.

$$I=\frac{V}{R} \tag{1-32}$$

이 같은 상호관계를 옴의 법칙(ohm's law)이라 하며 전기회로의 기본적 법칙이다.

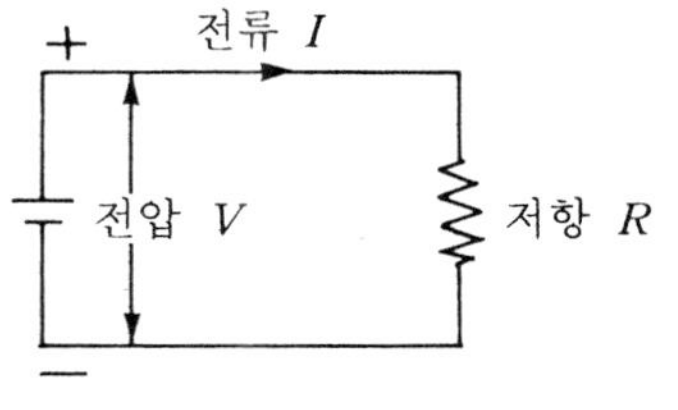

• • 그림 1-13 옴의 법칙 • •

식 (1-32)를 변형하면

$$V=RI \tag{1-33}$$

이 되며, 저항 R[Ω]의 도체에 전류 I[A]가 흐를 때 도체 양단에는 RI[V]의 전위차가 발생되며 이것을 **전압강하**(voltage drop) 또는 **단자전압**이라 한다.

예제 10[Ω]의 저항에 20[A]의 전류가 흐르고 있다. 이때, 저항에 가해져 있는 전압은 몇 [V]인가?

풀이 옴의 법칙 $I=\frac{V}{R}$에서

$V=RI=10\times20=200$[V]

1.11 키르히호프의 법칙

간단한 단순회로에서 전압, 전류, 저항을 계산하는데는 옴의 법칙으로 쉽게 해결할 수 있다. 그러나 여러 개의 기전력을 포함하는 복잡한 병렬회로에서는 옴의 법칙만으로는 해결하기 어렵다. 따라서 복잡한 회로로 구성된 복합회로망의 해석을 하는데는 키르히호프의 법칙(kirchhoffś law)이 적용된다. 이 법칙에는 전류의 연속성을 표시하는 제1법칙과 전압과 기전력의 평형성을 표시하는 제2법칙이 있다.

1.11.1 제1법칙(전류법칙)

이 법칙은 전류의 연속성을 표시하는 법칙으로, 회로가 아무리 복잡할지라도 회로망 중의 임의의 접속점에 유입하는 전류와 유출하는 전류의 대수합은 0이다. 그림 1-14에서 접속점 0에 유입하는 전류는 (+), 유출하는 전류를 (−)라 하면 유입전류는 I_1, I_3 유출전류는 I_2, I_4, I_5라 할 때, 다음 식이 성립된다.

$$I_1 - I_2 + I_3 - I_4 - I_5 = 0 \tag{1-34}$$

제1법칙을 대수적인 일반식으로 나타내면, 다음 식과 같다.

$$\sum_{k=1}^{n} I_k = 0 \tag{1-35}$$

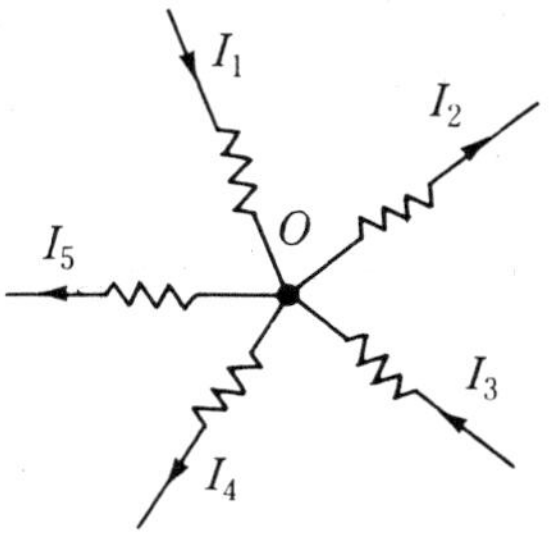

•• 그림 1-14 전류법칙 ••

예제 그림 1-15에서 키르히호프의 제1법칙을 이용하여 I_2를 구하여라.

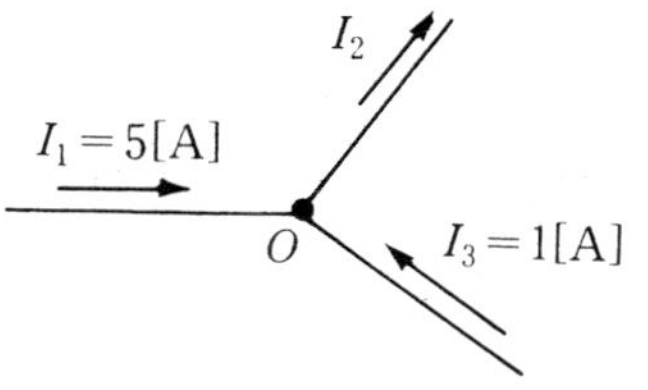

•• 그림 1-15 ••

풀이 접속점 0에 키르히호프의 제1법칙을 적용하면

$$I_1 - I_2 + I_3 = 0$$

$$\therefore\ I_2 = I_1 + I_3 = 1 + 5 = 6[A]$$

1.11.2 제2법칙(전압법칙)

이 법칙은 전압과 기전력의 평형성을 나타내는 법칙으로서, 회로망 중의 임의의 폐회로는 한쪽 방향으로 일주했을 때 공급된 기전력의 대수합은 전압강하의 대수합과 같다.

제2법칙을 대수적인 일반식으로 나타내면, 다음 식과 같다.

$$\sum_{k=1}^{n} V = \sum_{k=1}^{n} RI \tag{1-36}$$

예를 들면, 그림 1-16과 같이 전류의 방향을 화살표 방향으로 가정하고, 이 방향과 일치하는 전압강하와 기전력은 (+), 이와 반대로 되는 것을 (−)로 하면

$$V_1 + V_2 - V_3 = R_1 I_1 + R_2 I_2 - R_3 I_3 + R_4 I_4 \tag{1-37}$$

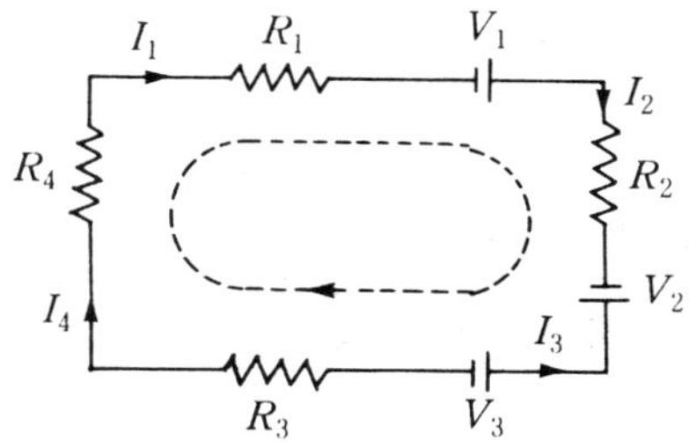

•• 그림 1-16 ••

예제 그림 1-17의 회로에서 제2법칙을 이용하여 각 분로의 전류 I_1, I_2, I_3를 구하라.

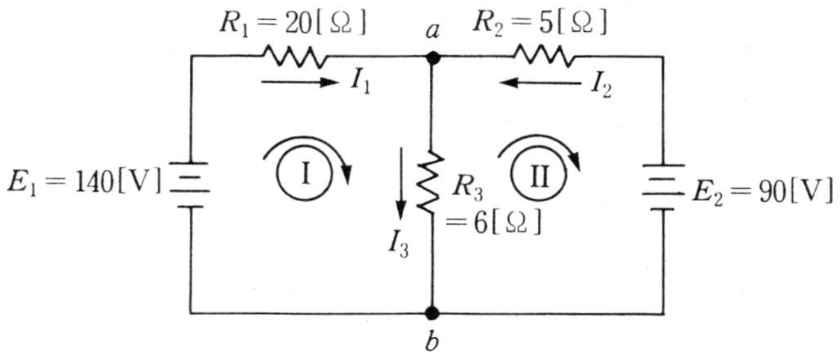

•• 그림 1-17 ••

풀이 각 분로의 전류 I_1, I_2, I_3의 방향은 그림에 나타낸 방향으로 가정하고, 접속점 a에 제1법칙을 적용하면

$$I_1 + I_2 = I_3 \qquad ①$$

다음에 폐회로 Ⓘ, Ⓘ에 제2법칙을 적용하면 폐회로 Ⓘ인 경우

$$20I_1 + 6I_3 = 140 \qquad ②$$

폐회로 Ⓘ인 경우

$$-6I_3 - 5I_2 = -90,\ 6I_3 + 5I_2 = 90 \qquad ③$$

따라서 식 ①을 식 ②에 대입하여 정리하면

$$20(I_3 - I_2) + 6I_3 = 140,\ 26I_3 - 20I_2 = 140 \qquad ④$$

또, 식 ③×4+식 ④를 하여 I_2를 소거하면

$$50I_3 = 500 \quad \therefore I_3 = 10[A]$$

I_3를 식 ②에 대입하면

$$20I_1 + 60 = 140 \quad \therefore I_1 = 4[\mathrm{A}]$$

I_1, I_3를 식 ①에 대입하면

$$I_2 = I_3 - I_1 = 10 - 4 = 6[\mathrm{A}]$$

1.12 테브난의 정리

테브난의 정리(Thevenin's theorem)는 복잡한 회로망의 어느 특정된 한 지로의 전류나 혹은 전압을 구하는데 매우 편리한 정리이고, 키르히호프의 법칙 등을 사용하는 것보다 빠르게 해답을 얻을 수 있는 경우가 있다.

이 정리는 모든 회로망 정리 중에서 가장 많이 이용된다.

하나 또는 그 이상의 전압원 및 전류원을 포함한 그림 1-18 (a)에 보인 어떠한 선형 능동 회로망도 그림 1-18 (b)에서 보는 바와 같이 하나의 전압원 V_{th}와 하나의 등가저항 R_{th}로 대치할 수 있다. 여기서 전압 V_{th}는 주어진 회로망의 단자 ab를 개방하였을 때 단자 사이에 나타나는 전압과 같고 R_{th}는 회로망 내의 모든 전압원을 단락하고 모든 전류원은 개방하였을 때 단자 ab에서 능동 회로망 쪽을 본 등가 저항과 같다. 전압 V_{th}를 **테브난 등가 전압**(Thévenin equivalent voltage)이라 하고 R_{th}를 **테브난 등가 저항**(Thévenin equivalent resistance)이라 한다.

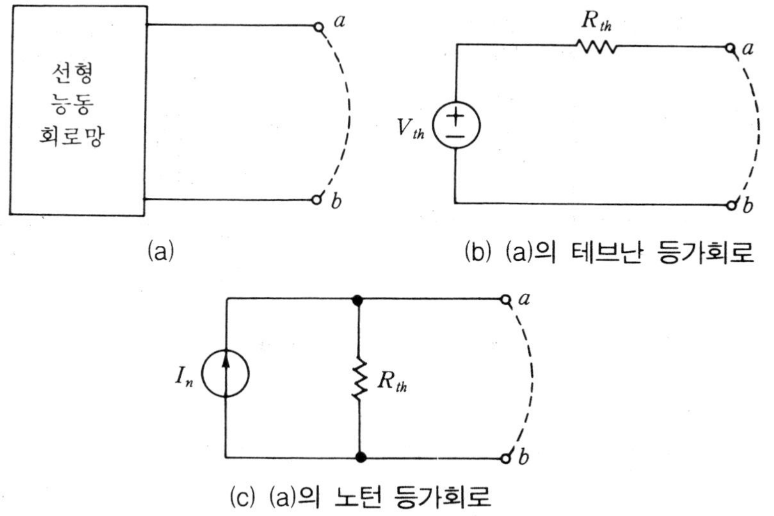

•• 그림 1-18 테브난 정리와 노턴 정리에 대한 설명도 ••

그림 1-18 (c)의 회로는 노턴의 등가회로로서 테브난의 등가회로와는 서로 등가적으로 대치할 수 있다. 또 테브난의 정리와 노턴 정리는 서로 쌍대적인 관계에 있다.

한편 단자 a, b 사이에 저항 R을 접속했을 때 저항 R에 흐르는 전류 I는 다음 식과 같다.

$$I = \frac{V_{th}}{R + R_{th}} \tag{1-38}$$

식 (1-38)을 테브난의 정리라 한다.

예제 그림 1-19에서 테브난의 정리를 이용해서 저항 $R=25[\Omega]$에 흐르는 전류 I를 구하여라.

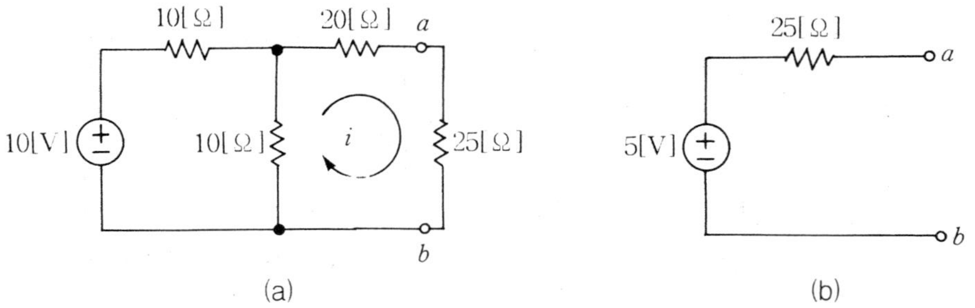

•• 그림 1-19 ••

풀이 그림 1-19 (a)에서 단자 ab를 개방하였을 때 단자전압 V_{th}는

$$V_{th} = 10 \times \frac{10}{10+10} = 5[\mathrm{V}]$$

다음에 10[V]의 전압원을 단락시키고, 단자 a, b에서 본 저항 R_{th}는

$$R_{th} = 20 + \frac{10 \times 10}{10+10} = 25[\Omega]$$

따라서 테브난의 등가회로는 그림 (b)와 같이 되고 전류 I는

$$I = \frac{V_{th}}{R + R_{th}} = \frac{5}{25+25} = 0.1[\mathrm{A}]$$

1.13 전압분배법칙과 전류분배법칙

1.13.1 전압분배법칙

직렬회로는 전압분배기(voltage dividers)로 작용한다. 그림 1-20과 같은 회로를 분압기라고 생각할 수 있다. 그림 1-20에서 인가된 직류전압은 두 개의 저항에 의해서 나누어진다. 직렬회로에서 각 소자에 흐르는 모든 전류는 동일하며 전압강하는 저항과 전류의 곱과 같다. 그러므로 각각의 저항에서의 전압강하(vol-tage drop)는 각 저항의 크기에 비례한다. 따라서 그림 1-20과 같은 직렬회로 내에서는 저항값이 큰 쪽이 작은 쪽보다 높은 전압강하가 발생한다.

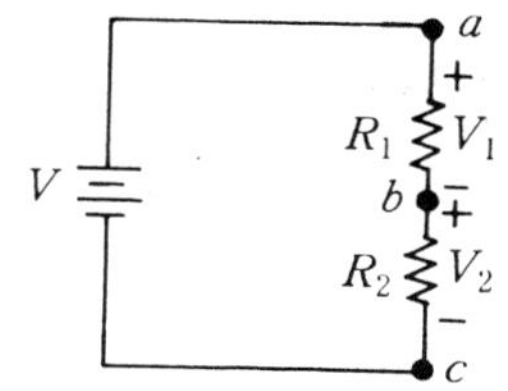

●● 그림 1-20 전압분배기 ●●

지금 V인 전압을 단자 ac사이에 인가하면

$$V = V_1 + V_2 = (R_1 + R_2)I \tag{1-39}$$

이므로 단자 ac사이에 흐르는 전류는

$$I = \frac{V}{R_1 + R_2} \tag{1-40}$$

이다. 따라서 각 저항에 인가되는 전압 V_1, V_2는 다음과 같이 되며, 직류회로와 교류회로에서 다 같이 적용된다.

$$\left.\begin{aligned} V_1 &= IR_1 = \left(\frac{R_1}{R_1 + R_2}\right)V \\ V_2 &= IR_2 = \left(\frac{R_2}{R_1 + R_2}\right)V \end{aligned}\right\} \tag{1-41}$$

예제 그림 1-21과 같은 전압분배기에서 전압 V_2를 구하여라.

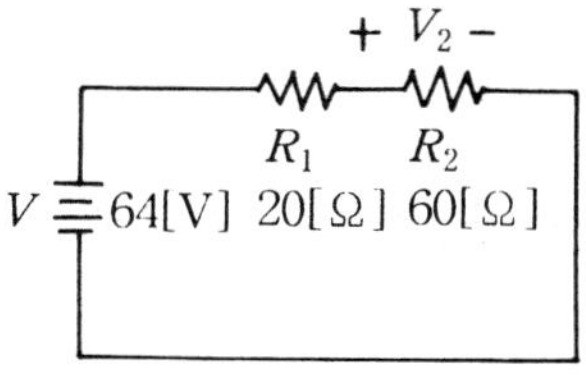

●● 그림 1-21 ●●

풀이 전압분배법칙 $V_2=\left(\frac{R_2}{R_1+R_2}\right)V$에서

$$V_2=\left(\frac{60}{20+60}\right)64=48[\mathrm{V}]$$

1.13.2 전류분배법칙

병렬회로는 전류분배기(current dividers)로 작용한다. 그림 1-22와 같이 두 개의 지로를 가진 병렬회로에서 회로의 양단에 가해진 전압이 주어져 있지 않을 때, 각 지로의 저항값과 전전류 I에 의하여 각 지로의 전류를 구하여야 할 경우가 있다. 이와 같은 문제는 전류분배법칙에 의해서 간단하게 구할 수가 있다.

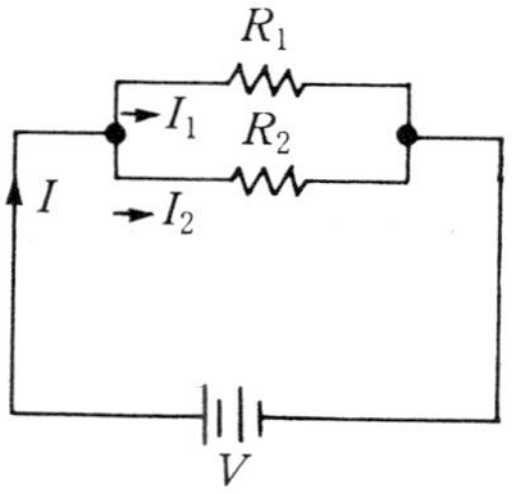

•• 그림 1-22 전류분배기 ••

그림 1-22에 보인 바와 같이 저항 R_1, R_2를 병렬로 접속하고 이에 전압 [V]를 인가하면 모든 동일한 전압 V가 걸리므로 각 저항에 흐르는 전류 I_1, I_2는 옴의 법칙으로 부터

$$I_1=\frac{V}{R_1},\quad I_2=\frac{V}{R_2} \tag{1-42}$$

이므로 이들 전류의 총합은 회로에 흐르는 전전류 I와 같다. 즉

$$I=I_1+I_2=\frac{V}{R_1}+\frac{V}{R_2}=\left(\frac{1}{R_1}+\frac{1}{R_2}\right)V=\frac{V}{R} \tag{1-43}$$

여기서 합성저항 R은

$$R = \frac{1}{\dfrac{1}{R_1} + \dfrac{1}{R_2}} = \frac{R_1 R_2}{R_1 + R_2} \qquad (1\text{-}44)$$

이다. 식 (1-43)을 다시 고쳐쓰면

$$V = RI = \frac{R_1 R_2}{R_1 + R_2} I \qquad (1\text{-}45)$$

가 된다. 따라서 각 지로에 흐르는 전류 I_1, I_2는 다음과 같이 되며 직류회로와 교류회로에 다같이 적용된다.

$$\left.\begin{aligned} I_1 &= \frac{V}{R_1} = \left(\frac{R_2}{R_1 + R_2}\right) I \\ I_2 &= \frac{V}{R_2} = \left(\frac{R_1}{R_1 + R_2}\right) I \end{aligned}\right\} \qquad (1\text{-}46)$$

예제 그림 1-23과 같은 전류분배기에서 저항 10[Ω]과 20[Ω]에 흐르는 전류 I_1, I_2를 구하여라.

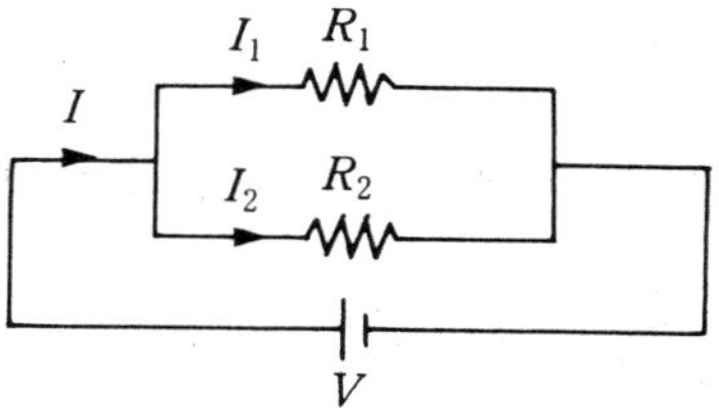

• • 그림 1-23 • •

풀이 합성저항 $R = \dfrac{R_1 R_2}{R_1 + R_2} = \dfrac{10 \times 20}{10 + 20} = \dfrac{20}{3}$ [A]이고

전전류 $I = \dfrac{V}{R}$ 에서

$$I = \frac{V}{R} = \frac{60}{\dfrac{20}{3}} = 9[\text{A}]$$

이다. 그러므로 각 지로 전류 I_1과 I_2는 다음과 같다.

$$I_1 = \frac{R_2}{R_1+R_2} I = \frac{20}{10+20} \times 9 = 6[\mathrm{A}]$$

$$I_2 = \frac{R_1}{R_1+R_2} I = \frac{10}{10+20} \times 9 = 3[\mathrm{A}]$$

예제 그림 1-24와 같은 회로에서 저항 10[Ω]과 15[Ω]에 흐르는 전류 I_1, I_2를 구하여라.

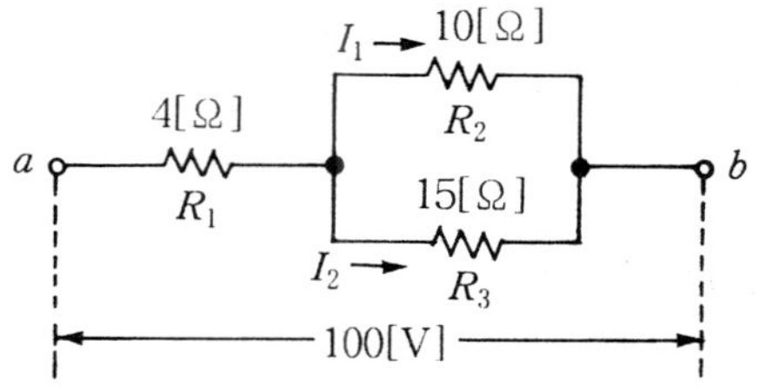

• • 그림 1-24 • •

풀이 합성저항 $R = R_1 + \frac{R_2 R_3}{R_2+R_3} = 4 + \frac{10 \times 15}{10+15} = 10[\Omega]$이고

전전류 $I = \frac{V}{R}$에서

$$I = \frac{V}{R} = \frac{100}{10} = 10[\mathrm{A}]$$

이다. 그러므로 10[Ω]과 15[Ω]에 흐르는 지로 전류 I_1과 I_2는 다음과 같다.

$$I_1 = \frac{R_3}{R_2+R_3} I = \frac{15}{10+15} \times 10 = 6[\mathrm{A}]$$

$$I_2 = \frac{R_2}{R_2+R_3} I = \frac{10}{10+15} \times 10 = 4[\mathrm{A}]$$

1.14 개방회로와 단락회로

1.14.1 개방회로

개방회로(open circuits)는 단순하게 임의의 단자에 연결되지 않은 고립된 두 단자이다.

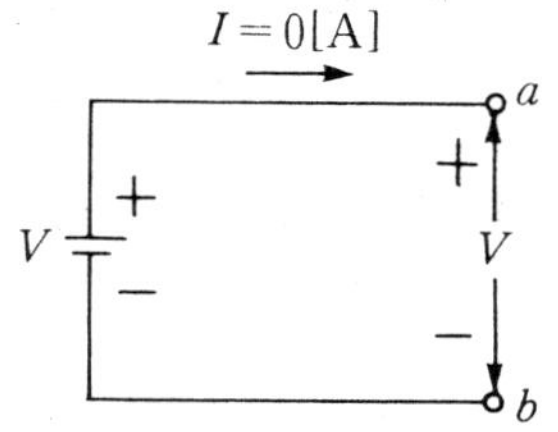

• • 그림 1-25 개방회로 • •

그림 1-25의 전지를 생각해보자. 단 a, b 사이에 개방회로가 있다. 그리고 두 단자 사이에 V볼트의 전압이 있다. 하지만, 두 단자 사이의 충전전류는 흐름에 대한 폐경로가 없음을 의미하는 0이다. 일반적으로 개방회로는 그 단자에 인가되는 전위를 가지지만, 전류는 언제나 0이다.

1.14.2 단락회로

단락회로(short circuits)는 소자의 조합이나 소자에 저항이 없다는 것을 의미한다. 그림 1-26에서 저항 2[Ω]을 통과하는 전류는 5[A]이다.

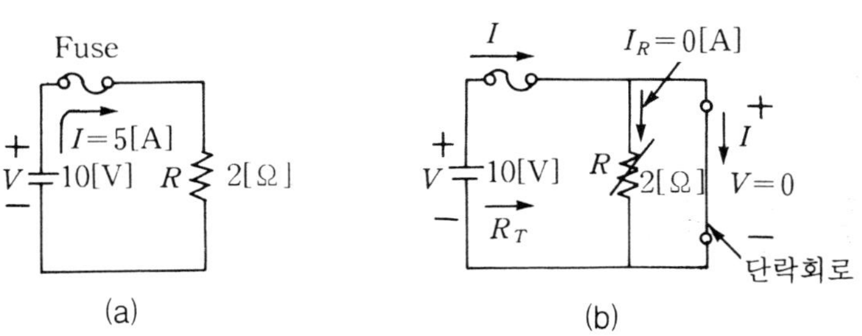

• • 그림 1-26 단락회로 • •

만일 단락회로가 그림 1-26 (b)에서처럼 선의 결함이든지, 기대하지 못한 환경으로 인해서 2[Ω]의 저항에 단락회로가 형성되었다면 회로의 총저항 R_T는 $R_T = (2[\Omega])(0)/(2[\Omega]+0) = 0[\Omega]$이 되고, 전류가 급격히 증가하게 된다. 결국 2[Ω]의 저항은 저저항으로 변하여 단락된 것과 같이 된다.

전류는 전원에 직렬로 연결되어 있는 차단기나 저항의 용량에 따르는 최대값을 가지게 된다. 이렇게 발생한 전류는 보호소자들이 빠른 보호를 하지 못했을 경우 화재나 연기를 일으키게 된다. 일반적으로 단락회로의 저항은 0[Ω]이므로 옴의 법칙($V=IR$)에 따른 전압강하는 일어나지 않게 된다.

단락회로는 어떠한 크기의 전류라도 흘릴 수 있지만, 그때의 전압강하는 항상 0이 된다.

예제 그림 1-27의 회로에서 저항 R_2가 단락되었을 때의 전압 V와 전류 I를 구하여라.

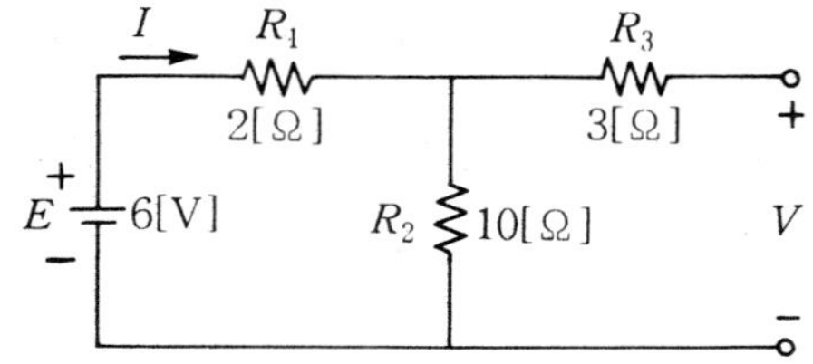

•• 그림 1-27 ••

풀이 3[Ω]에 흐르는 전류는 단락회로로 모든 전류가 흐르기 때문에 영이 되고, 그로 인해서 $V_3[\Omega] = IR = (0)R = 0[\text{V}]$이 되어 전압 V는 단락부분에 나타나는 전압이 된다. 그리고

$$V = 0[\text{V}]$$

또한

$$I = \frac{E}{R_1} = \frac{6}{2} = 3[\text{A}]$$

연 습 문 제

1. 어떤 도선에 50[ms]마다 통과하는 전하량이 0.15[C]이다. 이 도선을 흐르는 전류 I는 몇 [A]인가?

[답] $I=3$[A]

2. 240[V], 15[A]의 드라이(drier)를 30분간 사용하면 소비되는 에너지 W는 몇 [J]인가?

[답] $W=1.8$[kWh]

3. 저항 20[Ω]인 전열기에 5[A]의 전류를 10분간 흘렸다. 이 경우에 발생하는 열량은 몇 [kcal]인가?

[답] $H=72$[kcal]

4. 소비전력 200[W] TV 한 대를 매일 5시간씩 한달간 사용했을 때 전기요금은 얼마인가? (단, 1[kWh]당 300원으로 한다.)

[답] 요금=9000[원]

5. 10[kΩ]의 저항의 허용전력은 10[kW]라고 한다. 이 때의 허용전류는 몇 [A]인가?

[답] $I=1$[A]

6. 단면적 10[mm^2], 길이 1[km]의 경동선의 저항은 몇 [Ω]인가? (단, 경동선의 고유저항 $=1.77\times10^{-8}$[Ω · m]이다.)

[답] $k=1.77$[Ω]

7. 그림 1-28과 같이 저항이 직병렬로 연결되었을 때 a, b 양단의 합성 저항은 몇 [Ω]인가?

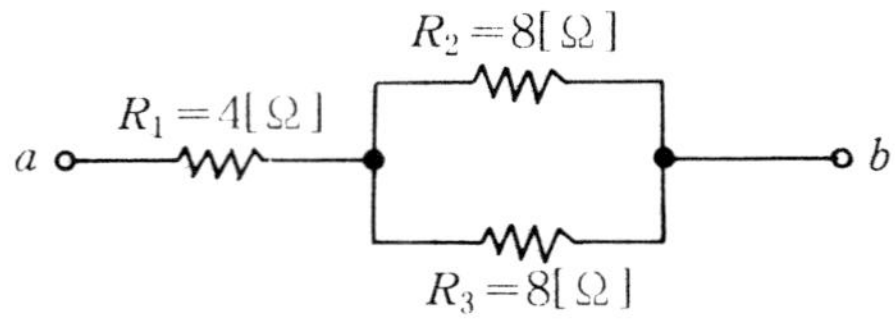

•• 그림 1-28 ••

[답] $R_{ab} = 8$[Ω]

8. 1[J]의 에너지를 갖기 위해서는 20[mH]의 코일에 몇 [A]의 전류를 흘려야 하는가?

[답] $I = 10$[A]

9. 10[Ω]의 저항에 20[A]의 전류를 흘리는데 필요한 전압은 몇 [V]인가?

[답] $V = 200$[V]

10. 그림 1-29의 (a)와 같은 회로를 (b)와 같은 테브난 등가회로로 구성하고자 한다. 이 때 R 및 V의 값을 구하여라.

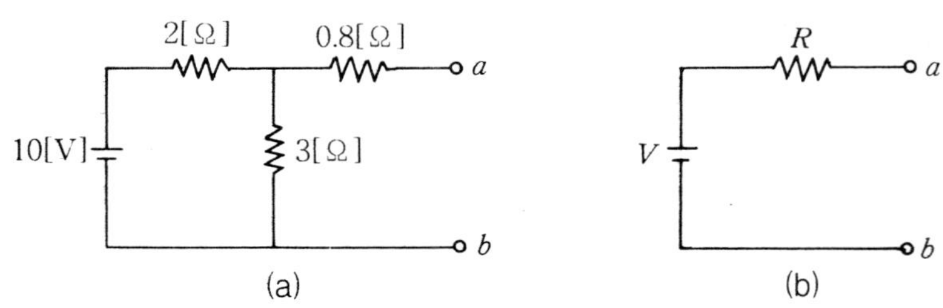

•• 그림 1-29 ••

[답] $R = 2$[Ω], $V = 6$[V]

11. 전압분배법칙을 이용하여, 그림 1-30의 전압 V_1과 V_2를 구하여라.

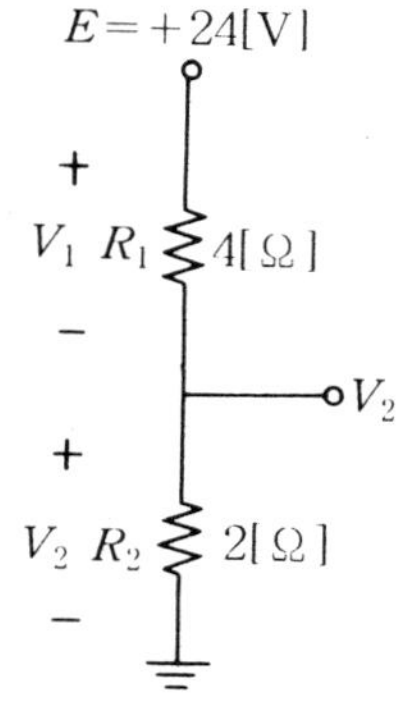

•• 그림 1-30 ••

[답] $V_1 = 16[V]$, $V_2 = 8[V]$

12. 그림 1-31과 같은 개방회로에서 전압 V_{ab}를 구하여라.

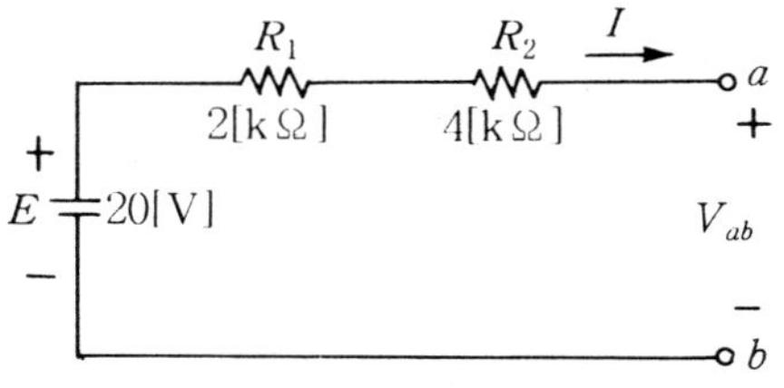

•• 그림 1-31 ••

[답] $V_{ab} = E = 20[V]$

제 2 장 기초수학

자연과학의 발달로 모든 분야에서 수학의 지식이 요구되고 있다. 이런 현실에 직면하여 수학의 필요성을 느끼면서도, 수학에 가까이 하지 않는 사람이 많다.

특히, 전기·전자·통신공학을 전공하는 사람 또는 일렉트로닉스 관련의 제조 현장에서 일하는 많은 사람들은 수학이라면 덮어놓고 골치를 아파하고 무엇인가 별세계의 것이다라는 거부 반응 비슷한 인상을 가지고 있다.

그러나 마음의 한 구석에서는 수학의 필요성을 절실히 느끼고 있는 사람들이 적지 않으리라고 생각한다. 따라서 이장에서는 앞으로 배울 내용의 이해를 돕기 위하여 기본적으로 필요한 내용을 쉽게 모아 정리하였다. 수학적인 지식이 부족한 학생들과 수학적인 개념이 거의 없는 학생들은 이장에서 자신의 부족한 부분을 보충하여 앞으로 배울 내용에 대한 기초지식을 습득하기 바란다.

2.1 수와 전기

본래 수(number)는 무기적인 것으로 형식적인 것에 비해 전기는 현실의 생활에 유기적으로 뒤얽힌 실용적인 에너지의 일종이다. 그리고 이들 양자는 질을 달리하는 것이지만 전자통신회로나 전기현상은 수학을 하나의 수단으로서 또는 차용물을 유용함으로써 그 경과 및 내용을 명확히 알 수 있다.

수는 스칼라(scalar)이고 전기는 벡터(vector)라고 일반적으로 많은 사람들은 말하지만 그것은 수의 개요를 복소수(complex number)로 총괄하고 있는 것에 있다고 생각된다.

수 ⇔ 복소수

그리고 우연이지만 복소수는 전기의 성질을 잘 나타내고 있다.

복소수 ⇔ 전기

현재 도처에서 수, 수라고 하는 것은 복소수를 간략해서 말하고 있으며 복소수는 다음과 같이 분류한다.

표 2-1 수의 구성

- 복소수 (C)
  - 실 수 (R)
    - 유리수 (Q)
      - 정수 (Z)
        - 양의 정수(=자연수 : N)(1, 2, 3,⋯)
        - 0
        - 음의 정수(−1, −2, −3,⋯)
      - 분수
        - 분수 $\left(\pm\frac{1}{2}, \pm\frac{2}{3}, \cdots\right)$
        - 유한소수(±0.5, ±0.75,⋯)
        - 무한소수 $(\pm 0.\dot{3}, \pm 0.\dot{6}, \cdots)$
    - 무리수 (P)
      - 제곱근 $(\pm\sqrt{2}, \pm\sqrt{3}, \cdots)$
      - 비순환 무한소수(±1.4142135⋯)
      - 원주율(π), 삼각함수값(sin 10°⋯)
  - 허 수
    - 순허수 : 제곱하여 음이 되는 수 ($a+bj$, $a=0$, $b\neq0$ 실수)
    - 기타허수 : $a+bj$($a\neq0$, $b\neq0$ 실수)

2.2 수학의 용어

수학은 수 뿐 아니라 기호를 병행하여 복잡한 관계식을 쉽게 표현하여 그 답을 구하는 학문이다. 그러므로 수학을 공부하는 첫걸음은 먼저 용어나 기호의 정의를 정확하게 알아두는 일이다.

그런 뜻에서 앞으로 이 책에서 다룰 몇 가지의 기본적인 수학 전용의 용어를 간단히 설명하고자 한다.

2.2.1 대수

수 대신에 사용한 기호 또는 수와 기호를 조합한 모임

예 전압 E, 전류 I, 임피던스 Z 등

2.2.2 식

대수 또는 수의 모임으로 전기 등의 개념을 구성한 것

2.2.3 단항식

숫자나 문자, 문자와 문자 사이에 곱셈기호(×)로만 이루어진 식

예 $\sqrt{2}I$, $3Z$, VI 등

2.2.4 다항식

2개 이상의 단항식이 덧셈기호(+)나 뺄셈기호(−)로 맺어진 식

예 $3xy-ab$, $2x^2y+\sqrt{3}xy^2$

2.2.5 인수

하나의 다항식을 2개 이상의 다항식의 곱의 형태로 나타낼 때 각각의 식을 처음 식의 인수라고 한다.

예 $x^2+4x-12=(x+6)(x-2)$: $(x+6)$, $(x-2)$는 $x^2+4x-12$의 인수

2.2.6 인수분해

하나의 다항식을 인수의 곱의 꼴로 나타내는 것을 그 다항식을 인수분해한다고 한다.

예 $x^2-3x-10$을 인수분해하면 $(x+2)(x-5)$

2.2.7 정식

단항식과 다항식을 총칭해서 부르는 식의 명칭

2.2.8 계수

문자 이외의 부분을 그 단항식의 계수라 한다.

예 $3VI$의 계수는 3이고, $2x^2y+\sqrt{3}xy^2-\frac{1}{2}x^3$의 x^3의 계수는 $-\frac{1}{2}$이다.

2.2.9 동류항

계수는 다르지만, 문자의 부분이 같은 항

예 $2xy$와 $7xy$, $3x^2y$와 $\sqrt{2}x^2y$

2.2.10 차수

어떤 특정한 대수의 지수의 수치를 말한다.

예 $3ax^3y^5$는 a에 관해서는 1차, x에 관해서는 3차, y에 관해서는 5차, xy에 관해서는 8차라 한다.

2.2.11 지수

수승한 개수를 대수의 우측 어깨에 작게 쓰는 숫자

예 $2x^2y^4$에서 x의 지수=2, y의 지수=4가 된다.

2.2.12 함수

수량변화를 취한 것으로 상태를 표현하려고 한 식

예 $y=ax+b$, $y=\cos x$

2.2.13 등식

식이나 문자(수)가 등호(=)로 되어 있는 것. 등식은 등호의 우변과 좌변이 같다는 것을 나타낸다.

예 $(a+b)^2=a^2+2ab+b^2$, $x^2+2x-3=0$

2.2.14 항등식

등식인 대수에 어떠한 수치를 대입해도 성립하는 식

예 $(a+b)^2=a^2+2ab+b^2$은 항등식이다.

2.2.15 방정식

등식이 있는 문자에 어떤 특별한 값을 대입할 때만 양변의 값이 같은 등식

예 $x^2+2x-3=0$은 $x=-3$이거나 $x=1$일 때만 성립한다.

2.2.16 부등식

기호 >와 <를 부등호라고 하고, 부등호로 나타낸 관계를 부등식이라 한다.

예 $a+c>b+c$, $ax^2+bx+c<0$

예제 다음 다항식의 덧셈, 뺄셈, 곱셈, 나눗셈을 계산하시오.

① $\frac{1}{2}xy - \frac{1}{4}xy$　　② $2x^2y - 6x^2y$

③ $(2x+3y)(2x-3y)$　　④ $(9x^2 - 25y^2) \div (3x+5y)$

풀이 ① $\frac{1}{2}xy - \frac{1}{4}xy = \left(\frac{1}{2} - \frac{1}{4}\right)xy = \frac{1}{4}xy$

② $2x^2y - 6x^2y = (2-6)x^2y = -4x^2y$

③ $(2x+3y)(2x-3y) = 4x^2 - 9y^2$

④ $(9x^2 - 25y^2) \div (3x+5y) = \dfrac{(3x+5y)(3x-5y)}{3x+5y} = 3x - 5y$

예제 다음 식에서 y의 차수를 구하고, 계수를 구하시오.

① $2xy$　　② $-\sqrt{3}xy^2$

③ $\frac{2}{3}x^4y^3$　　④ $-\frac{1}{4}x^2y^4$

풀이 ① y의 차수는 1이고, 계수는 2이다.

② y의 차수는 2이고, 계수는 $-\sqrt{3}$이다.

③ y의 차수는 3이고, 계수는 $\frac{2}{3}$이다.

④ y의 차수는 4이고, 계수는 $-\frac{1}{4}$이다.

예제 다음 식을 인수분해 하시오.

① $ax + ay$　　② $2x^2 - 4x$

③ $x^2 + 6x + 9$　　④ $3x^2 + 6x + 3$

풀이 ① $ax + ay = a(x+y)$

② $2x^2 - 4x = 2x \times x - 2x \times 2 = 2x(x-2)$

③ $x^2 + 6x + 9 = x^2 + 2 \cdot x \cdot 3 + 3^2 = (x+3)^2$

④ $3x^2 + 6x + 3 = 3(x^2 + 2x + 1) = 3(x+1)^2$

2.3 연산의 기본법칙과 사칙연산

2.3.1 연산의 기본법칙

임의의 실수 a, b의 합, 차 또는 곱이 실수인 경우, $b \neq 0$이면 $a \div b$의 값도 실수이며 다음 연산의 법칙이 성립한다.

① 교환법칙

$$a+b=b+a,\quad a \cdot b=b \cdot a$$

② 결합법칙

$$(a+b)+c=a+(b+c),\quad (a \cdot b)c=a \cdot (b \cdot c)$$

③ 분배법칙

$$a \cdot (b+c)=a \cdot b+a \cdot c,\quad (b+c) \cdot a=b \cdot a+c \cdot a$$

예 $(2b+3a)+8b \overset{\text{교환}}{=} (3a+2b)+8b \overset{\text{결합}}{=} 3a+(2b+8b) \overset{\text{분배}}{=} 3a+10b$

2.3.2 사칙연산

사칙연산이란 덧셈(+), 뺄셈(−), 곱셈(×), 나눗셈(÷)의 네 가지 계산을 하는 것이다. 수학은 이 네 개의 규칙을 토대로 되어 여러가지 계산을 하는 학문이다. 특히 문자끼리의 곱셈에서는 곱셈의 기호를 생략하고 영문자의 알파벳순으로 표시한다.

예 $2x \times 3y=6xy,\quad 3x^2 \times 4ay=12ax^2y$

① 정식의 덧셈, 뺄셈 : 정식의 덧셈, 뺄셈을 할 때에는

㉠ 정식을 한 문자에 관하여 정리하고

㉡ 동류항을 간략히 한다.

특히 뺄셈의 경우는 다음과 같은 괄호의 규칙에 주의해야 한다.

예 $a-(b-c)=a-b+c$

즉, ( )밖의 부호가 −이면 ( )안의 부호는 바뀐다.

예제 정식 A, B가 다음과 같을 때, $A+B$, $A-2B$를 계산하여라.

$A=3xy+2y+4x^2$, $B=x^2-3y+2xy$

풀이 ① $A+B=(3xy+2y+4x^2)+(x^2-3y+2xy)=(4x^2+x^2)+(3xy+2xy)$

$+(2y-3y)=5x^2+5xy-y$

② $A-2B=(3xy+2y+4x^2)-2(x^2-3y+2xy)=3xy+2y+4x^2-2x^2+6y-4xy$

$=2x^2-xy+8y$

② 정식의 곱셈, 나눗셈 : 정식의 곱셈, 나눗셈에서는 연산의 기본법칙과 다음의 지수법칙이 기본이 된다.

(i) $a^m \times a^n = a^{m+n}$ (ii) $a^m \div a^n = a^{m-n}$ (iii) $(a^m)^n = a^{mn}$

(iv) $(ab)^n = a^n b^n$ (v) $\left(\dfrac{b}{a}\right)^n = \dfrac{b^n}{a^n}$

단, m, n은 양의 정수, (ii)와 (v)에서는 $a \neq 0$일 때에 한 한다.

㉠ 정식의 곱셈

(단항식)×(단항식)을 지수법칙을 이용하고 (단항식)×(다항식), (다항식)×(단항식)은 분배법칙을 써서 하나의 다항식으로 나타낸다.

예 $2xy(3x^2)=6x^{1+2}y=6x^3y$, $m(x+y)=mx+my$

㉡ 정식의 나눗셈

(다항식)÷(단항식)의 형은 A, B, $M(\neq 0)$을 단항식이라 할 때 $(A+B)\div M=(A+B)\times\dfrac{1}{M}=\dfrac{A}{M}+\dfrac{B}{M}$가 성립한다는 것을 이용하여 계산한다.

(다항식)÷(다항식)의 형은

ⓐ 내림차순으로 정리하고

ⓑ 정수의 나눗셈과 같은 방법으로 계산한다.

예 $(4x^2-6x)\div 2x=\dfrac{4x^2}{2x}-\dfrac{6x}{2x}=2x-3$

$$(2x^2+3xy-2y^2)\div(2x-y)=\frac{(2x-y)(x+2y)}{2x-y}=x+2y$$

예제 다음 정식의 곱셈과 나눗셈을 구하여라.

① $7y(-x+2y)$ ② $(x^2-3)(5x-4)$

③ $(-3x^2+6x)\div 2x$ ④ $(2x^2-x-6)\div(x-2)$

풀이 ① $7y(-x+2y)=-7xy+14y^{1+1}=-7xy+14y^2$

② $(x^2-3)(5x-4)=x^2(5x-4)-3(5x-4)$

$=5x^3-4x^2-15x+12$

③ $(-3x^2+6x)\div 2x=\dfrac{-3x^2}{2x}+\dfrac{6x}{2x}=-\dfrac{3}{2}x+3$

④ $(2x^2-x-6)\div(x-2)=\dfrac{(x-2)(2x+3)}{x-2}=2x+3$

2.4 등식의 성질과 +, -부호의 결정

① 등식의 성질 : 등식(=)은 같다는 표시이다. $A=B$이면 다음의 관계가 성립한다.

㉠ $A+M=B+M$

㉡ $A-M=B-M$

㉢ $A\times M=B\times M$

㉣ $A\div M=B\div M\ (M\neq 0)$

즉, 양측에서 같은 양이 더해지거나, 빼지거나, 곱해지거나, 나누어질 때는 등식은 유효하다고 할 수 있다.

예제 등식의 성질을 이용하여 다음 방정식에서 x값을 구하여라.

$$2x-3=7$$

풀이 $2x-3=7$의 양변에 3을 더하면(등식의 성질 ㉠)

$$(2x-3)+3=7+3$$

$$2x=10$$

위 식의 양변을 2로 나누면(등식의 성질 ㉣)

$$\frac{2x}{2}=\frac{10}{2}$$

$$\therefore\ x=5$$

② **+, −부호의 결정** : 양수 음수를 곱하고 나누는 규칙은 수가 두 개 모두 양(+)이거나 음(−)이면 결과는 양(+)이고, 한쪽이 양(+)이고 다른 쪽이 음(−)이면, 그 결과는 음(−)이 된다.

㉠ $(+x)\times(+y)=(-x)\times(-y)=+xy$

㉡ $(-x)\times(+y)=(+x)\times(-y)=-xy$

㉢ $\dfrac{+x}{+y}=\dfrac{-x}{-y}=+\dfrac{x}{y}$

㉣ $\dfrac{-x}{+y}=\dfrac{+x}{-y}=-\dfrac{x}{y}$

예제 $Z=\dfrac{Z_1Z_2}{Z_1+Z_2}$에서 $Z_1=-3$, $Z_2=2$일 때 Z의 값을 구하여라.

풀이 $Z_1+Z_2=(-3)+2=-1$

$$Z_1Z_2=(-3)\times 2=-6$$

$$\therefore\ Z=\frac{Z_1Z_2}{Z_1+Z_2}=\frac{-6}{-1}=6$$

2.5 인수분해 공식과 인수분해 방법

한 정식을 두 개 이상의 정식의 곱으로 표현하는 것을 그 정식을 인수분해한다고 한다.

2.5.1 인수분해 공식

좌변을 인수분해하면 우변의 식이 된다. 또 우변의 정식은 좌변처럼 전개된다.

① $ma+mb-mc=m(a+b-c)$

② $a^2+2ab+b^2=(a+b)^2$

③ $a^2-2ab+b^2=(a-b)^2$

④ $a^2-b^2=(a+b)(a-b)$

⑤ $x^2+(a+b)x+ab=(x+a)(x+b)$

⑥ $x^2-(a+b)x+ab=(x-a)(x-b)$

⑦ $x^2+(a-b)x-ab=(x+a)(x-b)$

⑧ $acx^2+(ad+bc)x+bd=(ax+b)(cx+d)$

⑨ $a^3+b^3=(a+b)(a^2-ab+b^2)$

⑩ $a^3-b^3=(a-b)(a^2+ab+b^2)$

2.5.2 인수분해 방법

인수분해의 방법은 수학적인 감에 의지할 수밖에 없지만 굳이 그 방법을 분류하면 그림 2-1과 같이 된다.

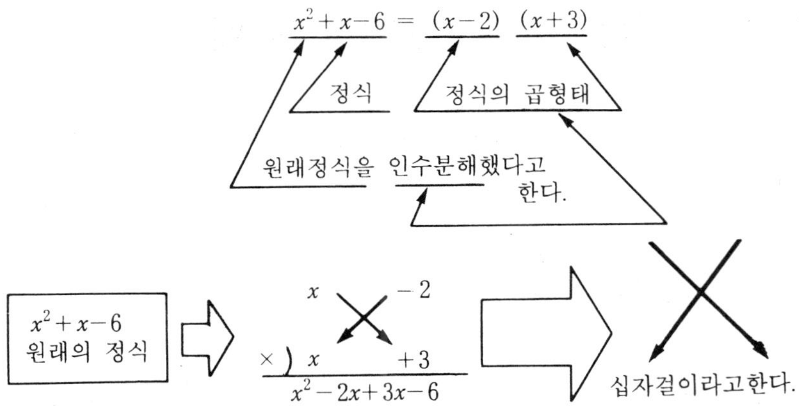

• • 그림 2-1 • •

예제 인수분해의 방법을 이용하여 다음 식을 인수분해 하여라.

① $2x+2y-2z$　　② $2x-2y-xz+yz$

③ x^2+6x+9　　④ $x^2-8x+16$

⑤ $9a^2-4b^2$　　⑥ $x^2+8x+15$

⑦ $2x^2+3xy-2y^2$　　⑧ a^3+27b^3

풀이 ① $2x+2y-2z=2(x+y-z)$

② $2x-2y-xz+yz=2(x-y)-z(x-y)=(2-z)(x-y)$

③ $x^2+6x+9=x^2+2\cdot x\cdot 3+3^2=(x+3)^2$

④ $x^2-8x+16=x^2-2\cdot x\cdot 4+4^2=(x-4)^2$

⑤ $9a^2-4b^2=(3a)^2-(2b)^2=(3a+2b)(3a-2b)$

⑥ $x^2+8x+15=x^2+(3+5)x+3\times 5=(x+3)(x+5)$

⑦ $2x^2+3xy-2y^2=(2\times 1)x^2+\{2\times 2+(-1)\times 1\}xy+\{(-1)\times 2\}y^2$

$=(2x-y)(x+2y)$

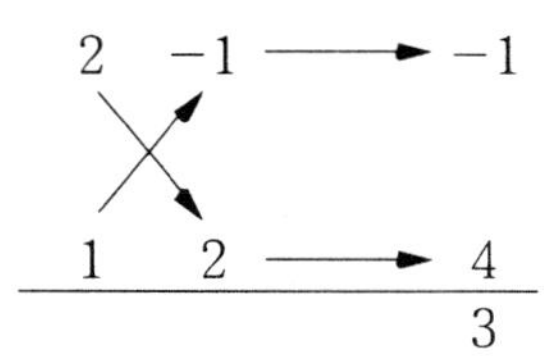

⑧ $a^3+27b^3=a^3+(3b)^3=(a+3b)\{a^2-a(3b)+(3b)^2\}$

$$=(a+3b)(a^2-3ab+9b^2)$$

2.6 분수식과 그 연산

A, B를 정식이라할 때 $A \div B$를 $\frac{A}{B}$의 형태로 나타낸 식을 분수식이라 하고 A를 분자, B를 분모라 한다. 그리고 분수식에는 다음과 같은 성질이 있다.

① 곱셈 : $\frac{A}{B} \times \frac{D}{C} = \frac{AD}{BC}$

분자는 분자끼리, 분모는 분모끼리를 곱한다.

② 나눗셈 : $\frac{A}{B} \div \frac{C}{D} = \frac{A}{B} \times \frac{D}{C} = \frac{AD}{BC}$

$\frac{C}{D}$로 나누는 경우 $\frac{D}{C}$를 곱하는 것이 좋다.

예 $\frac{y}{x} \div \frac{y}{z}$를 간단히 하여라.

풀이 $\frac{y}{x} \times \frac{z}{y} = \frac{z}{x}$

③ 변형 : $\frac{A}{B} = \frac{C}{D}$일 때 $AD=BC$가 성립한다.

예 분수식 $\frac{3}{x-1} = \frac{5}{x+1}$에서 x의 값을 구하여라.

풀이 $3(x+1)=5(x-1)$, $3x+3=5x-5$

$5x-3x=3+5$, $2x=8$

$\therefore x=4$

④ $M \neq 0$일 때, $\frac{A}{B} = \frac{A \times M}{B \times M}$, $\frac{A}{B} = \frac{A \div M}{B \div M}$

예 $\frac{W}{t} = \frac{W \times Q}{t \times Q} = \frac{W}{Q} \times \frac{Q}{t} = V \times I$

⑤ $\frac{A}{D} + \frac{B}{D} - \frac{C}{D} = \frac{A+B-C}{D}$

예 분수식 $\frac{2}{x+1}+\frac{3}{x+1}-\frac{4}{x+1}$ 를 간단히 하여라.

풀이 $\frac{2}{x+1}+\frac{3}{x+1}-\frac{4}{x+1}=\frac{2+3-4}{x+1}=\frac{1}{x+1}$

⑥ $\frac{\frac{A}{B}}{\frac{C}{D}}=\frac{A}{B}\div\frac{C}{D}=\frac{A}{B}\times\frac{D}{C}$

예 분수식 $\frac{\frac{a}{x}}{\frac{c}{y}}$ 를 간단히 하여라.

풀이 $\frac{\frac{a}{x}}{\frac{c}{y}}=\frac{a}{x}\times\frac{y}{c}=\frac{ay}{cx}$

⑦ 약분 : 분수식의 분모, 분자에 공약수가 있을 때 분수식을 간단히 하는 것을 약분한다고 한다.

예 분수식 $\frac{2xy}{6x^2y}=\frac{(2xy)}{(2xy)\,3x}=\frac{1}{3x}$

(↑ 약분)

⑧ 통분 : 분모가 다른 분수식의 합 또는 차를 구하는 경우, 분모를 같게 하는 것을 분수식을 통분한다고 한다. 이 공통의 분모는 각 분모의 최소 공배수를 사용하면 좋다.

예 분수식 $\frac{1}{x}-\frac{1}{2x}$ 을 통분을 이용하여 간단히 하여라.

풀이 $\frac{1}{x}-\frac{1}{2x}=\frac{2}{2x}-\frac{1}{2x}=\frac{2-1}{2x}=\frac{1}{2x}$

(↑ x와 $2x$의 최소공배수로 통분한다.)

2.7 비례와 반비례

y가 x에 비례할 때, $y=ax$로 표현한다. $y\to X_L$, $a\to L$, $x\to\omega$이면 $X_L=\omega L$이다. 이 관계를 그림 2-2 (a)에 나타내었다.

한편 y가 x에 반비례할 때 $y=\frac{a}{x}$로 표현한다. $y \rightarrow X_c$, $a \rightarrow \frac{1}{C}$, $x \rightarrow \omega$이면

$X_c = \frac{\frac{1}{C}}{\omega}$이다. 이 관계를 그림 2-2 (b)에 나타내었다.

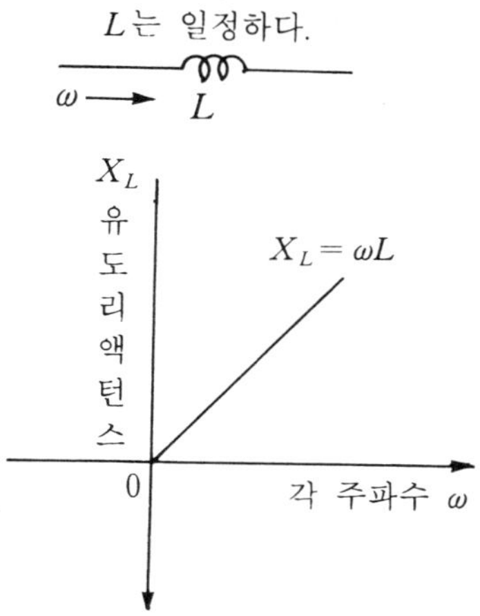

(a) 비례의 그래프

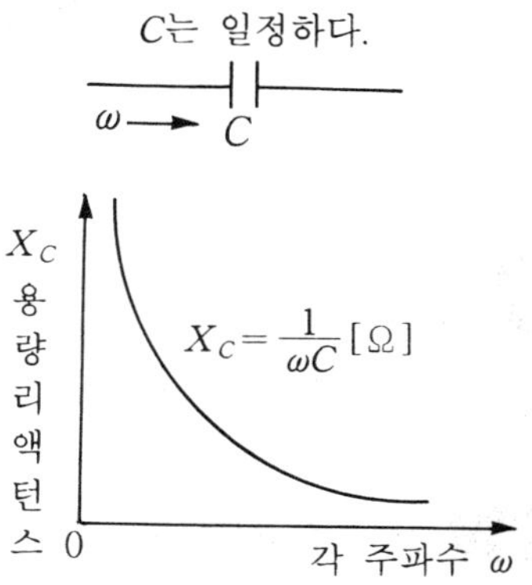

(b) 반비례의 그래프

•• 그림 2-2 ••

이때 a는 비례상수이다.

또한 $a:b=c:d$이면 다음의 관계식이 성립한다.

① $\frac{a}{b}=\frac{c}{d}$

② $ad=bd$(외항의 곱=내항의 곱)

예제 그림 2-3과 같은 삼각형 $\triangle ABC$와 $\triangle AB'C'$가 닮은꼴일 때 x, y값을 구하여라.

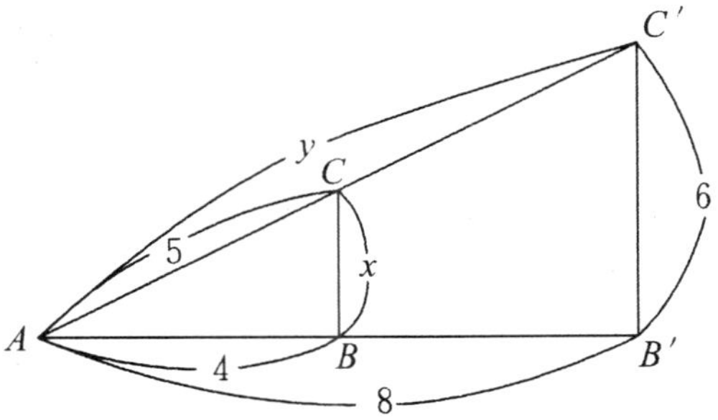

•• 그림 2-3 ••

풀이 $4 : x = 8 : 6 \quad 8x = 24 \quad \therefore x = 3$

$5 : y = 4 : 8 \quad 4y = 40 \quad \therefore y = 10$

예제 그림 2-4와 같은 톱니파 파형에서 $f(x)$의 함수를 구하여라.

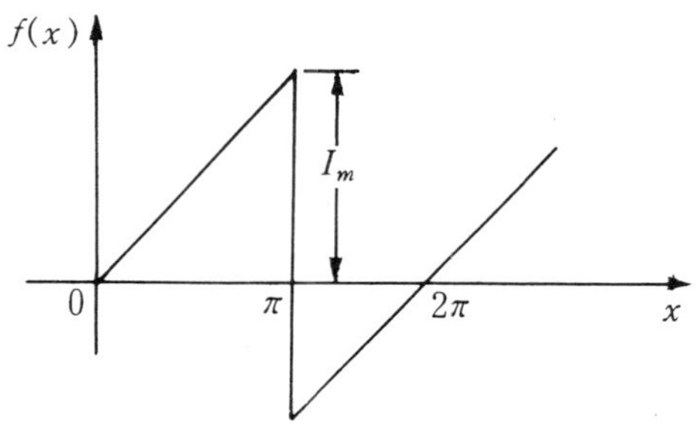

•• 그림 2-4 ••

풀이 $x : f(x) = \pi : I_m$

$$f(x)\pi = I_m x \quad \therefore f(x) = \frac{I_m}{\pi} x$$

예제 어떤 전기회로에서 2[kΩ]의 저항에 1[mA]의 전류가 흐르고 있는 경우 저항 양단의 전압은 몇 [V]인가?

풀이 옴의 법칙 $I = \frac{V}{R}$에서

$$V = RI = 2 \times 10^3 \times 1 \times 10^{-3} = 2 \times 10^{3-3} = 2 \times 10^0 = 2 \times 1 = 2[\text{V}]$$

2.8 지수법칙

m, n이 양의 정수일 때 다음과 같은 지수법칙이 성립한다.(단, $a \neq 0$, $b \neq 0$)

① $a^m \times a^n = a^{m+n}$

② $(a^m)^n = a^{mn}$

③ $(ab)^n = a^n b^n$

④ $\left(\frac{b}{a}\right)^n = \frac{b^n}{a^n}$

⑤ $a^m \div a^n = \begin{cases} a^{m-n}(m > n) \\ 1\ (m = n) \\ \frac{1}{a^{n-m}}(n > m) \end{cases}$

예제 다음을 간단히 하시오.

① $3^3 \times 3^1$ ② $2^3 \div 2^3$

③ $(2^3)^2$ ④ $(3x)^2$

풀이 ① $3^3 \times 3^1 = 3^{3+1} = 3^4 = 81$

② $2^3 \div 2^3 = 2^{3-3} = 2^0 = 1$

③ $(2^3)^2 = 2^6 = 64$

④ $(3x)^2 = 3^2 x^2 = 9x^2$

2.9 무리식의 연산

$\frac{a}{b}$(a, b는 정수, $b \neq 0$)의 꼴로 나타낼 수 없는 실수 곧, 유리수가 아닌 실수를 무리수라 하며 근호 안에 문자에 포함한 식을 그 문자에 관한 무리식이라 한다.

무리식에 어떤 실수를 대입했을 때 얻은 값이 실수가 되려면 괄호 안의 식의 값이 음이 아니어야 한다. 따라서 무리식의 계산에서는 (근호안의 식의 값)≥0이 되도록 문자의 값의 범위를 제한할 필요가 있다. 또 유리식과 무리식을 총칭해서 대수식 또는 간단히 식이라 한다.

2.9.1 근호의 규약

제곱해서 a가 되는 수를 a의 제곱근이라 한다. 양수 a의 제곱근 중에서 양인 것을 $\sqrt{a}$, 음인 것을 $-\sqrt{a}$로 나타낸다. $(\sqrt{a})^2 = a$, $(-\sqrt{a})^2 = a$ 또 세제곱해서 a가 되는 수를 a의 세제곱근이라 한다. a의 세제곱근 중에서 실수인 것은 한 개 있으며 이것을 $\sqrt[3]{a}$로 나타낸다. $(\sqrt[3]{a})^3 = a$

2.9.2 제곱근과 세제곱근의 성질

① $\sqrt{a^2} = |a| = \begin{cases} a(a \geq 0\text{일 때}) \\ -a(a < 0\text{일 때}) \end{cases}$

예 $\sqrt{5^2} = |5| = 5$

$\sqrt{(-3)^2} = |-3| = -(-3) = 3$

② a의 양, 0, 음에 관계없이 $\sqrt[3]{a^3} = a$

예제 다음 식의 값을 구하여라.

① $\sqrt{(2-\sqrt{6})^2}$　　② $\sqrt{(x^2-2x+5)^2}$

③ $\sqrt{x^2-2xy+y^2}\,(x<y)$　　④ $\sqrt[3]{-6^3}$

풀이 ① $\sqrt{(2-\sqrt{6})^2} = |2-\sqrt{6}| = -(2-\sqrt{6}) = \sqrt{6}-2$

② $\sqrt{(x^2-2x+5)^2} = \sqrt{\{(x-1)^2+4\}^2} = x^2-2x+5$

③ $\sqrt{x^2-2xy+y^2} = \sqrt{(x-y)^2} = |x-y| = -(x-y) = y-x$

④ $\sqrt[3]{-6^3} = -6$

2.9.3 제곱근의 계산법칙

제곱근의 계산법칙은 무리수뿐만 아니라 무리식일 때도 성립하는 계산법칙이다.

$a>0$, $b>0$일 때

① $\sqrt{a}\sqrt{b}=\sqrt{ab}$ ② $\sqrt{a^2b}=a\sqrt{b}$

③ $\dfrac{\sqrt{a}}{\sqrt{b}}=\sqrt{\dfrac{a}{b}}$ ④ $\sqrt{\dfrac{a}{b^2}}=\dfrac{\sqrt{a}}{b}$

예제 다음 식을 간단히 하여라.

① $\sqrt{2}\sqrt{3}$ ② $\sqrt{32}$

③ $\dfrac{\sqrt{6}}{\sqrt{3}}$ ④ $\sqrt{\dfrac{5}{9}}$

풀이

① $\sqrt{2}\sqrt{3}=\sqrt{2\times 3}=\sqrt{6}$

② $\sqrt{32}=\sqrt{16\times 2}=\sqrt{4^2\times 2}=4\sqrt{2}$

③ $\dfrac{\sqrt{6}}{\sqrt{3}}=\sqrt{\dfrac{6}{3}}=\sqrt{2}$

④ $\sqrt{\dfrac{5}{9}}=\sqrt{\dfrac{5}{3^2}}=\dfrac{\sqrt{5}}{3}$

2.9.4 분모의 유리화

분모가 근호를 포함하고 있을 때 분모에 근호가 포함되지 않도록 변형하는 것을 분모의 유리화라고 한다.

분모의 유리화 방법은 다음과 같다.

① $\dfrac{b}{\sqrt{a}}=\dfrac{b\sqrt{a}}{\sqrt{a}\sqrt{a}}=\dfrac{b\sqrt{a}}{\sqrt{(a)^2}}=\dfrac{b\sqrt{a}}{a}$

② $\dfrac{c}{\sqrt{a}+\sqrt{b}}=\dfrac{c(\sqrt{a}-\sqrt{b})}{(\sqrt{a}+\sqrt{b})(\sqrt{a}-\sqrt{b})}=\dfrac{c(\sqrt{a}-\sqrt{b})}{a-b}$ $(a\neq b)$

③ $\dfrac{c}{\sqrt{a}-\sqrt{b}} = \dfrac{c(\sqrt{a}+\sqrt{b})}{(\sqrt{a}-\sqrt{b})(\sqrt{a}+\sqrt{b})} = \dfrac{c(\sqrt{a}+\sqrt{b})}{a-b}$ $(a \neq b)$

예제 다음 각 식의 분모를 유리화 하여라.

① $\dfrac{5}{\sqrt{3}}$　　② $\dfrac{5}{\sqrt{3}+\sqrt{2}}$

③ $\dfrac{2}{\sqrt{5}-\sqrt{3}}$　　④ $\dfrac{\sqrt{3}+\sqrt{2}}{\sqrt{3}-\sqrt{2}}$

풀이 ① $\dfrac{5}{\sqrt{3}} = \dfrac{5\sqrt{3}}{\sqrt{3}\sqrt{3}} = \dfrac{5\sqrt{3}}{3}$

② $\dfrac{5}{\sqrt{3}+\sqrt{2}} = \dfrac{5(\sqrt{3}-\sqrt{2})}{(\sqrt{3}+\sqrt{2})(\sqrt{3}-\sqrt{2})} = \dfrac{5(\sqrt{3}-\sqrt{2})}{3-2} = 5(\sqrt{3}-\sqrt{2})$

③ $\dfrac{2}{\sqrt{5}-\sqrt{3}} = \dfrac{2(\sqrt{5}+\sqrt{3})}{(\sqrt{5}-\sqrt{3})(\sqrt{5}+\sqrt{3})} = \dfrac{2(\sqrt{5}+\sqrt{3})}{5-3} = \sqrt{5}+\sqrt{3}$

④ $\dfrac{\sqrt{3}+\sqrt{2}}{\sqrt{3}-\sqrt{2}} = \dfrac{(\sqrt{3}+\sqrt{2})(\sqrt{3}+\sqrt{2})}{(\sqrt{3}-\sqrt{2})(\sqrt{3}+\sqrt{2})} = \dfrac{(\sqrt{3}+\sqrt{2})^2}{3-2} = \dfrac{5+2\sqrt{6}}{3-2} = 5+2\sqrt{6}$

2.9.5 이중근호

근호 안에 근호가 또 들어 있는 식을 이중근호의 식이라 한다.
이중 근호는 다음과 같은 요령으로 풀 수 있다.

① $a>0$, $b>0$일 때 $\sqrt{a+b+2\sqrt{ab}} = \sqrt{a}+\sqrt{b}$

② $a>b>0$일 때 $\sqrt{a+b-2\sqrt{ab}} = \sqrt{a}-\sqrt{b}$

예제 다음 식을 간단히 하여라.

① $\sqrt{8+2\sqrt{15}}$　　② $\sqrt{7-\sqrt{40}}$

③ $\sqrt{2-\sqrt{3}}$　　④ $\sqrt{12-6\sqrt{3}}$

풀이 ① $\sqrt{8+2\sqrt{15}} = \sqrt{(5+3)+2\sqrt{5\times3}} = \sqrt{(\sqrt{5}+\sqrt{3})^2} = \sqrt{5}+\sqrt{3}$

② $\sqrt{7-\sqrt{40}} = \sqrt{7-2\sqrt{10}} = \sqrt{(5+2)-2\sqrt{5\times2}} = \sqrt{5}-\sqrt{2}$

③ $\sqrt{2-\sqrt{3}}=\sqrt{\frac{4-2\sqrt{3}}{2}}=\frac{\sqrt{(3+1)-2\sqrt{3\times1}}}{\sqrt{2}}=\frac{\sqrt{3}-1}{\sqrt{2}}=\frac{\sqrt{6}-\sqrt{2}}{2}$

④ $\sqrt{12-6\sqrt{3}}=\sqrt{12-2\sqrt{9\times3}}=\sqrt{12-2\sqrt{27}}$

$=\sqrt{(9+3)-2\sqrt{9\times3}}=\sqrt{9}-\sqrt{3}=3-\sqrt{3}$

2.10 일차 방정식과 일차 함수

2.10.1 일차 방정식

$ax=b$(a, b는 상수)와 같이 미지수가 하나이고, 미지수 x의 차수가 1차일 때 이 등식을 x에 관한 일원 일차 방정식이라 하며 미지수를 구하는 것을 "일원 일차 방정식을 푼다"라고 한다.

여기서, 일원이라 함은 미지수가 한 개라는 것을 의미하며, 일차라 함은 차수가 일차라는 것을 의미한다. 한편 미지수의 종류가 하나일 때 보통 차수만을 붙여서 부른다. 즉 일원 일차 방정식은 일차 방정식이라고 부른다.

방정식 $ax=b$의 해는 다음과 같이 구한다.

① $a\neq0$일 때 양변을 a로 나누어 $x=\frac{b}{a}$

② $a=0$일 때 $a=0$, $b\neq0$: 불능

$a=0$, $b=0$: 부정

예제 다음 일차 방정식을 풀어라.

① $10x-6=4$ ② $\frac{16x-2}{3}=5x$

풀이 ① $10x-6=4$에서 $10x=4+6$, $10x=10$ $\therefore x=1$

② $\frac{16x-2}{3}=5x$에서 $16x-2=15x$, $16x-15x=2$ $\therefore x=2$

예제 그림 2-5와 같은 회로에서 20[Ω]의 저항에 100[V]의 전압을 인가하였을 때 회로에 흐르는 전류는 몇 [A]인가?

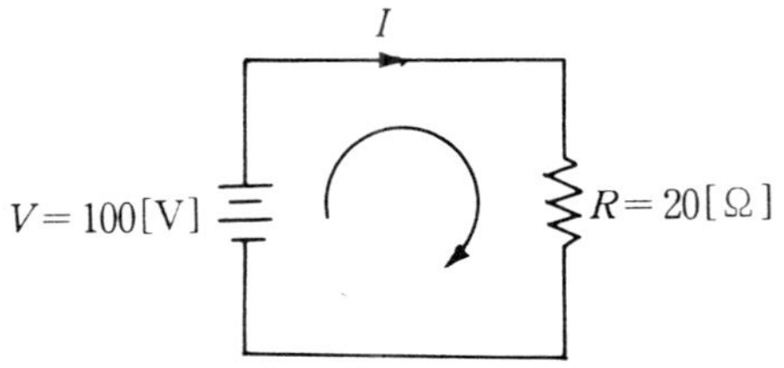

•• 그림 2-5 ••

풀이 $V=RI$에서

$$I=\frac{V}{R}=\frac{100}{20}=5[\mathrm{A}]$$

2.10.2 일차 함수

일차 함수란 일차로 된 미지수 x의 변화에 따른 y의 변화를 그래프로 나타낸 것을 의미한다. 여기서 x를 독립변수, y를 종속변수라 한다. 그래프의 기하학적 표시에 의해 나타낸 도형을 간단히 그래프라고 한다. 전기현상을 수학적으로 표시하기 위해 그 내용을 그래프로 표시하는 경우가 많다. 그림 2-6에 일차 함수의 그래프를 나타내었다.

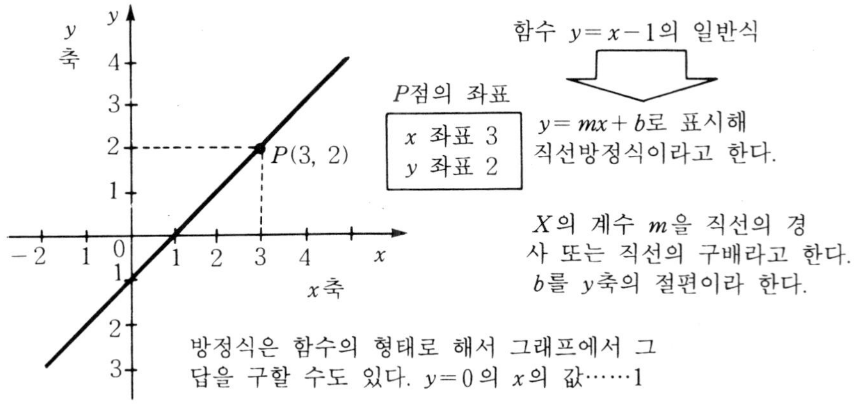

•• 그림 2-6 ••

2.11 이차 방정식

2.11.1 이차 방정식의 풀이

일반적으로 a, b, c가 상수이고, $a \neq 0$일 때

$$ax^2 + bx + c = 0$$

의 꼴로 나타내어지는 방정식을 x에 대한 **이차 방정식**이라고 한다. 그리고, 이차 방정식을 성립시키는 x의 값을 **근** 또는 해라고 하며, 이차 방정식의 해를 모두 구하는 것을 이차 방정식을 푼다고 한다.

이차 방정식의 해법을 구하는 방법은 다음 2가지의 방법이 있다.

① 인수분해에 의한 해법 : x에 관한 2차 방정식이 $(ax-b)(cx-d)=0$(단, $a \neq 0$, $c \neq 0$)과 같이 인수분해될 때 이 방정식의 두 근은 $x=\frac{b}{a}$ 또는 $x=\frac{d}{c}$이다.

② 근의 공식에 의한 해법 : $ax^2+bx+c=0(a \neq 0)$에서 양변을 a로 나누면

$$x^2+\frac{b}{a}x+\frac{c}{a}=0,\ x^2+\frac{b}{a}x+\left(\frac{b}{2a}\right)^2-\left(\frac{b}{2a}\right)^2+\frac{c}{a}=0$$

$$\left(x+\frac{b}{2a}\right)^2=\frac{b^2-4ac}{4a^2},\ x+\frac{b}{2a}=\pm\frac{\sqrt{b^2-4ac}}{2a}$$

$$\therefore\ x=\frac{-b\pm\sqrt{b^2-4ac}}{2a}$$

예제 다음 이차 방정식을 풀어라.

① $x^2-3x+2=0$　② $2x^2-7x+6=0$

③ $x^2-2x-1=0$　④ $2x^2+4x+3=0$

풀이 ① $x^2-3x+2=0$에서

$(x-1)(x-2)=0 \quad x=1$ 또는 $x=2$

② $2x^2-7x+6=0$에서

$(2x-3)(x-2)=0 \quad x=\frac{3}{2}$ 또는 $x=2$

③ $x^2-2x-1=0$에서

인수분해가 안 되는 경우이므로 근의 공식을 이용하여 구한다.

$$x=\frac{-b\pm\sqrt{b^2-4ac}}{2a}=\frac{+2\pm\sqrt{4-4\times1\times(-1)}}{2\times1}=\frac{2\pm2\sqrt{2}}{2}=1\pm\sqrt{2}$$

④ $2x^2+4x+3=0$에서

인수분해가 안 되는 경우이므로 근의 공식을 이용하여 구한다.

$$x=\frac{-b\pm\sqrt{b^2-4ac}}{2a}=\frac{-4\pm\sqrt{16-(4\times2\times3)}}{2\times2}=\frac{-4\pm\sqrt{-8}}{4}$$

$$=\frac{-4\pm2\sqrt{-2}}{4}=\frac{-2\pm j\sqrt{2}}{2}$$

2.11.2 판별식

실계수 이차 방정식 $ax^2+bx+c=0(a\neq0)$에 대하여 b^2-4ac를 이 이차 방정식의 판별식이라 하고 기호로는 D로 나타낸다. 즉

$$D=b^2-4ac$$

① $D>0 \Leftrightarrow$ 서로 다른 두 실근

② $D=0 \Leftrightarrow$ 서로 같은 두 실근(중근)

③ $D<0 \Leftrightarrow$ 서로 다른 두 허근

예제 다음 이차 방정식의 근을 판별하여라.

① $9x^2-6x+1=0$ ② $x^2-2x+3=0$

풀이 ① $9x^2-6x+1=0$에서

$D = b^2 - 4ac = (-6)^2 - (4 \times 9 \times 1) = 36 - 36 = 0$

∴ 서로 같은 두 실근(중근)을 갖는다.

② $x^2 - 2x + 3 = 0$에서

$D = b^2 - 4ac = (-2)^2 - (4 \times 1 \times 3) = -8 < 0$

∴ 서로 다른 두 허근을 갖는다.

2.12 고차 방정식의 해

이 절에서는 다항식의 인수분해와 고차 방정식을 푸는 방법에 대하여 알아보자.

2.12.1 고차 다항식의 인수분해

10을 인수분해 하면 (2×5)가 되어서 인수 2, 5를 가진다는 것을 알고 있다. 이것은 10을 인수 2나 5로 나누면 나머지가 0이라는 의미이며, 고차 다항식의 인수분해는 나머지가 0이 되는 인수를 찾음으로써 가능해진다.

예제 인수 중 하나가 $(x-4)$일 때 $x^3 - 17x^2 + 54x - 8$ 을 인수분해 하여라.

풀이 인수 중 하나가 $x-4$이므로

$x^3 - 17x^2 + 54x - 8 = (x-4) \times$(2차 방정식)

좌측의 식은 3차 방정식이므로 미지의 다항식은 2차 방정식이어야 한다.

$x^3 - 17x^2 + 54x - 8 = (x-4)(\alpha x^2 + \beta x + \gamma)$

우측의 두 식을 곱한 뒤 같은 항끼리 묶으면 아래와 같다.

$x^3 - 17x^2 + 54x - 8 = \alpha x^3 + (\beta - 4\alpha)x^2 + (\gamma - 4\beta)x - 4\gamma$

계수방정식(Equating coefficients)란 좌측 각 항의 계수를 우측의 항과 비교하여 미지수를 구하는 것이다.

$x^3 = \alpha x^3, \ \alpha = 1$

$-17 = \beta - 4\alpha, \ \beta = -13$

$-8=-4\gamma$, $\gamma=2$

따라서 다항식은 다음과 같이 인수분해되며 2차식은 더 이상 인수분해 되지 않는다.

$$x^3-17x^2+54x-8=(x-4)(x^2-13x+2)$$

이 예제에서 다음과 같은 중요한 사실을 얻었다.

> 3차 방정식=1차 방정식×2차 방정식
> =1차 방정식×1차 방정식×1차 방정식

2.12.2 고차 방정식의 해

고차 방정식은 인수분해를 해서 근(해)를 구하거나 그래프를 이용하여 구할 수 있다. 고차 방정식 $P(x)=0$의 실근은 함수 $y=P(x)$와 x축이 교차되는 점이라는 것을 이용하여 그래프를 그려 고차 방정식을 풀 수 있는 뛰어난 컴퓨터 소프트웨어 패키지와 그래픽 계산기들이 있다.

$y=P(x)$의 그래프를 그리고 그림 2-7과 비슷한 형태를 얻었다고 가정하자. 그래프는 $x=x_1$, $x=x_2$, $x=x_3$에서 x축과 만나므로 방정식 $P(x)=0$의 실근은 x_1, x_2, x_3이다.

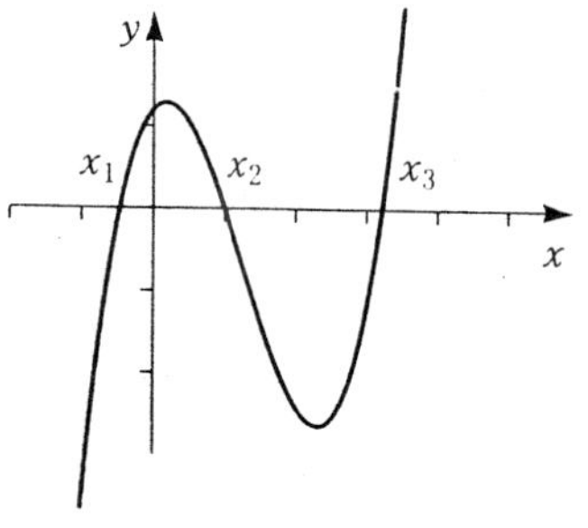

•• 그림 2-7 x_1, x_2, x_3에서 x축과 만나는 다항 함수 ••

예제 $x=4$가 방정식 $P(x)=x^3-17x^2+54x-8=0$의 근이라는 것을 증명하

고 나머지 다른 근들도 구하여라.

풀이 $x=4$를 방정식의 좌변에 대입한다.

$$4^3-17(4^2)+54(4)-8=64-272+216-8=0$$

$x=4$이면 좌변은 0이므로 4는 방정식의 근이며, $x=4$가 근이라면 $(x-4)$는 $P(x)$의 인수이므로 $P(x)$는 다음과 같이 쓸 수 있다.

$$P(x)=x^3-17x^2+54x-8$$
$$=(x-4)\times 2\text{차 다항식}$$

이미 문제의 다항 방정식의 인수는 위 예제에서 살펴본 바 있다.

$$P(x)=x^3-17x^2+54x-8$$
$$=(x-4)(x^2-13x+2)=0$$

$x-4=0$ 또는 $x^2-13x+2=0$

$x=4$이며, $x^2-13x+2=0$의 근은

$$x=\frac{-b\pm\sqrt{b^2-4ac}}{2a}=\frac{13\pm\sqrt{(-13)^2-4\cdot 1\cdot 2}}{2}=\frac{13\pm\sqrt{161}}{2}$$

$$=\frac{13\pm 12.6886}{2}=12.844,\ 0.516$$

따라서 근은 $x=4$, $x=12.844$, $x=0.156$이다.

2.13 연립 일차 방정식

일차 방정식에서 미지수가 두 개 있고 미지수를 포함하는 식이 두 개 이상 있을 때 이 방정식의 조를 **연립 방정식**이라 한다. 이 방정식을 동시에 만족하는 미지수의 값을 **연립 방정식의 해** 또는 **근**이라 하고, 이것을 구하는 것을 연립 방정식을 푼다고 한다.

이원 일차 연립 방정식의 해법은 우선 미지수를 소거하여 일원 일차 방정식으로 만든다. 그 미지수를 소거하는 방법에는 ① 가감법, ② 대입법, ③ 등치법이 있다.

예제 다음 연립 방정식을 가감법, 대입법 및 등치법으로 풀어라.

$$\begin{cases} 3x+2y-3=0 & ① \\ x-y-1=0 & ② \end{cases}$$

풀이 ① 가감법

①+②×2하면

$5x-5=0 \quad \therefore\ x=1$

$x=1$을 식 ②에 대입하면 $y=0 \qquad \therefore\ x=1,\ y=0$

② 대입법

식 ②에서 $y=x-1$ 이것을 식 ①에 대입하면

$3x+2(x-1)-3=0 \quad \therefore\ x=1,\ y=0$

③ 등치법

식 ①에서 $y=\dfrac{-3x+3}{2}$, 식 ②에서 $y=x-1$

$\therefore\ \dfrac{-3x+3}{2}=x-1 \qquad \therefore\ x=1,\ y=0$

예제 다음 연립 방정식을 가감법으로 그 근을 구하여라.

$$\begin{cases} 2x-y=4 & ① \\ x-y=1 & ② \end{cases}$$

풀이 식 ①과 식 ②에서 y를 소거하기 위해 ①−②한다.

$$\begin{array}{rl} & 2x-y=4 \\ -) & \underline{\ x-y=1\ } \\ & x \quad\ =3 \qquad ③ \end{array}$$

식 ③을 식 ②에 대입해서 y를 구하면 $y=2$

$\therefore\ x=3,\ y=2$

2.14 부등식의 기본 성질과 해법

2.14.1 부등식의 성질

부등식 $>$, $<$, $\geq$, $\leq$를 써서 수나 식의 값의 대소 관계로 나타난 식을 부등식이라고 한다. 부등식에는 절대 부등식과 조건 부등식이 있다.

부등식 중의 문자에 어떤 실수값을 대입해도 항상 성립하는 부등식을 절대 부등식이라 한다. 절대 부등식에서 그것이 항상 성립함을 보이는 것을 부등식을 증명한다고 말한다. 부등식 중의 문자에 특별한 범위의 값을 대입할 때만 성립하는 부등식을 조건 부등식이라 한다.

부등식에는 다음과 같은 기본 성질이 있다.

① $a>b$, $b>c$이면 $a>c$

② $a>b$이면 $a+c>b+c$, $a-c>b-c$

③ $a>b$이면

$c>0$일 때 $ac>bc$, $\frac{a}{c}>\frac{b}{c}$

$c<0$일 때 $ac<bc$, $\frac{a}{c}<\frac{b}{c}$

④ a, b의 부호가 같을 때 $a<b$이면 $\frac{1}{a}>\frac{1}{b}$

a, b의 부하가 다를 때 $a<b$이면 $\frac{1}{a}<\frac{1}{b}$

2.14.2 부등식의 해법

(1) 1차 부등식과 그 해법

부등식이 미지수를 포함하고 있을 때, 부등식을 만족시키는 미지수의 값을 부등식의 해라고 하며, 해의 집합을 해집합, 해집합을 구하는 것을 부등식을 푼다고 한다.

이항하여 정리했을 때

$$ax > b(ax \geqq b) \text{ 또는 } ax < b(ax \leqq b)(\text{단 } a \neq 0)$$

의 꼴이 되는 부등식을 x의 1차 부등식이라 한다.

부등식의 $ax > b$의 해법은 다음과 같다.

부등식 $ax > b$의 해는

① $a > 0$일 때 $x > \frac{b}{a}$　　② $a < 0$일때 $x < \frac{b}{a}$

③ $a = 0$, $b < 0$일 때 x는 모든 실수

$a = 0$, $b \geqq 0$일 때 해는 없다.

예제 다음 일차 부등식을 풀어라.

① $4x - 5 > 7x$　　② $\frac{4x-1}{3} \geqq \frac{x+3}{2}$

풀이 ① $4x - 5 > 7x$에서 $-3x > 5$　$\therefore x < -\frac{5}{3}$

② $\frac{4x-1}{3} \geqq \frac{x+3}{2}$에서

양변에 분모의 최소공배수 6을 곱하여 분모를 없애면

$8x - 2 \geqq 3x + 9$ 이것을 정리하면

$5x \geqq 11$　$\therefore x \geqq \frac{11}{5}$

(2) 2차 부등식과 그 해법

$ax^2 + bx + c > 0(a \neq 0)$, $ax^2 + bx + c < 0(a \neq 0)$과 같은 꼴의 부등식을 2차 부등식이라 한다.

2차 부등식 $ax^2 + bx + c > 0$, $ax^2 + bx + c < 0$의 해법은 다음과 같다.

① $b^2 - 4ac > 0$일 때 인수분해한 다음 아래 요령으로 푼다.

α, β가 실수이고, $\alpha < \beta$일 때

$$(x-\alpha)(x-\beta)>0 \Leftrightarrow x<\alpha \text{ 또는 } x>\beta$$

$$(x-\alpha)(x-\beta)<0 \Leftrightarrow \alpha<x<\beta$$

② $b^2-4ac=0$, $b^2-4ac<0$일 때 완전제곱의 꼴로 변형하여 푼다.

예제 다음 이차 부등식을 풀어라.

① $x^2-5x+6>0$　　② $x^2+x-12<0$

③ $x^2-2x+1 \geqq 0$　　④ $4x^2+12x+9 \leqq 0$

풀이 ① 좌변을 인수분해하면 $(x-2)(x-3)>0$

따라서, 해는 $x<2$ 또는 $x>3$

② 좌변을 인부분해하면 $(x+4)(x-3)<0$

따라서, 해는 $-4<x<3$

③ 완전 제곱꼴로 고치면 $(x-1)^2 \geqq 0$

따라서, 해는 x는 모든 실수값

④ 완전 제곱꼴로 고치면 $(2x+3)^2 \leqq 0$

따라서, 해는 $x=-\dfrac{3}{2}$

예제 R-L-C 직렬회로에서 저항 $R=100[\Omega]$, 인덕턴스 $L=1[\text{mH}]$일 때 이 회로가 진동적이기 위한 커패시턴스 C의 범위를 구하여라.

풀이 진동여부 판별식 $R^2-\dfrac{4L}{C}<0$(진동적)에서

$$C<\frac{4L}{R^2}=\frac{4\times1\times10^{-3}}{(100)^2}=0.4\times10^{-6}=0.4[\mu\text{F}]$$

2.15 부분 분수

2.15.1 개요

복잡한 분수를 좀 더 간단한 분수들의 합으로 나타내는 것이 유용할 때가 있다. 예를 들어,

$$\frac{4x+7}{x^2+3x+2} = \frac{1}{x+2} + \frac{3}{x+1}$$

이므로 $\frac{4x+7}{x^2+3x+2}$ 의 부분분수는 $\frac{1}{x+2}$ 과 $\frac{3}{x+1}$ 이며 부분분수(Partial frac-tions)는 적분으로 정의되는 Laplace변환과 제어이론을 공부하는데 특히 유용하게 사용된다.

2.15.2 부분분수

부분분수를 만들기 위하여 우선 분수식의 분모와 분자의 차수를 비교한다.

(1) 분모의 차수>분자의 차수인 경우

① 주어진 분수식의 분모를 인수분해 한다.

② 각각의 인수를 분모로 하고 분모가 된 인수의 차수보다 1차원 낮은 다항식의 일반 형태를 분자에 놓는다.

즉, 1차 인수 $ax+b$는 $\frac{A}{ax+b}$를 만들고 2차 인수 ax^2+bx+c을 가지면 $\frac{Ax+B}{ax^2+bx+c}$로 한다. 분자의 상수들은 A, B, C 등으로 쓰고 같은 문자가 사용되지 않도록 주의한다.

③ 만들어진 부분분수들을 "+"로 연결한다.

④ 주어진 분수식과 부분분수의 합이 같아지도록 A, B, C 등을 구한다.

(2) 분모의 차수 ≦ 분자의 차수인 경우

① 분모÷분자를 해서 몫+나머지 형태로 나타낸다.

② 나머지는 분모의 차수>분자의 차수인 경우이므로 (1)의 ①, ②와 ③의 순서로 한다.

③ 주어진 분수식과 몫+②에서 만들어진 부분분수가 같아지도록 A, B, C를 구한다.

> 중복인수 $(ax+b)^2$는 다음과 같은 부분분수로 나타낸다.
>
> $$\frac{A}{(ax+b)}+\frac{B}{(ax+b)^2}$$

예제 $\dfrac{7x+10}{2x^2+5x+3}$를 부분분수들로 나타내어라.

풀이 분모는 $(2x+3)(x+1)$으로 인수분해되고 인수 $2x+3$은 부분분수 $\dfrac{A}{2x+3}$로 $x+1$은 부분분수 $\dfrac{B}{x+1}$로 나누어 나타낼 수 있다.

$$\frac{7x+10}{2x^2+5x+3}=\frac{A}{2x+3}+\frac{B}{x+1}$$

미지의 상수 A와 B를 구하기 위해서 양변에 $(2x+3)(x+1)$를 곱한다.

$$7x+10=A(x+1)+B(2x+3) \qquad ①$$

먼저 A를 삭제하려면 x에 -1을 대입하면,

$$7(-1)+10=A(0)+B(-2+3)$$

$$B=3$$

$$7x+10=(A+2B)x+(A+3B)$$

양변에 있는 x의 계수를 비교하면 $7=A+2B$이며 $B=3$이므로 아래의 계산에 의해서 $A=1$임을 알 수 있다.

$$7=A+2(3)=A+6$$

따라서 문제의 식을 부분분수로 쓰면 다음과 같다.

$$\frac{7x+10}{2x^2+5x+3}=\frac{1}{2x+3}+\frac{3}{x+1}$$

예제 어드미턴스(Admittance) Y는 전자회로에서 전기량을 나타내기 위해 사용되며 어드미턴스는 다음의 식으로 구한다.

$$Y(s)=\frac{s^2+4s+5}{(s^2+2s+4)(s+3)}$$

여기서 s는 주파수를 나타낸다. 회로의 특성을 계산하기 위해서는 어드미턴스를 부분분수들의 합으로 나타내어 각 부분의 결과를 따로 구하는 것은 필수적이다. $Y(s)$를 부분분수로 나타내어라.

풀이 분모는 더 이상 인수분해 될 수 없는 2차약수와 1차약수를 포함하고 있다. 따라서

$$Y(s)=\frac{s^2+4s+5}{(s^2+2s+4)(s+3)}=\frac{As+B}{s^2+2s+4}+\frac{C}{s+3}$$

양변에 $(s^2+2s+4)(s+3)$를 곱하면, 아래의 식을 얻을 수 있다.

$$s^2+4s+5=(As+B)(s+3)+C(s^2+2s+4)$$

상수 C의 값을 구하기 위해 A와 B를 없앨 수 있는 -3을 s에 대입한다.

$(-3)^2+4(-3)+5=C[(-3)^2+2(-3)+4]$ 즉

$$2=7C \qquad \therefore\ C=\frac{2}{7}$$

양변에 있는 s^2의 계수들을 일치시키면

$1=A+C$ 따라서 $A=1-C=1-\frac{2}{7}=\frac{5}{7}$의 값을 구할 수 있고 다시 상수항끼리 일치시키면

$5=3B+4C,\ B=\frac{9}{7}$의 값을 구할 수 있다.

끝으로 A, B, C의 값을 대입하여 부분분수로 나타낸다.

$$Y(s)=\frac{s^2+4s+5}{(s^2+2s+4)(s+3)}=\frac{\frac{5}{7}s+\frac{9}{7}}{s^2+2s+4}+\frac{\frac{2}{7}}{s+3}$$

$$=\frac{5s+9}{7(s^2+2s+4)}+\frac{2}{7(s+3)}$$

연 습 문 제

1. 다음 식을 계산하여라.

① $4x+5y-(2x+4y)$　　② $\left(\frac{2}{3}x^2y\right)\times\left(-\frac{3}{2}y\right)^2\div\left(\frac{1}{2}xy^3\right)$

③ $(2x^3-4x^2)\div 2x$　　④ $\frac{1}{8}x^2y^3\div\left(\frac{1}{4}x^3y\right)^2\times(-3x^2y)^3$

[답] ① $2x+y$　② $\frac{3}{4}x$　③ x^2-2x　④ $-54x^2y^4$

2. $x+y=3$, $xy=1$일 때 x^2+y^2의 값을 구하여라.

[답] $x^2+y^2=7$

3. 다음 식을 인수분해 하여라.

① $a(x-y)+b(y-x)$　　② x^3y-xy^3

③ $x^2+6x-16$　　④ x^6+y^6

[답] ① $(a-b)(x-y)$　② $xy(x+y)(x-y)$　③ $(x+8)(x-2)$

④ $(x^2+y^2)(x^4-x^2y^2+y^4)$

4. 다음 식이 항등식이 되도록 상수 A, B를 구하여라.

$$\frac{2}{x(x+2)}=\frac{A}{x}+\frac{B}{x+2}$$

[답] $A=1$, $B=-1$

5. $x:y=4:3$일 때 $\frac{x}{x+y}+\frac{y}{x-y}$의 값을 구하여라.

[답] $\frac{25}{7}$

6. 다음 식을 간단히 하여라.

$$\frac{(x^3 \cdot x^{-1})^{-3} \times (x^{-3} \cdot x)^{-4}}{(x^4 \cdot x^{-2})^5} \quad (x \neq 0)$$

[답] x^{-8}

7. $x=\dfrac{\sqrt{3}+\sqrt{2}}{\sqrt{3}-\sqrt{2}}$, $y=\dfrac{\sqrt{3}-\sqrt{2}}{\sqrt{3}+\sqrt{2}}$ 일 때 $\dfrac{y}{x}+\dfrac{x}{y}$ 의 값을 구하여라.

[답] 98

8. 어떤 직류 발전기의 유기 기전력이 206[V]이다. 이것에 1.25[Ω]의 부하저항을 연결하였을 때의 단자전압은 195[V]이었다. 전기자 저항 r_a는 몇 [Ω]인가?(단, $E=V+I_aR_a$)

[답] $r_a=0.0705$[Ω]

9. 점광원 150[cd]에서 r[m] 떨어진 거리에서, 그 방향과 직각인 면과 기울기 60°로 설치된 간판의 조도가 3[lx]이었다. 이 때의 거리 r[m]를 구하여라. (단, $E=\dfrac{I\cos\theta}{r^2}$)

[답] $r=5$[m]

10. 다음 이차 방정식을 풀어라.

① $12x^2-25x+12=0$ ② $x^2-x-1=0$

[답] ① $x=\dfrac{4}{3}, \dfrac{3}{4}$ ② $x=\dfrac{1\pm\sqrt{5}}{2}$

11. 다음 연립방정식을 풀어라.

$$\begin{cases} x-y=2 \\ x^2-2xy-y=2 \end{cases}$$

[답] $x=0$, $y=-2$, $x=3$, $y=1$

12. 그림 2-8과 같은 RLC 직렬 회로에서 $R=4[\mathrm{k}\Omega]$, $C=200[\mathrm{pF}]$일 때, 이 회로에 직류 전압을 인가하여도 진동하지 않는 인덕턴스 L의 범위를 구하여라.

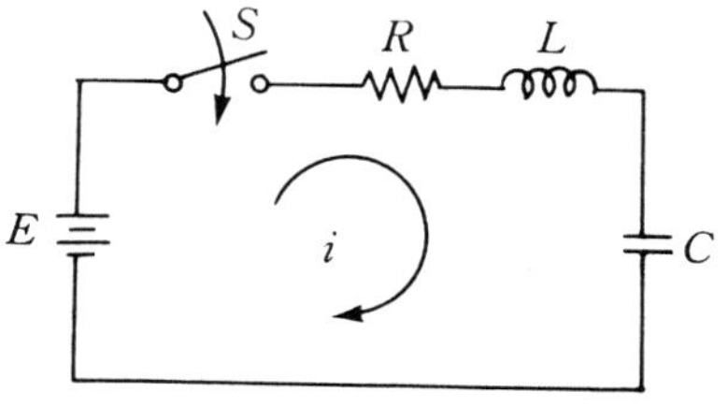

• • 그림 2-8 • •

[답] $L=0.8[\mathrm{mH}]$

제 3 장 함 수

3.1 함수의 기본 개념

3.1.1 함수

함수(function)는 입력(input)에 작용하여 출력(output)을 생성해 내는 대응이라고 할 수 있다. 이는 그림 3-1에서와 같이 두 가지 방식으로 표현할 수 있다.

첫번째 방식은 입력과 출력을 나타내는 상자로 구성된 블록선도(block diag-ram)를 사용하는 것이며 상자 안에 대응관계를 적어 넣는다.

두번째 방식은 두 집합(sets)를 이용하는 것으로 하나는 입력을, 또 다른 하나는 출력을 의미한다. 화살표는 입력과 출력간의 관계를 보여준다.

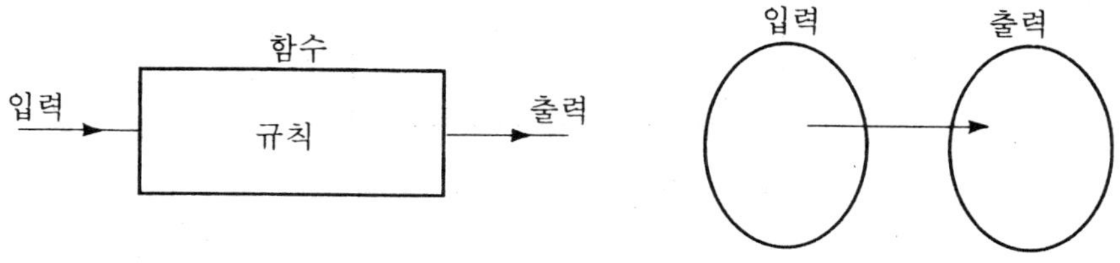

•• 그림 3-1 함수의 표현 ••

어떤 규칙이 함수가 되기 위해서는 주어진 입력에 단 하나의 출력을 만들어야 한다.

"입력을 3배로 하라"는 규칙의 함수는 그림 3-2와 같으며 입력 4를 넣으면 12를 출력하고 이를 일반화하면 입력 x는 출력 $3x$가 되는 것이다.

함수를 f로 표기하면 $f(x)=3x$가 되고 간단히 $f=3(x)$로 쓴다.

> 함수는 하나의 주어진 입력에 대하여 하나의 출력을 내는 규칙을 가진다.

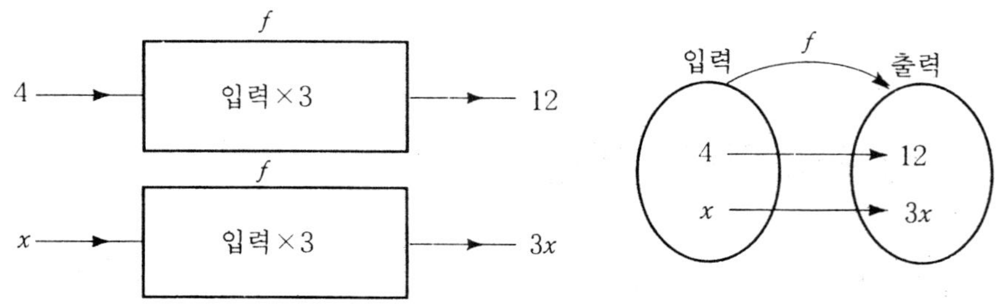

•• 그림 3-2 $f(x)=3x$ ••

그림 3-2는 입력값에 대하여 단지 하나의 출력값 만이 존재한다는 것을 나타냄으로서 함수이다.

예제 그림 3-3에서 입력이 ① 4, ② −3, ③ x일 때 출력을 구하여라.

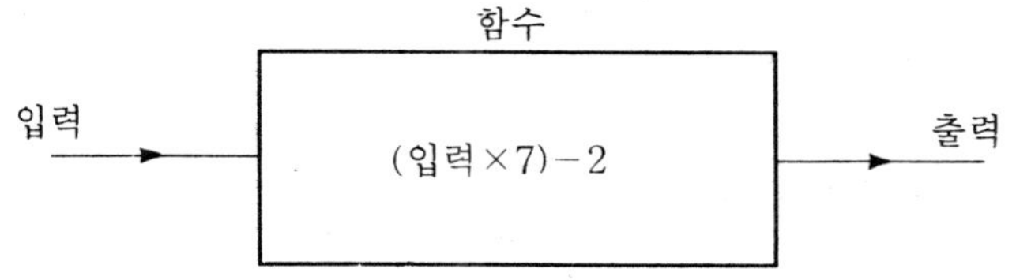

•• 그림 3-3 함수 ••

그림 3-3은 출력값은 입력값에 7을 곱하고 2를 뺀 값을 의미한다.

풀이 ① 입력이 4일 경우, 출력은 26 → $y=4\times7-2=26$

② 입력이 −3일 경우, 출력은 −23 → $y=-3\times7-2=-23$

③ 입력이 x일 경우, 출력은 $7x-2$ → $y=x\times7-2=7x-2$

예제 다음 함수의 규칙을 설명하여라.

① $f(x)=6x$　② $f(t)=6t-1$　③ $g(z)=z^2-7$

④ $h(t)=t^3+5$　⑤ $p(x)=x^3+6$

풀이 ① 입력에 6을 곱한다.

② 입력 t에 6을 곱하고 1을 뺀다.

③ 함수 g는 입력 z를 제곱하고 7을 뺀다.

④ 함수 h는 입력 t을 3제곱하고 5를 더한다.

⑤ 함수 p는 입력 x을 3제곱하고 6를 더한다.

3.1.2 함수의 변수

변수(argument)는 변하는 값을 의미하고 다른 변수와 관계없이 나타나는 독립변수와 다른 변수에 영향을 받은 종속변수가 있다.

예를 들어, 함수 $g(t)=3t+2$일 경우, 독립변수 t가 2일 경우 종속변수 $g(t=2)$, 간략하게 $g(2)$은 8이 된다.

예제 $f(x)=3x+1$의 경우, 다음 값을 구하여라.

① $f(2)$　② $f(-1)$　③ $f(6)$

풀이 ① 독립변수가 2인 경우, 출력은 $f(2)=3\times2+1=7$

② 독립변수가 -1인 경우, 출력은 $f(-1)=3\times(-1)+1=-2$

③ $f(6)=3\times(6)+1=19$

예제 $y(x)=3x+2$의 경우 다음을 구하여라.

① $y(t)$　② $y(2t)$　③ $y(z+2)$

④ $y(5x)$　⑤ $y\left(\frac{t}{a}\right)$

풀이 이 함수는 입력에 3을 곱하고 2를 더하는 것이다.

① 독립변수가 t이며, $y(t)=3t+2$

② 독립변수가 $2t$이며, $2t$를 x에 대입하면 $3(2t)+2=6t+2$

③ 독립변수가 $z+2$이며, $y(z+2)=3(z+2)+2=3z+8$

④ 독립변수가 $5x$이므로 $y(5x)=3(5x)+2=15x+2$

⑤ 독립변수가 $\frac{t}{\alpha}$이므로 $y\left(\frac{t}{\alpha}\right)=3\left(\frac{t}{\alpha}\right)+2=\frac{3t}{\alpha}+2$

3.2 함수 그래프

3.2.1 함수의 그래프

$f(x)=2x$의 경우, 출력값은 입력값에 2를 곱하여 얻어지며 다양한 입력값을 대입하여 그에 따른 출력값을 얻을 수 있다. -2와 2사이의 정수를 대입하면 표 3-1에서와 같은 결과를 얻을 수 있다.

표 3-1

입력	-2	-1	0	1	2
출력	-4	-2	0	2	4

이 함수의 그래프를 그리기 위해서는 우선 두 축(axes)(수직축과 수평축)을 그린다. 그림 3-4와 같이 이 두 축은 직각을 이루고 두 축은 원점에서 교차한다.

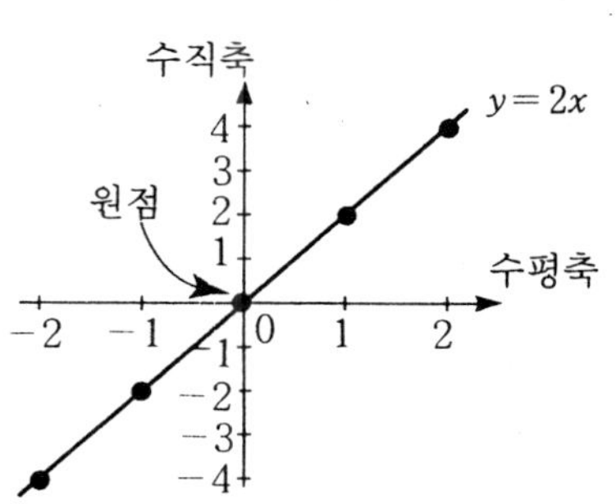

• • 그림 3-4 표 3-1의 그래프($y=2x$) • •

입력값과 출력값은 그래프상의 한 점이고 입력값은 수평축에 출력값은 수직축에 나타낸다. 수평축은 x축, 수직축을 y축으로 하면 $y = f(2x) = 2x$, 간략하게 $y = 2x$라고 한다.

입력값 x와 출력값 y는 그림 3-4와 같이 하나의 점으로 표시할 수 있고 그 점을 좌표 (x, y)라고 표현하고 좌표들을 연결하면 그래프는 직선이 된다.

> $y = f(x)$에서 x는 독립변수이고 y는 종속변수이다. x값의 집합은 그 함수의 **정의역**(domain)이고, y값의 집합은 **치역**(値域 : range)이다.

예제 $f(x) = x^2 + 2$, $-3 \le x \le 3$의 경우, 다음 질문에 답하여라.

① 정의역을 구하여라.

② 입력값과 출력값을 표로 작성하여라.

x	-3	-2	-1	0	1	2	3
x^2+2		6		2			

③ 함수의 그래프를 그려라.

④ 치역을 구하여라.

풀이 ① 함수 $f(x)$의 정의역은 x의 값의 집합이다. 구간으로 표현하면 $[-3, 3]$

② 몇 개의 값들이 이미 제시되어 있다. 표를 완성하면 다음과 같다.

x	-3	-2	-1	0	1	2	3
x^2+2	11	6	3	2	3	6	11

③

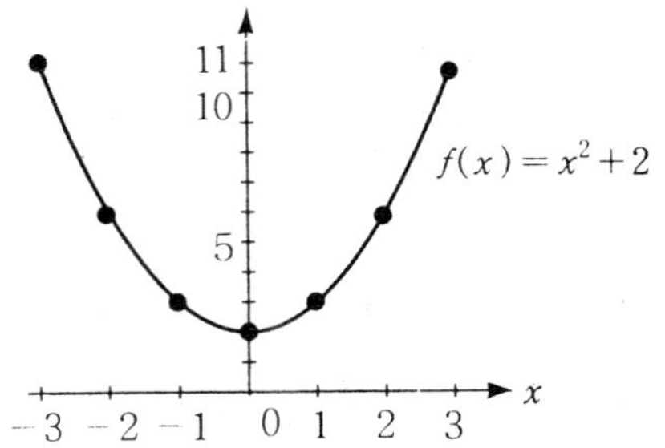

• • 그림 3-5 $f(x)=x^2+2$의 그래프 • •

④ 치역은 다양한 x값에 따른 함수값의 집합이며 구간으로 표현하면 [2, 11]

예제 탱크에서의 용액 유출

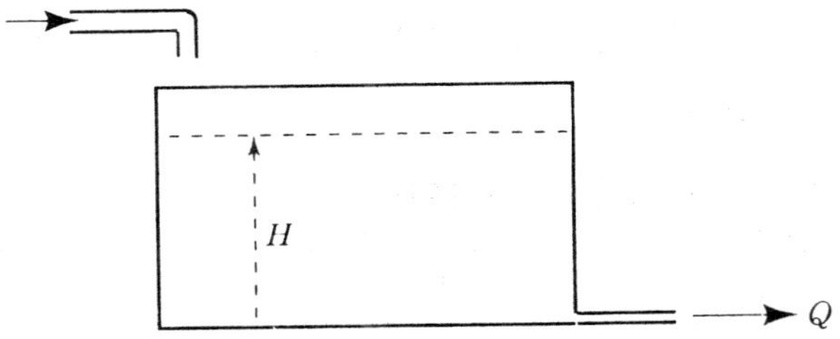

• • 그림 3-6 용액 저장 시스템 • •

그림 3-6의 탱크는 용액 저장용으로 용액은 꼭대기에 있는 입구의 파이프를 통해 들어와서 바닥 측면에 있는 관을 통해 나온다. 유출에 관한 곡선을 그려라.

풀이 이 저장 시스템은 화학공업 현장에서 많이 사용되며 유입량이 일정하다고 한다면 유출량 Q는 탱크 속의 용액의 깊이 H에 비례한다. 이를 수식으로 표현하면 다음과 같다.

$$Q=KH$$

K는 비율상수로 유출계수라 하고 종속변수 Q와 독립변수 H의 함수이다. 이때 함수의 입력은 낙차 H, 함수 규칙은 입력에 K를 곱하는 것이고, 출력은 유출량 Q이다. H에 따른 Q의 그래프는 그림 3-7 (a)이다.

(a) 일정한 유출 (b) 난류(亂流)

•• 그림 3-7 ••

난류이면 Q와 H 사이에는 (a)와 같은 함수 관계가 아닌 입력 H의 양수 제곱근에, 유출 계수 K를 곱하여, 출력은 유출량 Q이다. H에 따른 Q 그래프는 그림 3-7 (b)이다.

3.2.2 직선

(1) 직선 방정식

1차식(linear function)의 $ax+by+c=0$(a, b, c는 상수)은 직선을 의미하기 때문에 **직선**(straight line)**방정식**이라 한다.

> 모든 직선방정식은 다음의 형태로 표현된다.
>
> $$f(x)=ax+b$$
>
> a는 x의 **계수**(coefficient)이고, b는 **상수항**(constant term)이다.
>
> 또는 $y=ax+b$로 나타낸다.

예를 들면, $f(x)=3x+2$, $g(x)=\frac{1}{2}x-7$, $h(x)=-3x+\frac{2}{3}$

직선은 두 개의 점을 연결하여 그리며 직선방정식에서 x의 계수는 직선의 기울기(경사진 정도)를 나타낸다.

$y=ax+b$의 경우 a가 양수이면 왼쪽에서 오른쪽 위로 향하는 그래프가 되고 a의 값이 커질수록 그래프의 경사는 가파르다. 또한 음수 a는 왼쪽 위에서

오른쪽 아래로 향하는 그래프를 만든다.

a가 0 즉, 기울기가 0인 경우는 직선은 수평이 되고 동일한 기울기를 갖는 직선을 **평행선**(parallel lines)이라 한다.

그림 3-8은 $y = ax + b$의 그래프이며, 기울기 a가 다양한 경우의 그래프이다.

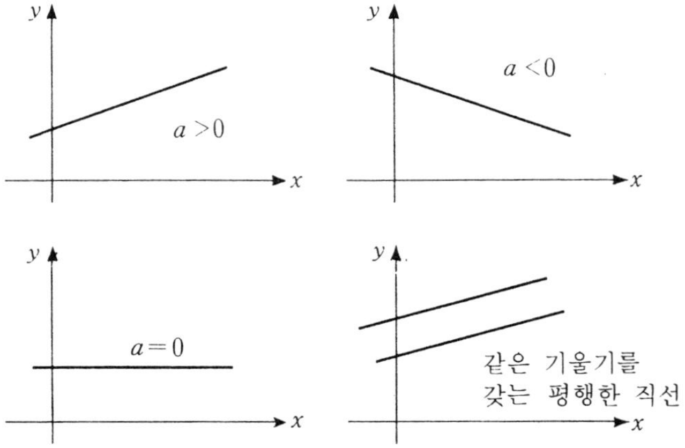

•• 그림 3-8 a의 값이 다양한 $y = ax + b$의 그래프 ••

> 직선방정식 $y = ax + b$에서 a는 그래프의 기울기를, b는 y절편을 나타낸다.

예제 $-2 \leq x \leq 2$일 때 ① $y = 4x - 3$, ② $y = 4x$, ③ $y = 4x + 5$의 그래프를 그려라.

풀이 우선 각 함수마다 두 개의 점을 찾는다.

① $y = 4x - 3$인 경우 $(0,\ -3)$, $(2,\ 5)$을 설정하여 두 점을 연결하면 그림 3-9가 된다.

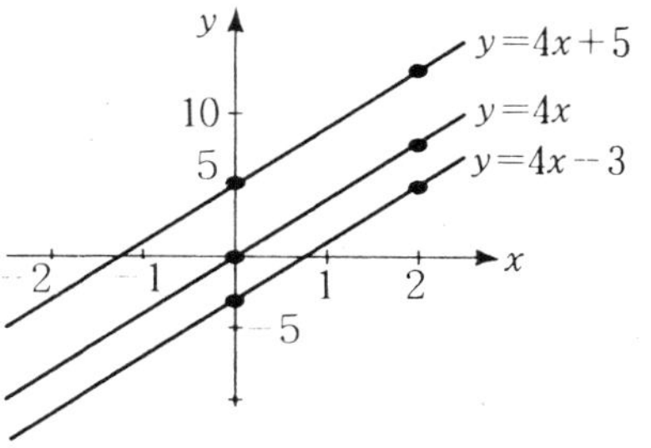

• • 그림 3-9 상수항의 변화에 따른 그래프 • •

② $y=4x$인 경우 (0, 0), (2, 8)을 연결한다.

③ $y=4x+5$인 경우에는 (0, 5), (2, 13)을 연결하면 그림 3-9와 같다.

예제 $y=3x+3$, $y=5x+3$, $y=-2x+3$의 그래프를 그려라.

풀이 위 3개의 식은 동일한 상수항 3을 가지며 모든 직선은 y절편 (0, 3)을 지난다. 또 다른 한 점을 설정하여 그리면 그림 3-10과 같다.

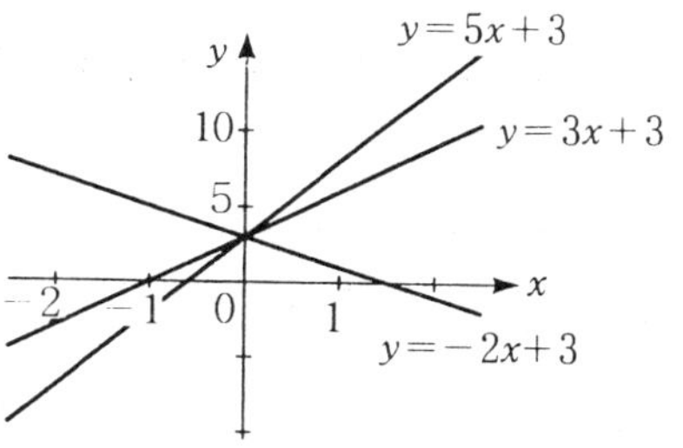

• • 그림 3-10 동일한 y절편을 갖고 기울기가 다른 그래프 • •

예제 다음 그래프의 기울기를 말하여라.

① $y=7x+2$　　② $y=-\frac{1}{3}x+4$　　③ $y=\frac{x+2}{3}$

풀이 x의 계수를 고려한다.

① 7　② $-\frac{1}{3}$　③ $\frac{1}{3}$

(2) 두 점이 주어진 직선 방정식

두 점이 주어졌을 경우에 그래프의 기울기(gradient)를 알아낼 수 있다. 그림 3-11에서 $A(x_1, y_1)$, $B(x_2, y_2)$가 주어졌을 경우, A와 B사이의 y좌표의 거리(수직거리)는 $y_2 - y_1$이고 두 지점간의 x좌표의 거리(수평거리)는 $x_2 - x_1$이다. 그래프의 기울기는 다음과 같다.

$$\text{기울기} = \frac{\text{수직 거리}}{\text{수평 거리}}$$

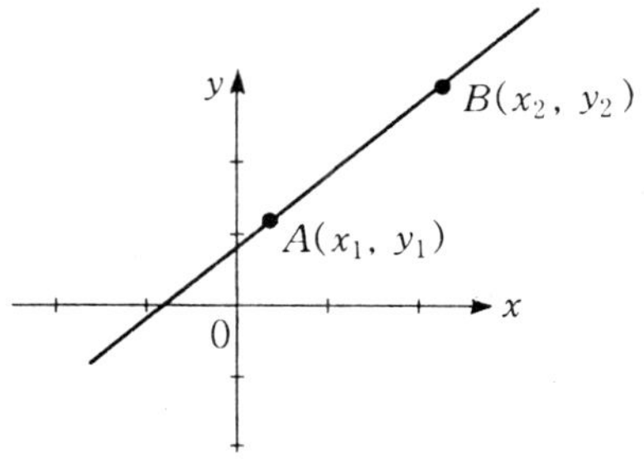

•• 그림 3-11 $A(x_1, y_1)$, $B(x_2, y_2)$인 좌표 ••

> $A(x_1, y_1)$와 $B(x_2, y_2)$를 연결한 직선의 기울기는 다음과 같다.
>
> $$\text{기울기} = \frac{\text{수직 거리}}{\text{수평 거리}} = \frac{y_2 - y_1}{x_2 - x_1}$$

> $A(x_1, y_1)$, $B(x_2, y_2)$를 지나는 직선의 방정식은 다음과 같다.
>
> $$(y - y_1) = \left(\frac{y_2 - y_1}{x_2 - x_1}\right)(x - x_1)$$

예제 다음 두 점을 연결하는 직선의 기울기를 구하여라.

① $A(0, 3)$, $B(4, 5)$

② $A(-1, 4)$, $B(2, 1)$

풀이 ① 기울기 $= \frac{y_2 - y_1}{x_2 - x_1} = \frac{5-3}{4-0} = \frac{1}{2}$

② 기울기 $= \frac{y_2 - y_1}{x_2 - x_1} = \frac{1-4}{2-(-1)} = -1$

예제 기울기가 11이고, 좌표 (2, 3)을 지나가는 직선의 방정식을 구하여라.

풀이 기울기가 11이므로 $y = 11x + c$

직선방정식에 $x = 2$, $y = 3$을 대입하면

$3 = 11(2) + c$에서 $c = -19$

직선방정식은 $y = 11x - 19$

예제 $A(-7, 11)$, $B(1, 3)$을 지나는 직선방정식을 구하여라.

풀이 $x_1 = -7$, $x_2 = 1$과 $y_1 = 11$, $y_2 = 3$를 식에 대입하면

$$\frac{y - y_1}{y_2 - y_1} = \frac{x - x_1}{x_2 - x_1} = \frac{y - 11}{3 - 11} = \frac{x + 7}{1 + 7}$$

이를 정리하면

$y = 4 - x$

3.2.3 두 점 사이의 거리

> 두 점 $A(x_1, y_1)$, $B(x_2, y_2)$사이의 거리 (L)는 다음과 같다.
>
> $$거리 = \sqrt{(x_2 - x_1)^2 + (y_2 - y_1)^2}$$

예제 $A(-7, 11)$, $B(1, 3)$ 사이의 거리를 구하여라.

풀이 거리 $= \sqrt{(x_2 - x_1)^2 + (y_2 - y_1)^2} = \sqrt{128}$

3.3 합성함수

그림 3-12는 두 함수 $g(x)=x^2$, $h(x)=3x+5$의 블록선도이다.

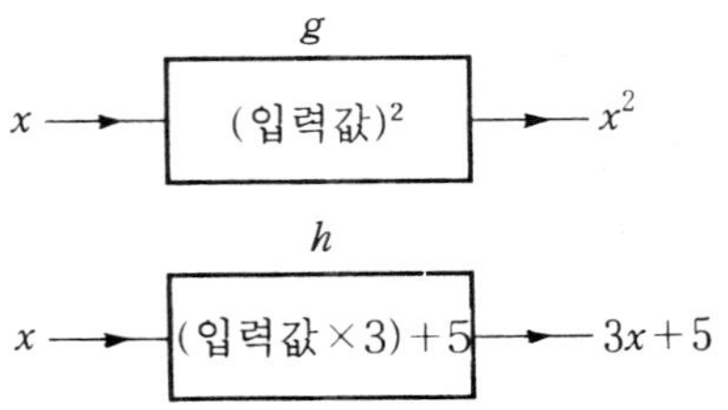

•• 그림 3-12 함수 g와 h의 블록선도 ••

그림 3-13은 두 블록선도를 직렬로 연결하면 g함수의 출력이 h함수의 입력이 되는 것을 보여준다.

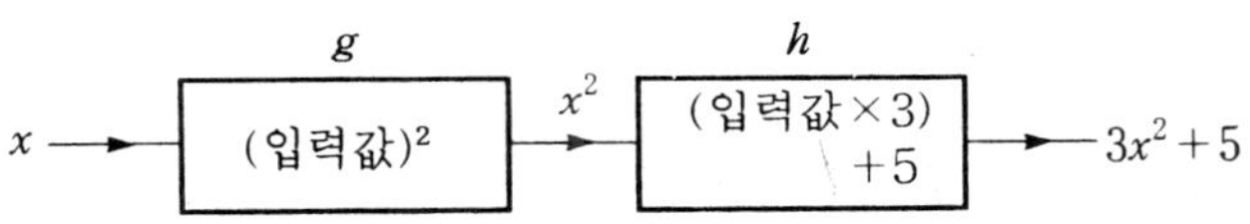

•• 그림 3-13 합성함수 $h(g(x))$ ••

g의 입력이 x일 때, 합성된 함수의 출력은 $3x^2+5$이며 g의 출력이 h의 입력이기 때문에 다음과 같이 쓸 수 있다.

$$h(g(x))=h(x^2)=3x^2+5$$

$h(g(x))=(h \cdot g)(x)$로 나타내며 $h \cdot g$을 함수 g와 h의 합성함수(composi-tion of function)라 한다. 그림 3-14는 h를 먼저 적용한 형태이다.

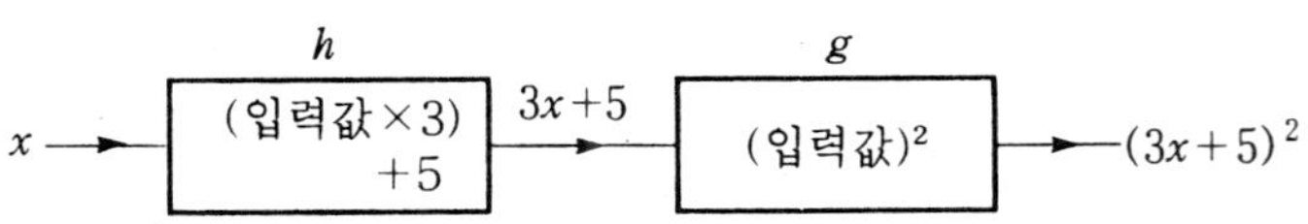

•• 그림 3-14 두 함수의 합성 $g(h(x))$ ••

h에 x를 입력하면 출력은 $(3x+5)^2$이다.

$$g(h(x))=(3x+5)^2$$

$h(g(x))$와 $g(h(x))$는 다르다는 것을 주의해야 한다.

예제 $g(t)=3t+2,\ h(t)=t+3$일 경우, 다음과 같은 합성함수를 구하여라.

① $g(h(t))$ ② $h(g(t))$

풀이 ① $g(h(t))=g(t+3)$

g의 규칙은 "입력을 3배하고 2를 더하라"는 것이므로

$g(t+3)=3(t+3)+2=3t+11$

② $h(g(t))=h(3t+2)=3t+5$

$h(g(t))\neq g(h(t))$임을 알 수 있다.

3.4 일대일 함수와 역함수

3.4.1 일대다 대응

3.1의 3.1.1에서 함수는 입력값에 대해 단지 하나의 출력값만이 존재해야 한다고 했으나 모든 규칙들이 이러한 기준을 만족시키는 것은 아니다.

예로서 "입력값의 제곱근을 구하라"는 규칙은 0 이외에 입력값들이 2개의 출력값을 가지기 때문에 함수라고 할 수 없다. 그림 3-15는 두 가지 방식으로 이러한 상황을 제시하고 있다.

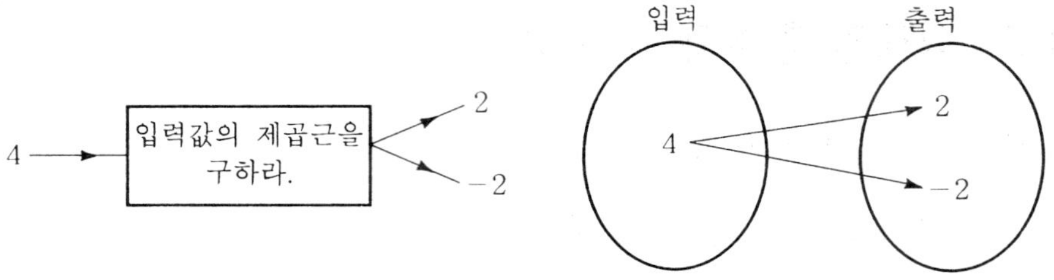

•• 그림 3-15 1 : 다 대응 ••

이처럼 하나의 입력값이 둘 이상의 출력값을 가지도록 하는 규칙을 **일대다 대응**(one-to-many rule)이라고 한다.

$y=\pm\sqrt{x}$ 규칙의 입력값에 따른 출력값은 다음과 같다.

x	0	1	2	3	4
$y=\pm\sqrt{x}$	0	± 1	$\pm\sqrt{2}$	$\pm\sqrt{3}$	± 2

위의 결과를 그래프로 나타내면 그림 3-16과 같다. 일대다 대응이 만들어내는 그래프는 수직선(vertical line)에 의해 두 번 이상 만나는 곡선이 만들어진다.

일대다 대응은 치역을 적당히 조절하여 함수를 이끌어 낼 수 있다. 예를 들어, "입력값의 양의 제곱근을 구하라"는 입력값이 단지 하나의 출력값을 가지므로 함수가 된다. 이 함수의 그래프는 그림 3-16에서 x축의 윗 부분에 해당된다.

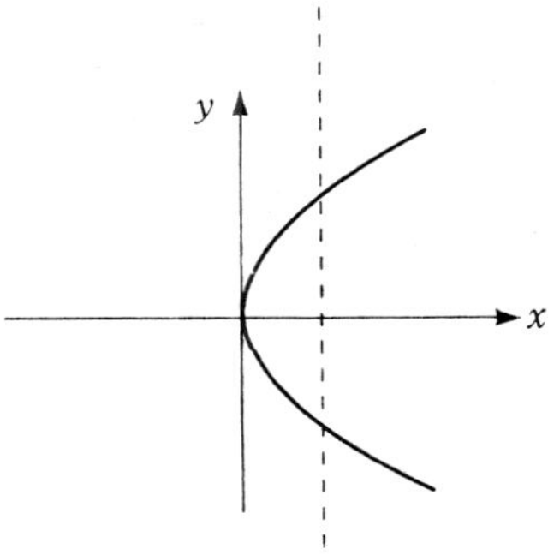

•• 그림 3-16 ••

3.4.2 다대일 함수와 1 : 1 함수

함수 $y(y=x^2)$의 x에 ±3을 대입하면 출력은 9이다. 이와 같이 서로 다른 입력값이 같은 출력값을 가지는 함수를 **다대일 함수**(many-to-one function)라고 부른다.

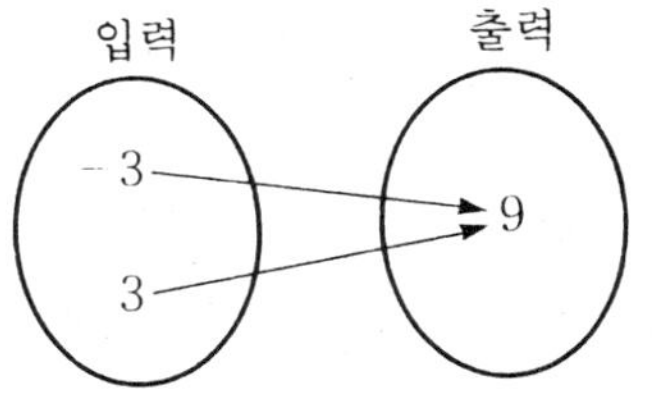

•• 그림 3-17 다대일 함수 ••

그림 3-18은 수평으로 그어진 선이 그래프를 2회 만나는 것은 두 개의 다른 입력값이 똑같은 출력값을 가진다는 것을 의미하므로 다대일 함수이다.

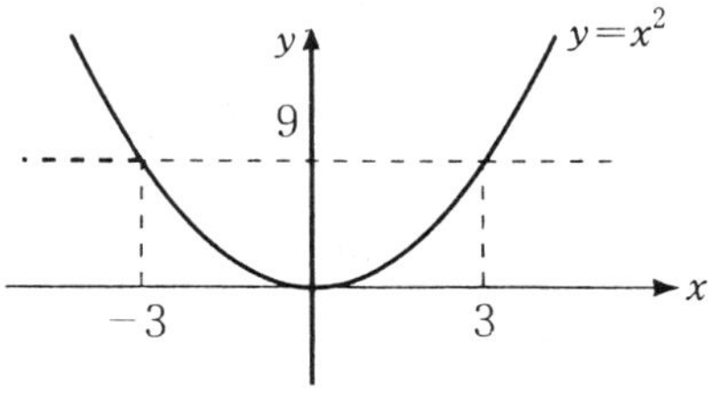

•• 그림 3-18 다대일 함수 $y=x^2$ ••

1 : 1 함수는 각각의 입력값이 서로 다른 출력값을 가지는 것으로 그림 3-19의 함수 $y(y=x^3)$은 1 : 1함수가 된다.

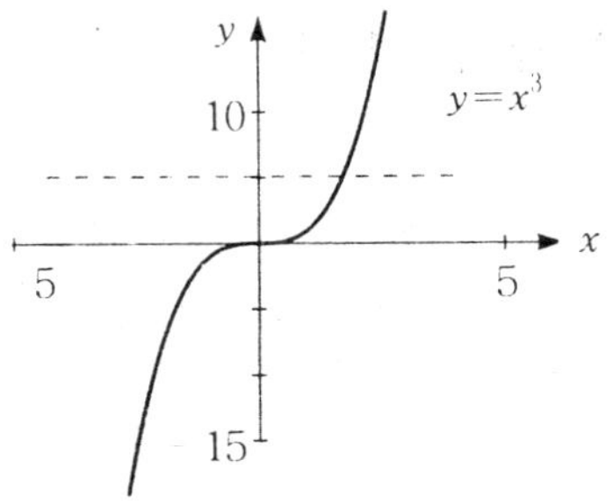

• • 그림 3-19 1 : 1 함수 $y(y=x^3)$ • •

위 그래프에서 수평으로 그은 선은 이 곡선과 단지 한번 만나는데 이것은 각 입력값 x가 하나의 다른 출력값 y를 가진다는 것을 의미한다.

예제 그림 3-20의 그래프 중에 어떤 것이 함수인지를 고르고 그 함수가 1 : 1 함수인지 또는 다대일 함수인지를 말하여라.

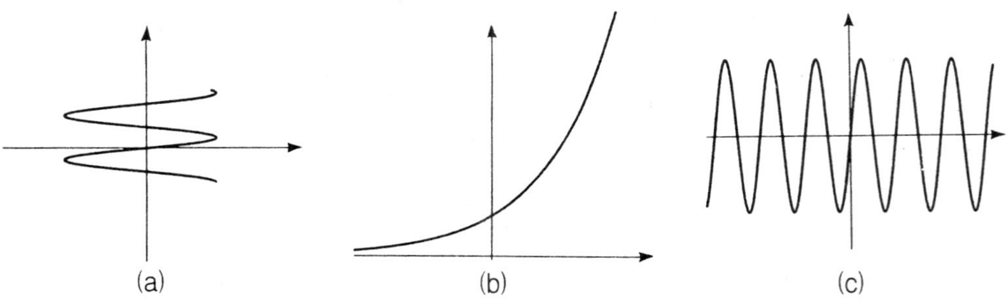

• • 그림 3-20 • •

풀이 (a) 함수가 아니다. (b) 1 : 1 함수 (c) 다대일 함수

3.4.3 역함수

함수 $y=f(x)$의 역과정으로 $f(x)$를 입력값으로 하고 x를 출력값으로 하는 대응이 함수라고 한다면 이것을 f의 **역함수**(inverse function)라고 부르고 f^{-1}로 표기한다. 단, 이 경우 -1은 지수가 아니라 역함수를 위한 기호로서 사용된

것임을 기억하자.

그림 3-21의 두 번째의 블록선도는 첫 번째 과정의 역이라는 것을 보여주고, 그림 3-22는 함수 $f^{-1}(f(x))=x$에 관한 블록선도이다.

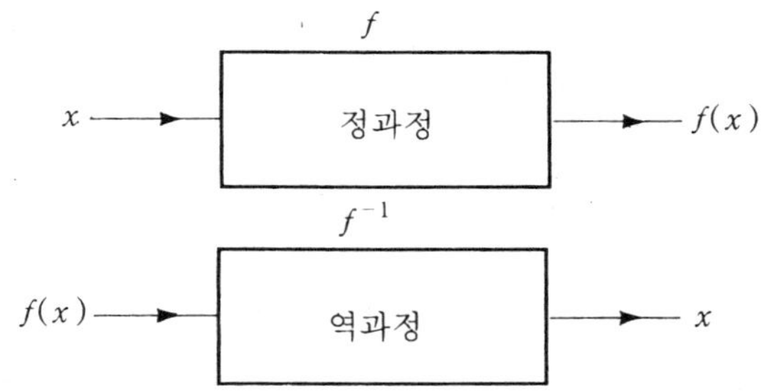

• • 그림 3-21 함수 $f(x)$와 역함수 • •

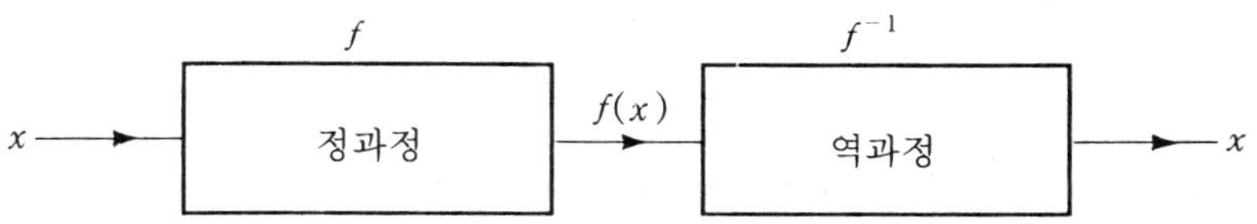

• • 그림 3-22 f^{-1}의 처리단계 • •

> f^{-1}은 f의 역함수를 나타내며, 역함수는 $y=f(x)$의 과정(process)의 역으로 항상 존재하는 것은 아니다.

예제 $f(t)=3t-8$의 역함수를 구하여라.

풀이 함수 $f(t)$는 입력값 t, 출력값 $3t-8$을 가진다. 따라서 그것의 역함수 f^{-1}은 입력값으로 $3t-8$, 출력값으로 t를 가져야 한다.

$$f^{-1}(3t-8)=t$$

새로운 변수 $z=3t-8$을 도입하여 t에 관하여 정리하면

$t=\dfrac{z+8}{3}$, 이를 f^{-1}에 대입한다.

$$f^{-1}(z) = \frac{z+8}{3}$$

$$f^{-1}(t) = \frac{t+8}{3}$$

이것이 $f(t)$의 역함수이다.

예제 $g(x) = 8 - 7x$의 역함수를 구하여라.

풀이 $g^{-1}(8-7x) = x$

새로운 변수 $z = 8 - 7x$을 x에 관하여 정리하여 대입하면

$$g^{-1}(z) = \frac{8-z}{7}$$

z 대신 x을 쓰면 다음과 같다.

$$g^{-1}(x) = \frac{8-x}{7}$$

예제 $f(x) = \dfrac{3x-2}{x}$ 의 역함수를 구하여라.

풀이 $f^{-1}(x) = \dfrac{2}{3-x}$

3.5 함수의 매개 변수

두 개 이상의 종속변수가 동일한 독립변수을 가질 때 그 독립변수를 매개변수(parametric variation)라고 한다. 독립변수 t를 매개변수로 하는 x, y 함수

$$x = 4t,\ y = 2t^2,\ -1 \le t \le 1 \qquad (1)$$

-1과 1사이의 변수인 t의 값에 따라 x와 y값이 정해진다. 예를 들어 $t = 1$인 경우 $x = 4(1)$, $y = 2\times(1^2)$가 된다. 다시 말해 $t = 1$인 경우, 좌표 (4, 2)가 된다.

표 3-2

t	-1	-0.5	0	0.5	1
x	-4	-2	0	2	4
y	2	0.5	0	0.5	2

그림 3-23은 (1)의 그래프이며 그래프의 화살은 증가하는 t의 방향이고 매개변수로 된 식을 합성함수를 사용하여 $y=f(x)$형태로 바꿀 수 있다.

$x=4t$, $t=\frac{x}{4}$ 이므로

$$y=2t^2=2\left(\frac{x}{4}\right)^2=\frac{2x^2}{16}=\frac{x^2}{8}$$

이 관계식은 x를 대입하여 y값을 얻을 수 있다.

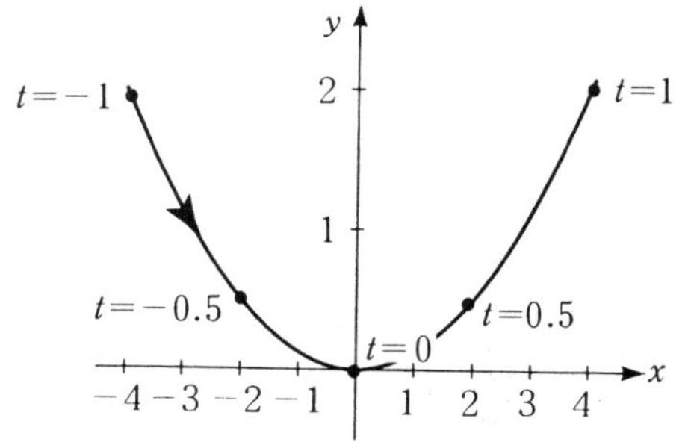

• • 그림 3-23 매개변수 함수 그래프[$x=4t$, $y=2t^2$, $-1\le t\le 1$] • •

예제 $x=\frac{1}{2}\left(t+\frac{1}{t}\right)$, $y=\frac{1}{2}\left(t-\frac{1}{t}\right)$, $1\le t\le 8$ 함수가 있을 때,

① 이 함수의 값을 표로 작성하여라.

② 이 함수의 그래프를 그려라.

풀이 ① 표에 이미 부분적으로 값이 주어져 있다. 표를 완성하여라.

t	1	2	3	4	5	6	7	8
x	1	1.25	1.67					4.06
y	0	0.750.5						3.94

② 그래프의 화살은 증가하고 있는 t의 방향을 표시.

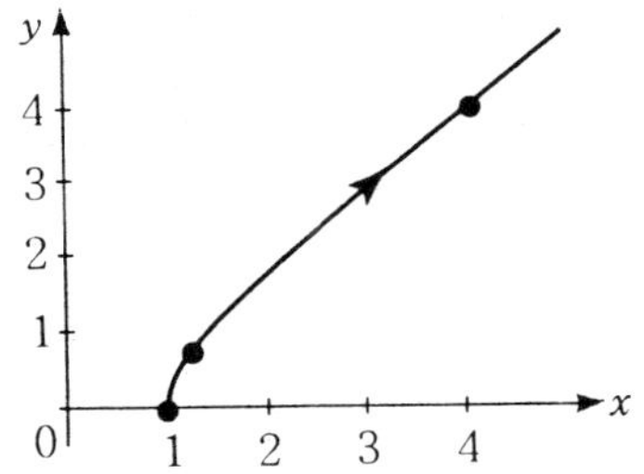

• • 그림 3-24 $x=\frac{1}{2}\left(t+\frac{1}{t}\right)$, $y=\frac{1}{2}\left(t-\frac{1}{t}\right)$, $1\le t\le 8$의 그래프 • •

매개변수를 소거하여 $x^2-y^2=1$이 되도록 할 수 있다.

3.6 연속함수

그림 3-25 (a)의 곡선은 왼쪽에서 오른쪽까지 끊어짐 없이 그려져 있는 함수를 연속함수(continuous function)라 하고 반면에 (b)의 곡선과 같이 끊어져 있는 함수를 불연속함수(discontinuous function)라 부른다.

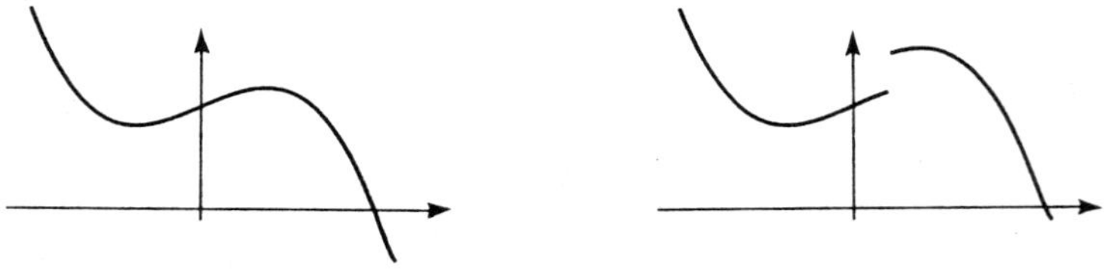

(a) 연속함수 (b) 불연속함수

• • 그림 3-25 • •

예제 다음과 같이 정의된 어떤 함수가 있다. 그래프를 그리고 설명하여라.

$$f(x)=\begin{cases} 3, & x<0 \\ x^2, & x\geq 0 \end{cases}$$

풀이 그림 3-26은 위 문제 함수의 그래프이다. ●는 끝점을 포함한다는 표시로서 사용하고 ○는 끝점을 제외한다는 표시이다.

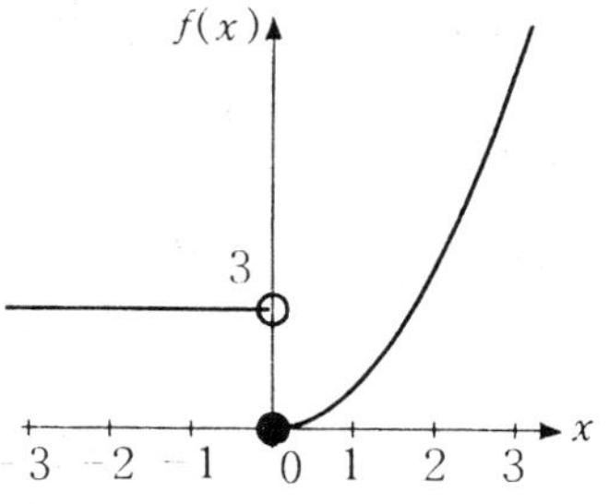

•• 그림 3-26 불연속함수 ••

3.6.1 함수의 극한

그림 3-26에서 x가 0에 접근함에 따라 $f(x)$는 어떤 값에 접근하고 있는가? 이런 물음은 x가 0일 때 $f(x)$의 값이 무엇인가라는 질문과는 분명히 다른 것임을 유의하여라.

x가 우측에서 0으로 점점 다가감에 따라 $f(x)$의 값도 0에 가까워진다. 이것을 기호화하면 다음과 같이 쓰고 "x가 우측에서 0으로 갈 때, $f(x)$의 우극한 값은 0이다"라고 읽는다.

$$\lim_{x\to 0^+} f(x)=0$$

lim밑에 붙어있는 위첨자 "+"표시는 우측에서 0으로 접근해감을 뜻하기 위해 사용한다.

x가 좌측에서 0으로 접근해 갈 때 $f(x)$의 값은 3이므로 $\lim\limits_{x\to 0^-} f(x)=3$이라고 쓰고 "$x$가 좌측에서 0으로 갈 때 $f(x)$의 좌극한값은 3이다"라고 읽고 "−"

표시는 좌측에서 0으로 접근해간다는 것을 의미한다.

$x=a$에서 $f(x)$의 우극한값과 좌극한값이 일치할 경우 $f(x)$의 극한이 존재하고 우극한값(=좌극한값)을 극한값이라 하고 기호는 $\lim_{x\to a} f(x)$을 사용한다.

① $x\to a^+$일 때 $f(x)$의 우극한값은 b이다. 즉, $\lim_{x\to a^+} f(x)=b$

② $x\to a^-$일 때 $f(x)$의 좌극한값은 c이다. 즉, $\lim_{x\to a^-} f(x)=c$

③ $x\to a$일 때 $f(x)$의 극한값은 b이다.

즉, $\lim_{x\to a+} f(x)=\lim_{x\to a-} f(x)=\lim_{x\to a} f(x)=b$

예제 그림 3-26의 함수를 보고 ① $f(3)$, ② $\lim_{x\to 3^+} f(x)$, ③ $\lim_{x\to 3} f(x)$를 구하여라.

$$f(x)=\begin{cases} 3, & x<0 \\ x^2, & x\geq 0 \end{cases}$$

풀이 ① $f(3)=9$

② x가 우측에서 0으로 접근할 때 y는 어떤 값으로 접근하는가에 대한 물음과 같다. 답은 9.

③ x가 좌측에서 3으로 접근할 때 y는 어떤 값으로 접근하는가에 대한 물음과 같다. 답은 9.

이 함수에서는 우극한, 좌극한이 모두 같다. 그러므로 다음과 같이 나타낸다.

$\lim_{x\to 3} f(x)=9$

3.6.2 연속함수

함수 $f(x)$가 $x=a$에서 극한값을 가지며 그 극한값이 $f(a)$와 일치한다면 그 함수는 $x=a$인 점에서 연속이라고 한다.

즉, $\lim_{x\to a^+} f(x)=\lim_{x\to a^-} f(x)=f(a)$

모든 x에 대하여 연속이면 $f(x)$를 **연속함수**라 하고, 연속이 아닌 함수을 **불연속함수**라고 한다.

> 함수 $f(x)$는 $x=a$에서 연속이다.
>
> $$\lim_{x \to a^+} f(x) = \lim_{x \to a^-} f(x) = f(a)$$

3.6.3 주기함수

일정한 간격을 두고 같은 그래프가 반복되는(cycle) 그래프의 함수를 **주기함수**라고 한다. 반복이 일어나는 간격을 함수의 주기(period)라고 하며 T로 표시한다.

예제 그림 3-27은 주기함수이다. x축은 t로 표시되고, 각 눈금은 1/1000초 단위로 한다.

① 이 함수의 주기를 구하여라.

② 1초에 몇 cycle이 나타나는가?

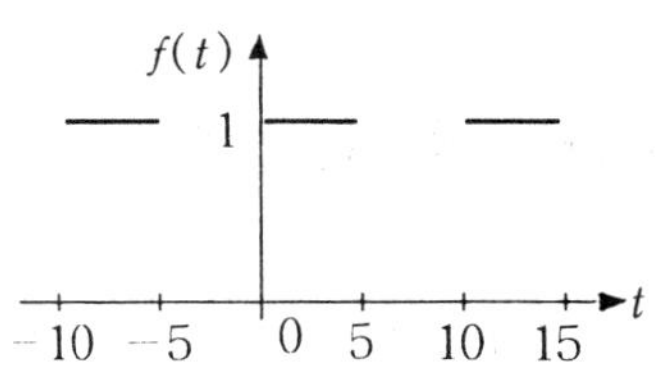

• • 그림 3-27 주기함수 • •

풀이 ① 10[ms] ② 100

3.6.4 우함수와 기함수

함수의 그래프가 y축을 중심으로 대칭을 이루는 함수를 **우함수**(even func-tion), 원점을 중심으로 대칭인 함수를 **기함수**(odd function)라고 한다. 우함수와 기함수는 다음과 같은 특성을 가진다.

> ① 우함수는 모든 x에 대해 $f(-x)=f(x)$인 함수이다.
> 우함수의 그래프는 y축에 대칭이다.
> ② 기함수는 모든 x에 대해 $f(-x)=-f(x)$인 함수이다.
> 기함수의 그래프는 원점에 대해 대칭이다.

예제 그림 3-28은 한가지 공통점을 가지고 있는데 그래프를 살펴보고 대칭성에 대해 설명하여라.

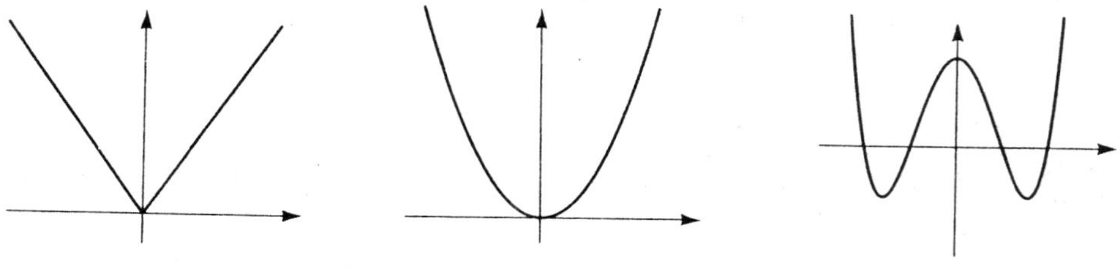

(a) (b) (c)

•• 그림 3-28 ••

풀이 그래프는 y축을 중심으로 대칭되어 있다.

예제 현수선(catenary)

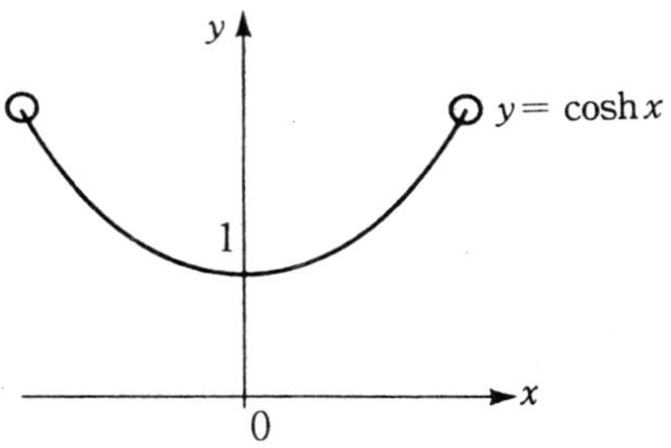

•• 그림 3-29 현수선 ••

그림 3-29는 높이가 같은 두 지점에서 하중을 받으며 함수는 $f(x) = \cosh x$로 표현된다.

① 대칭성에 대해서 설명하여라.

② 이 함수는 1 : 1함수인가 아니면 다대일 함수인가?

③ 이 함수는 연속함수인가 또는 불연속함수인가?

④ $\lim_{x \to 0} \cosh x$를 구하여라.

풀이 ① 우함수 ② 다대일 함수 ③ 연속함수 ④ 1

예제 그림 3-30의 그래프가 기함수의 그래프가 될 수 있도록 확장하여라.

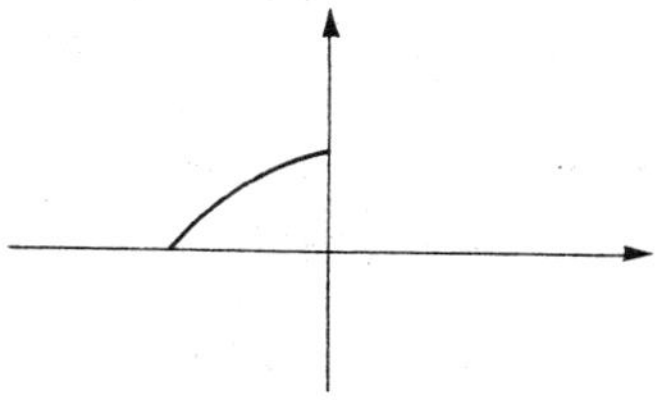

•• 그림 3-30 ••

풀이

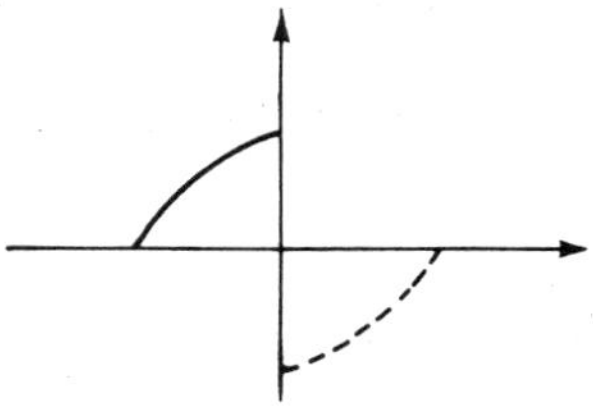

•• 그림 3-31 그림 3-30의 확장 ••

예제 함수 $f(x) = 6x^3 - 5x$가 기함수라는 것을 설명하여라.

풀이 f가 기함수라는 것을 증명하려면 $f(-x) = -f(x)$라는 것을 보여주어야 한다.

$f(-x) = 6(-x)^3 - 5(-x)$

$= -6x^3 + 5x$, [$(-x)^3 = -x^3$이므로]

$$= -(6x^3 - 5x)$$

따라서 $f(-x) = -f(x)$이고, f는 기함수이다.

3.7 공학함수

3.7.1 유리함수

유리함수(rational function)는 하나의 다항식을 다른 다항식으로 나눌 경우 생긴다.

예를 들면,

$R_1(x) = \dfrac{x+6}{x^2+1}$, $R_2(t) = \dfrac{t^3-1}{2t+3}$, $R_3(z) = \dfrac{2z^2+z-1}{z^2+z-2}$ 등이 있다.

> 유리수 함수의 형태는 다음과 같다.
>
> $$R(x) = \frac{P(x)}{Q(x)}$$
>
> 이 때 P와 Q는 다항식으로 Q는 분모(numerator), P는 분자(denominator)라 한다.

유리함수의 그래프은 그래픽 계산기나 컴퓨터 소프트웨어에 도움이 된다.

예제 유리함수 $R_1(x) = \dfrac{x+2}{x^2+1}$에 대하여 다음 질문에 답하여라.

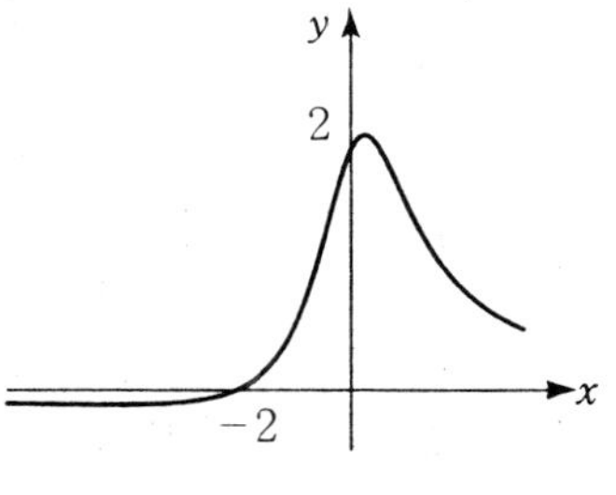

•• 그림 3-32 $R_1(x) = \dfrac{x+2}{x^2+1}$의 그래프 ••

① x가 어떤 값을 가질 때, 분모가 0인가?

② x가 어떤 값을 가질 때, 분모가 음수인가?

③ x가 어떤 값을 가질 때, 함수가 음수인가?

④ x가 0일 때 함수값은?

⑤ x가 매우 클(10, 100……) 경우, 함수는 어떻게 되는가?

몇 가지 값을 대입해 보아라.

풀이 ① x^2+1은 0이 아니다.

② x^2+1은 음수가 아니다.

③ −2보다 작을 경우에만 음수이다.

④ 2

⑤ 분모의 x^2이 커지면 R_1은 0에 가까워진다.

x값이 커질수록 그래프는 x축에 가까워진다. x축은 이 그래프의 수평 점근선(horizontal asymptote)이라고 한다.

예제 그림 3-33에서 함수 $R_3(z)=\dfrac{2z^2+z-1}{(z-1)(z+2)}$을 보고 다음 질문에 답하여라.

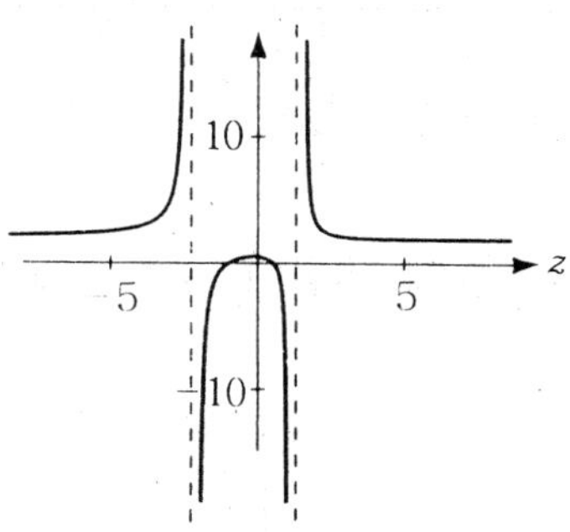

•• 그림 3-33 $R_3(z)=\dfrac{2z^2+z-1}{(z-1)(z+2)}$ ••

① $z=-2$이고 $z=1$일 경우 그래프는 어떻게 되는가?

② 이 함수의 정의역이 아닌 값은?

③ z에 큰 값을 대입하여 보아라. z가 커지면서 R_3는 어떻게 되는가?

④ 수평 점근선은 어디에 있는가?

⑤ 수직선 $z=-1$, $z=-2$의 이름은 무엇인가?

풀이 ① 분자는 0, R_3는 무한대이므로 함수값이 정해지지 않는다.

② $z=1$, $z=-2$

③ R_3은 2값에 가까워진다.

④ $y=2$가 수평 점근선이다.

⑤ 수직 점근선

3.7.2 절대함수

절대값(absolute value)은 부호와 상관없는 수의 크기이며, 예로서 -7의 절대값은 7이고 마찬가지로 $+7$의 절대값은 7이다. 절대함수(absolute function)의 출력은 입력의 절대값으로 한다. 그림 3-34는 $f(x)=|x|$를 나타내고 연속함수가 된다.

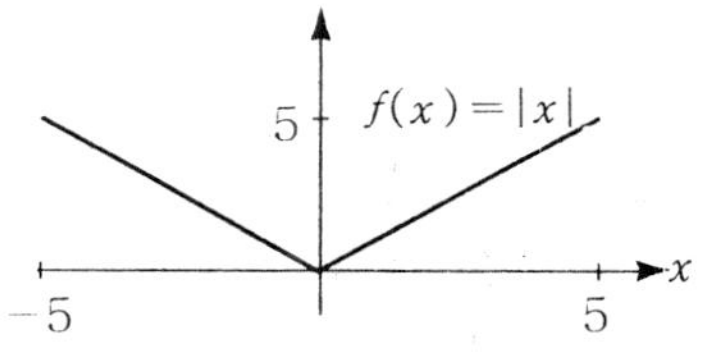

•• 그림 3-34 절대함수 ••

그림 3-34의 경우, x가 양수이면 그래프는 $y=x$인 경우이고 x가 음수이면, $y=-x$인 경우이므로 다음과 같이 절대함수를 쓸 수 있다.

$$f(x)=|x|=\begin{cases} x, & x \ge 0 \\ -x, & x < 0 \end{cases}$$

예제 $-3 \le x < 5$일 때, $f(x)=|x-2|$의 값의 표를 작성하고, 이 함수의 그

래프를 그려라.

풀이 다음 표를 완성하여라.

x	-3	-2	-1	0	1	2	3	4	5
$f(x)$	5		3	2		0			

그래프는 그림 3-35와 같다. 그래프에 나머지 구한 값을 그려라.

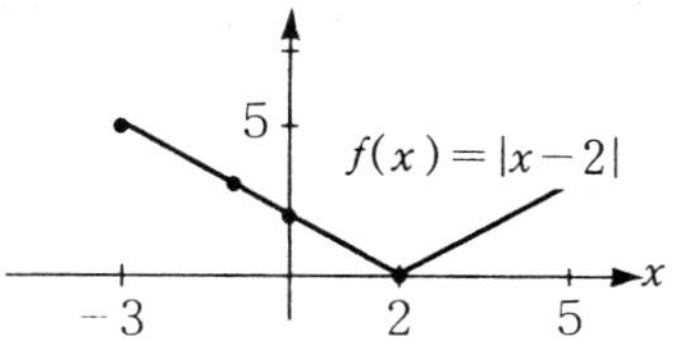

• • 그림 3-35 • •

3.7.3 계단함수

계단함수는 다음과 같다.

$$u(t)=\begin{cases}1, & t\geq 0\\ 0, & t<0\end{cases}$$

위 함수는 두 부분으로 나누어지며, 한 부분은 t가 0과 같거나 클 경우, 다른 한 부분은 t가 0보다 작을 경우이다. 그림 3-36은 단위계단함수(unit step function)의 그래프를 나타내고 있다.

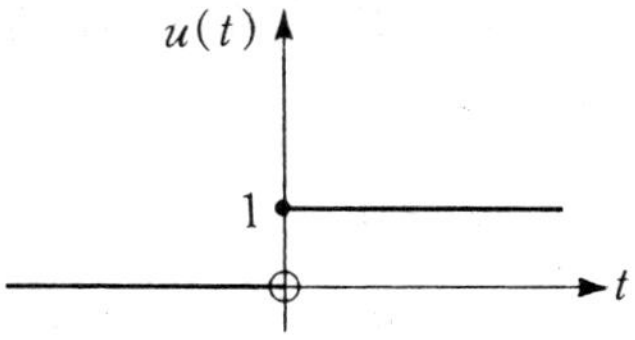

• • 그림 3-36 단위계단함수 • •

그림 3-37은 $u(t-d)$의 그래프의 불연속점의 위치를 왼쪽에서 오른쪽으로 이동한 것이다.

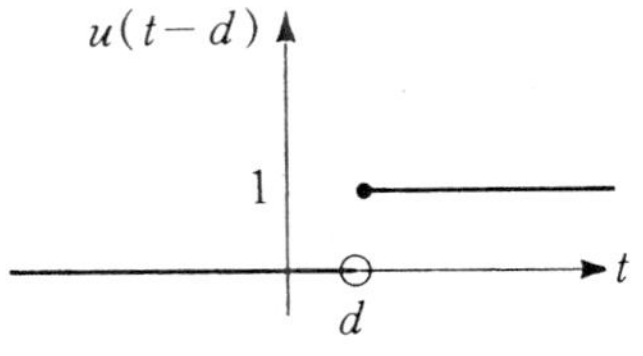

• • 그림 3-37 $u(t-d)$의 그래프 • •

그림 3-36과 그림 3-37의 함수는 0 또는 1의 값을 가지며, 그림 3-38은 함수값 2, 0을 가지는 계단함수이다. 함수값을 다르게 한다든지 그림 3-38과 같이 불연속점의 위치를 이동시킴으로 해서 다양한 계단함수를 정의할 수 있다.

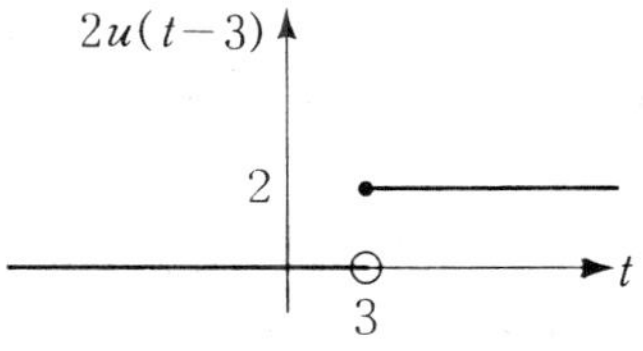

• • 그림 3-38 $2u(t-3)$의 그래프 • •

3.7.4 델타함수 또는 단위 임펄스 함수, $\delta(t)$

그림 3-39의 직사각형 모양의 함수 $R(t)$의 경우, 직사각형은 너비가 h이고 높이가 $\frac{1}{h}$이다. 그러므로 직사각형의 면적이 1이다.

그림 3-39는 임펄스 함수(impulse function) 즉 델타 함수(delta function ; $\delta(t)$)로서 직사각형의 높이가 커지면 h는 점점 더 작아져 전체적인 면적은 항상 1의 값을 가질 때 얻어진다.

따라서 $\delta(t)=0$은 h가 0에 접근하게 하는 직사각형 함수이다.

함수 $k\delta(t)$는 k지역을 둘러싸고 있어서 강도 k의 임펄스로 불린다.

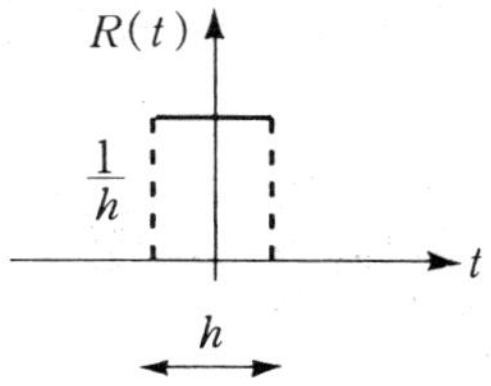

• • 그림 3-39 넓이 h와 높이 $\frac{1}{h}$의 직사각형 모양의 함수 • •

무한하게 큰 값은 그래프에서 취급하기 어려워 델타함수는 그림 3-40과 같이 표현되며, 화살표의 높이는 임펄스의 강도를 나타낸다.

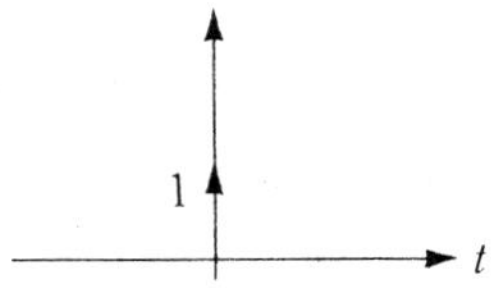

• • 그림 3-40 화살표의 임펄스 • •

델타함수의 위치는 왼쪽에서 오른쪽으로 이동할 수 있다. $\delta(t-d)$는 $t=d$일 때 일어나는 임펄스이다.

연 습 문 제

1. 다음 함수의 각각의 법칙을 설명하여라.

① $f(v)=9v$　　② $f(t)=12t$　　③ $f(x)=208x+36$

④ $f(x)=\frac{1}{2}x+\frac{3}{4}$　　⑤ $g(x)=\frac{10}{x}$

[답] ① 입력에 9를 곱한다.　　② 입력에 12를 곱한다.

③ 입력에 208를 곱하고 36을 더한다.

④ 입력의 반을 구하고 이 때 $\frac{3}{4}$을 더한다.

⑤ 10을 입력으로 나눈다.

2. $g(x)=6-12x$로 표현되는 함수에서 다음의 값을 구하여라.

① $g(1)$　② $g(7)$　③ $g(-2)$　④ $g\left(\frac{1}{2}\right)$　⑤ $g(0.01)$　⑥ $g(-0.5)$

[답] ① -6　　② -78　　③ 30　　④ 0

⑤ 5.88　　⑥ 12

3. $f(x)=\frac{1}{x}$로 표현되는 함수에서 다음의 값을 구하여라.

① $f(\lambda)$　② $f(t)$　③ $f(t-\lambda)$　④ $f(\omega-x)$　⑤ $f\left(\frac{t}{\alpha}\right)$

[답] ① $\frac{1}{\lambda}$　　② $\frac{1}{t}$　　③ $\frac{1}{t-\lambda}$

④ $\frac{1}{\omega-x}$　　⑤ $\frac{\alpha}{t}$

4. 만약 $F(s)=\frac{1}{s+1}$의 함수가 있을 때 다음을 구하여라.

① $F(s-1)$　　② $F(s+1)$　　③ $F(s^2+\omega^2)$

[답] ① $\frac{1}{s}$ ② $\frac{1}{s+2}$ ③ $\frac{1}{s^2+\omega^2+1}$

5. $-4 \le x \le 4$ 의 구간에서 함수 $y=x^2$과 $y=-x^2$의 그래프를 그려라. 그리고 함수의 변역과 치역을 설명하여라.

[답] 변역은 각각 $[-4, 4]$이고 x^2의 치역은 $[0, 16]$, $-x^2$의 치역은 $[-16, 0]$이다.

6. $y=7x+1$와 $y=7x+2$의 그래프를 같은 용지에 그려라. 두 개의 그래프 상에서 유사성을 설명하여라.

[답] 두 그래프 모두 같은 기울기를 갖는다.

7. $y=3x$와 $y=4x$의 그래프를 같은 용지에 그려라. 두 개의 그래프 상에서 유사성을 설명하여라.

[답] 모두 원점을 통과한다.

8. 다음 함수의 그래프를 그려라.

$f(x)=(x-2)(x+4)$

그리고 이 함수의 치역은 얼마인가?

[답] 치역은 $[-9, \infty]$

9. $f(x)=\dfrac{x-3}{x+1}$과 $g(x)=\dfrac{1}{x}$일 때 $g(f(x))$를 구하여라.

[답] $\dfrac{x+1}{x-3}$

10. 만약 $f(x)=x+9$, $g(x)=3-x^2$, $h(x)=1+2x$로 주어지는 함수에서 다음의 값을 구하여라.

① $g(f(x))$ ② $h(g(f(x)))$ ③ $f(h(g(x)))$ ④ $f(f(x))$

[답] ① $-x^2-18x-78$ ② $-2x^2-36x-155$

③ $16-2x^2$ ④ $x+18$

11. $f(x)=\dfrac{1}{x}$로 주어지면 $f(f(x))$의 값을 구하여라.

[답] x

12. $y(x)=x^2+3$과 $z(x)=\sqrt{x}$ 로 주어지면 $y(z(x))$와 $z(y(x))$의 값을 구하여라.

[답] $x+3$, $\sqrt{x^2+3}$

13. 두 개의 간단한 함수로 구성되는 함수 $f(x)=7(x-2)$를 표현하여라.

[답] 만약 $g(x)=7x$, 그리고 $h(x)=x-2$이면, 이때 $g(h(x))=7(x-2)$

14. 만약 $r(t)=2t+3$이고 $s(t)=7t^2-t$ 일 때 다음의 값을 구하여라.

① $r(s(t))$ ② $s(r(t))$

[답] ① $14t^2-2t+3$ ② $28t^2+82t+60$

15. 만약 $f(x)=\dfrac{1}{x-3}$과 $g(x)=\dfrac{1}{x+3}$로 주어질 때 다음의 값을 구하여라.

① $f(g(x))$ ② $g(f(x))$ ③ $f(f(x))$

[답] ① $-\dfrac{x+3}{3x+8}$ ② $\dfrac{x-3}{3x-8}$ ③ $\dfrac{3-x}{3x-10}$

16. $f(x)=\dfrac{2}{x}$와 $g(x)=7-x$일 때 $g(f(x))$의 값을 구하여라.

그리고 $g(f(x))$의 변역은 얼마인가?

[답] ① $7-\dfrac{2}{x}$ ② $x\neq0$

17. 대충 그래프를 스케치하고 다음의 함수에서 1 : 1 함수를 선택하여라.

① $f(x)=-x$ ② $f(x)=-3x+7$

③ $f(x)=x^4$ ④ $f(x)=\dfrac{1}{x}$

[답] ①, ②, ④는 1 : 1

18. $f(x)=\frac{1}{7}(4x-3)$의 역함수를 구하여라.

[답] $f^{-1}(x)=\frac{7x+3}{4}$

19. $f(x)=5-4x$일 때 $f^{-1}(x)$를 구하여라. 그리고 $f(f^{-1}(x))=x$임을 보여라.

[답] $f^{-1}(x)=\frac{5-x}{4}$

20. $g(x)=\frac{x-1}{x+1}$, $x\neq-1$의 역함수를 구하여라.

[답] $g^{-1}(x)=\frac{x+1}{1-x}$

21. 다음의 함수를 그려라.

$$f(x)=\begin{cases} x^2 & x<0 \\ x+2 & 0\leq x\leq 2 \\ 4 & x>2 \end{cases}$$

그리고 다음을 구하여라.

① $\lim_{x\to 0^-} f(x)$ ② $\lim_{x\to 0^+} f(x)$ ③ $\lim_{x\to 0} f(x)$

④ $\lim_{x\to 2^-} f(x)$ ⑤ $\lim_{x\to 2^+} f(x)$ ⑥ $\lim_{x\to 2} f(x)$

[답] ① 0 ② 2 ③ 존재하지 않는다.
④ 4 ⑤ 4 ⑥ 4

22. 다음 A와 B점을 지나는 선의 방정식을 구하여라.

① $A(0,\ 3)$, $B(11,\ -1)$ ② $A(2,\ -1)$, $B(5,\ 8)$

[답] ① $y=-\frac{4}{11}x+3$ ② $y=3x-7$

23. $(-19,\ 2)$, $(-12,\ 1)$의 좌표에서 거리를 구하여라.

[답] $\sqrt{970}=31.14$

제 4 장 지수함수와 로그함수

지수는 대단히 큰 수로부터 극히 작은 수에 이르기까지를 나타내는데 편리하다. 이 지수의 사용을 충분히 이해하지 못하였던 17세기초, 천문학이 급속도로 발달하여, 계산의 복잡성 때문에 천문학자들이 많은 고통을 받았다. 그 고통을 덜어준 것이 곧 로그의 발견이다. 로그는 천문학에서 케플러의 법칙이 발표된 이후 수의 계산을 간단히 할 수 있는 실용적 방법으로써 영국의 수학자 네이퍼(Napier)에 의하여 제시되었다.

지수와 로그는 교류의 표현 및 신호의 크기를 표시하는데 매우 유용하게 사용된다. 특히 로그는 신호가 있는 회로에서 증폭되는 양이라던지 감쇠하는 양을 나타내는 경우와 미분·적분회로 등의 계산을 아주 간단하게 해 준다.

이 장에서는 지수를 유리수까지 확장한 지수의 확장, 거듭제곱과 제곱근의 성질과 구하는 요령을 설명하고자 한다.

또한, 로그의 정의 및 성질, 지수함수와 로그함수의 그래프에 대하여 알아보고자 한다.

4.1 지수의 확장

4.1.1 지수의 확장

a를 실수, m을 정수, n을 양의 정수라 할 때 지수에 0, 음의 정수, 분수인 경

우 다음과 같이 정의한다.

① $a^0 = 1$(단, $a \neq 0$)

② $a^{-n} = \dfrac{1}{a^n}$(단, $a \neq 0$)

③ $a^{\frac{m}{n}} = \sqrt[n]{a^m}$(단, n이 짝수일 때는 $a > 0$)

예제 다음 식을 간단히 하여라.

① 3^0

② $(-2)^0$

③ $(-7)^{-2}$

④ $\sqrt[3]{7} \times \sqrt[4]{7^2}$

⑤ $\sqrt[3]{81} + \sqrt[3]{24} - 2\sqrt[3]{3}$

풀이 ① $3^0 = 1$

② $(-2)^0 = 1$

③ $(-7)^{-2} = \dfrac{1}{(-7)^2} = \dfrac{1}{49}$

④ $\sqrt[3]{7} \times \sqrt[4]{7^2} = 7^{\frac{1}{3}} \times 7^{\frac{2}{4}} = 7^{\frac{1}{3}+\frac{2}{4}} = 7^{\frac{5}{6}} = \sqrt[6]{7^5}$

⑤ $\sqrt[3]{81} + \sqrt[3]{24} - 2\sqrt[3]{3} = (81)^{\frac{1}{3}} + (24)^{\frac{1}{3}} - 2 \times (3)^{\frac{1}{3}} = (3 \times 3^3)^{\frac{1}{3}} + (3 \times 2^3)^{\frac{1}{3}}$

$- 2 \times (3)^{\frac{1}{3}} = (3 \times 3^{\frac{1}{3}}) + (2 \times 3^{\frac{1}{3}}) - (2 \times 3^{\frac{1}{3}}) = 3^{\frac{1}{3}}(3 + 2 - 2) = 3 \times 3^{\frac{1}{3}} = 3\sqrt[3]{3}$

4.1.2 확장된 지수법칙

지수가 유리수일 때에도 다음의 지수법칙이 성립한다.

$a > 0$, $b > 0$이고 m, n이 유리수일 때

① $a^m \times a^n = a^{m+n}$

② $a^m \div a^n = a^{m-n}$

③ $(a^m)^n = a^{mn}$

④ $(ab)^n = a^n b^n$

예제 다음을 계산하여라.

① $2^3 \times 2^{-5}$ ② $(2^2)^{-3}$

③ $2^4 \div 2^{-6}$ ④ $(2^{-2} \times 3^3)^2$

⑤ $2^0 \times 3^2 \times (3^{-3})^0 \div 3^{-2}$ ⑥ $4^x = 64$

⑦ $4^x = \frac{1}{4}$

풀이 ① $2^3 \times 2^{-5} = 2^{3-5} = 2^{-2} = \frac{1}{2^2} = \frac{1}{4}$

② $(2^2)^{-3} = \frac{1}{(2^2)^3} = \frac{1}{2^6} = \frac{1}{64}$

③ $2^4 \div 2^{-6} = 2^{4-(-6)} = 2^{10} = 1024$

④ $(2^{-2} \times 3^3)^2 = (2^{-2})^2 \times (3^3)^2 = 2^{-4} \times 3^6 = \frac{3^6}{2^4} = \frac{729}{16}$

⑤ $2^0 \times 3^2 \times (3^{-3})^0 \div 3^{-2} = 1 \times 3^2 \times \left(\frac{1}{3^3}\right)^0 \div 3^{-2} = 1 \times 3^2 \times 1 \div 3^{-2}$

$= 3^{2+2} = 3^4 = 81$

⑥ $4^x = 64 = (2^2)^x = (2)^6$, $2^{2x} = 2^6$

$2x = 6 \quad \therefore x = 3$

⑦ $4^x = \frac{1}{4} = (2^2)^x = (2)^{-2}$, $2^{2x} = 2^{-2}$

$2x = -2 \quad \therefore x = -1$

4.2 거듭제곱과 거듭제곱근

4.2.1 거듭제곱

임의의 실수 a에 대하여 a를 n번 거듭 곱한 것을 a의 n제곱이라 하고, a^n으로 나타낸다. a^1을 a로 나타낼 때 a, a^2, a^3, ……, a^n을 통틀어 a의 거듭제곱이라 하고, a^n에서 a를 거듭제곱의 밑, n을 거듭제곱의 지수라고 한다.

예제 다음을 간단히 하여라.

① $a\times a\times a$ ② $a\times a\times b\times b\times b$

풀이 ① $a\times a\times a=a^3$

② $a\times a\times b\times b\times b=a^2b^3$

4.2.2 거듭제곱근

임의의 실수 a에 대하여 n이 그 이상의 정수일 때 n제곱해서 a가 되는 수, 즉 방정식 $x^n=a$를 성립시키기는 x의 값을 a의 n제곱근이라 하며, a의 제곱근, 세제곱근, 네제곱근,…을 통틀어 a의 거듭제곱근이라고 한다.

예 ① 16의 네제곱근 : $x^4=16$

$\therefore x=\pm 2, \pm j2$(실수 2개)

② -8의 세제곱근 : $x^3=-8$

$\therefore x=-2,\ 1\pm j\sqrt{3}$(실수 1개)

a의 n제곱근 중에서, 즉 $x^n=a$를 만족하는 실수 x는

① n이 **홀수일 경우** : a의 양, 음에 관계없이 실수인 것은 오직 한 개 있으며, 이것을 $\sqrt[n]{a}$로 나타낸다.

예 n이 홀수일 때

$\sqrt[3]{8}=2,\ \sqrt[3]{-8}=-2$

② n이 **짝수일 경우** : $a>0$일 때 실수인 것은 양, 음의 두 개가 있고, 양인 것을 $\sqrt[n]{a}$, 음인 것을 $-\sqrt[n]{a}$로 나타낸다.

예 n이 짝수일 때

$\sqrt[4]{16}=2,\ -\sqrt[4]{16}=-2$

4.2.3 거듭제곱근의 성질

$a>0$, $b>0$이고, m, n이 그 이상의 자연수일 때

① $\sqrt[n]{a}\,\sqrt[n]{b}=\sqrt[n]{ab}$

② $\dfrac{\sqrt[n]{a}}{\sqrt[n]{b}}=\sqrt[n]{\dfrac{a}{b}}$

③ $(\sqrt[n]{a})^m=\sqrt[n]{a^m}$

④ $\sqrt[m]{\sqrt[n]{a}}=\sqrt[n]{\sqrt[m]{a}}=\sqrt[mn]{a}$

예제 다음 식을 간단히 하여라.

① $\sqrt[3]{4}\times\sqrt[3]{2}$　　② $\dfrac{\sqrt[3]{32}}{\sqrt[3]{4}}$

③ $\sqrt[3]{27^2}$　　④ $\sqrt[3]{\sqrt{729}}$

⑤ $\sqrt[4]{\sqrt[3]{16}}\times\sqrt{\sqrt[3]{16}}$　　⑥ $\sqrt[3]{3}\times\sqrt[6]{4}\div\sqrt{9\sqrt[3]{2}}$

풀이 ① $\sqrt[3]{4}\times\sqrt[3]{2}=\sqrt[3]{4\times2}=\sqrt[3]{8}=\sqrt[3]{2^3}=(\sqrt[3]{2})^3=2$

② $\dfrac{\sqrt[3]{32}}{\sqrt[3]{4}}=\sqrt[3]{\dfrac{32}{4}}=\sqrt[3]{8}=\sqrt[3]{2^3}=(\sqrt[3]{2})^3=2$

③ $\sqrt[3]{27^2}=(\sqrt[3]{27})^2=(\sqrt[3]{3^3})^2=\{(\sqrt[3]{3})^3\}^2=3^2=9$

④ $\sqrt[3]{\sqrt{729}}=\sqrt[6]{729}=\sqrt[6]{3^6}=3$

⑤ $\sqrt[4]{\sqrt[3]{16}}\times\sqrt{\sqrt[3]{16}}=\sqrt[12]{16}\times\sqrt[6]{16}=\sqrt[3]{2}\times\sqrt[3]{4}=\sqrt[3]{8}=(\sqrt[3]{2})^3=2$

⑥ $\sqrt[3]{3}\times\sqrt[6]{4}\div\sqrt{9\sqrt[3]{2}}=\sqrt[6]{9}\times\sqrt[6]{4}\div3\sqrt{\sqrt[3]{2}}=\sqrt[6]{36}\div3\sqrt[6]{2}=\dfrac{\sqrt[6]{18}}{3}$

예제 2극관에 25[V]의 프레이트 전압을 인가하였더니 12.5[mA]의 프레이트 전류가 흘렀다. 프레이트 전압이 100[V]일 때 흐르는 프레이트 전류는 몇 [mA]인가?

풀이 2극관의 프레이트 전압 E_P[V]와 프레이트 전류 I_P[A]와의 사이에는 다음과 같은 3/2승 법칙이 성립된다.

$$I_P = GE_P^{3/2}$$

여기서 G는 전극의 형상, 치수 등에 따라 결정되는 값으로서 퍼어비언스(Pervean-ce)라 한다. G의 값을 구하면

$$12.5\times10^{-3} = G\times25^{\frac{3}{2}}$$

$$\therefore\ G = \frac{12.5\times10^{-3}}{25^{\frac{3}{2}}} = \frac{12.5\times10^{-3}}{(5^2)^{\frac{3}{2}}} = 10^{-4}$$

따라서 프레이트 전압 100[V]일 때의 프레이트 전류 I_P는

$$I_P = 10^{-4}\times100^{\frac{3}{2}} = 10^{-4}\times(10^2)^{\frac{3}{2}} = 10^{-4}\times10^3 = 10^{-1} = 100\times10^{-3}$$
$$= 100[\text{mA}]$$

예제 그림 4-1과 같은 $R-C$ 직렬회로에서 $t=0$일때 스위치 S를 닫아 직류전압 10[V]를 인가할 경우, $t=0.2$[s]때의 전류[mA]를 구하여라.
단, $R=1[\text{k}\Omega]$, $C=200[\mu\text{F}]$이고, 처음부터 정전용량의 전하는 없었다고 한다.

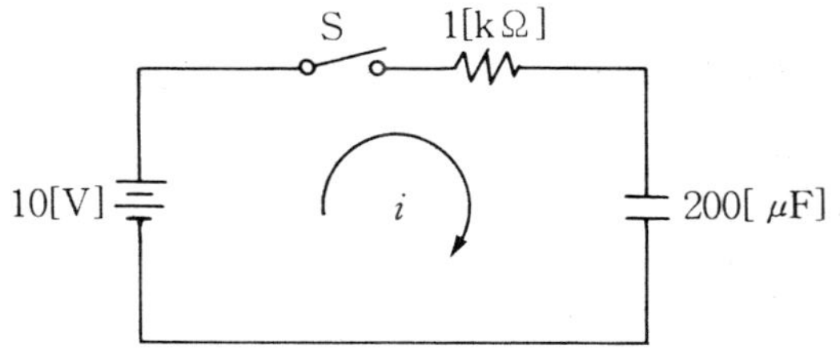

• • 그림 4-1 • •

풀이 $R-C$ 직렬회로에 직류전압을 $t=0$인 순간에 인가한 경우 회로에 흐르는 전류 i는 다음과 같다.

$$i = \frac{E}{R}e^{-\frac{1}{RC}t}$$

따라서 $t=0.2$[s]때의 전류 i는

$$i = \frac{E}{R}e^{-\frac{1}{RC}t} = \frac{10}{1000}e^{-\frac{0.2}{1000\times200\times10^{-6}}} = \frac{1}{100}e^{-1}$$

$$= \frac{1}{100} \times 0.368 = 3.68 \times 10^{-3} = 3.68[\text{mA}]$$

4.3 로 그

4.3.1 로그의 정의

일반적으로 $a > 0$, $a \neq 1$일 때 임의의 양수 b에 대하여

$$a^x = b$$

를 성립시키는 실수 x는 오직 하나 존재한다. 이 지수 x를 a를 밑(base)으로 하는 b의 로그(logarithm)라고 하며,

$$x = \log_a b$$

와 같이 나타낸다. 여기서 b를 $\log_a b$의 진수(anti-log)라고 한다.

한편 삼각함수에서의 사인을 $y = \sin x$등으로 표시한 것처럼 로그함수는 $y = \log_a x$의 형태로 표시한다.

지금 $10^3 = 1000$의 좌변은 지수지만 가령 $10^3 = 1000$인 수식을 로그의 형태로 표시하면 그림 4-2와 같이 된다.

$1000 = 10^3$	$\rightleftarrows$	$3 = \log_{10} 1000$
(지수의 형태)		(로그의 형태)

•• 그림 4-2 지수와 로그의 관계 ••

따라서, 지수 $a^y = x$와 로그 $y = \log_a x$의 관계를 일반식으로 표시하면 그림 4-3과 같이 된다.

$$a^y = x \quad \rightleftarrows \quad y = \log_a x\ (a>0,\ a\neq 1,\ x>0)$$

•• 그림 4-3 지수와 로그의 일반식 ••

예제 다음에서 로그로 나타낸 것을 지수로, 지수로 나타낸 것을 로그로 나타내어라.

① $10^4 = 10000$　　② $81 = 3^4$

③ $0.25 = 2^{-2}$　　④ $3 = \log_2 8$

⑤ $\log_{10} 0.001 = -3$　　⑥ $\log_2 32 = 5$

풀이 ① $10^4 = 10000 \rightarrow 4 = \log_{10} 10000$

② $81 = 3^4 \rightarrow 4 = \log_3 81$

③ $0.25 = 2^{-2} \rightarrow -2 = \log_2 0.25$

④ $3 = \log_2 8 \rightarrow 2^3 = 8$

⑤ $\log_{10} 0.001 = -3 \rightarrow 10^{-3} = 0.001$

⑥ $\log_2 32 \rightarrow 2^5 = 32$

예제 다음 식의 값을 구하여라.

① $\log_2 32$　　② $\log_2 \frac{1}{64}$

③ $\log_{10} 0.1$　　④ $\log_8 \sqrt{2}$

풀이 ① $\log_2 32 = x$라 하면

$2^x = 32,\quad 2^x = 2^5 \quad \therefore x=5$, 즉 $\log_2 32 = 5$이다.

② $\log_2 \frac{1}{64} = x$라 하면

$2^x = \frac{1}{64},\quad 2^x = 2^{-6} \quad \therefore x = -6$, 즉 $\log_2 \frac{1}{64} = -6$이다.

③ $\log_{10} 0.1 = x$라 하면

$10^x = 0.1$, $10^x = 10^{-1}$ $\therefore x = -1$, 즉 $\log_{10}0.1 = 10^{-1}$이다.

④ $\log_8\sqrt{2} = x$라 하면

$8^x = \sqrt{2}$, $2^{3x} = 2^{\frac{1}{2}}$ $\therefore 3x = \frac{1}{2}$ $\therefore x = \frac{1}{6}$, 즉 $\log_8\sqrt{2} = \frac{1}{6}$이다.

예제 다음 식의 x의 값을 구하여라.

① $\log x^4 = 4$ ② $\log_{10}x = -1$

③ $\log_3 27 = -x$ ④ $\log_2(\log_5 x) = -1$

풀이 ① $\log x^4 = 4$, $\therefore x = 10$

② $\log_{10}x = -1$, $x = 10^{-1} = 0.1$

③ $\log_3 27 = -x$, $3^{-x} = 27$, $3^{-x} = 3^3$ $\therefore x = -3$

④ $\log_2(\log_5 x) = -1$, $\log_5 x = 2^{-1}$, $5^{\frac{1}{2}} = x$ $\therefore x = \sqrt{5}$

4.3.2 로그의 종류

로그의 밑(base)은 1이 아닌 임의의 양수이면 되는데, 일상생활에 사용되는 수가 십진법으로 되어 있어서 실용적으로는 10을 밑으로 하는 로그를 사용하는 것이 더욱 편리하다.

10을 밑으로 하는 로그를 상용로그라고 한다. x의 상용로그는 $\log_{10}x$로 되는데, 보통은 밑 10을 생략하여

$$\log x$$

로 나타낸다. 그리고 앞으로 특별한 단서가 없이 로그라고 하면 상용로그를 뜻하기도 한다.

한편 상용대수의 밑은 10이다. 이 10을 2.718…(= e)로 한 밑의 로그를 자연로그라고 한다. 자연로그인 경우 밑 수를 생략하여

$\ln x$

로 나타낸다.

상용로그는 전자회로에서 증폭기의 이득을 표현할 때 사용되고, 자연로그는 미분, 적분회로에 주로 사용된다.

예 $\log\ 2 = \log_{10}2,\quad \log 10 = \log_{10}10 = 1,\quad \log_{e}10 = \ln 10$

예제 그림 4-4는 어떤 증폭회로의 실험을 표시한 것이다. 입력전력이 2.5[W]이고 출력전력이 10[W]인 경우의 전력이득은 몇 [dB]인가?

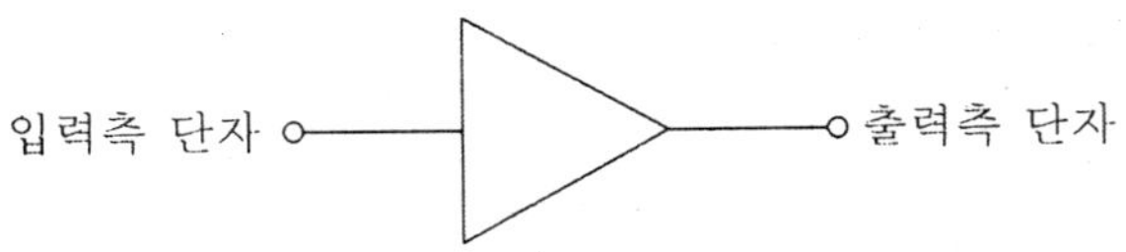

•• 그림 4-4 ••

풀이 증폭기의 전력이득 G_P는 다음과 같이 정의 된다.

$$G_P = 10\log\left(\frac{P_2}{P_1}\right)[\text{dB}]$$

$$\therefore\ G_P = 10\log\left(\frac{P_2}{P_1}\right) = 10\log\left(\frac{10}{2.5}\right) = 10\log\left(\frac{100}{25}\right)$$

$$= 10\left\{\log_{10}10^2 - \log_{10}\frac{100}{4}\right\} = 10\{2-2+0.6\} = 6[\text{dB}]$$

예제 입력측과 출력측의 저항이 같은 4단자회로에서 입력전압이 4[mV]이고 출력전압이 400[mV]인 경우 전압이득 G_v는 몇 [dB]인가?

풀이 전압이득 G_v는 다음과 같이 정의 된다.

$$G_v = 10\log_{10}\left(\frac{P_2}{P_1}\right) = 10\log_{10}\frac{\left(\frac{V_2^{\,2}}{R}\right)}{\left(\frac{V_1^{\,2}}{R}\right)} = 10\log_{10}\left(\frac{V_2}{V_1}\right)^2$$

$$= 20\log\frac{V_2}{V_1}\,[\mathrm{dB}]$$

$$G_v = 20\log\frac{V_2}{V_1} = 20\log\frac{400}{4} = 20\log(10)^2 = 40[\mathrm{dB}]$$

예제 그림 4-5와 같은 회로에서 $t=0$일 때 스위치 S를 닫은 후 몇 초 후에 릴레이(relay)가 동작하겠는가?
(단, 릴레이의 동작 전류는 10[mA], $\log_{10}2 = 0.301$, $\log_{10}e = 0.43$이다.)

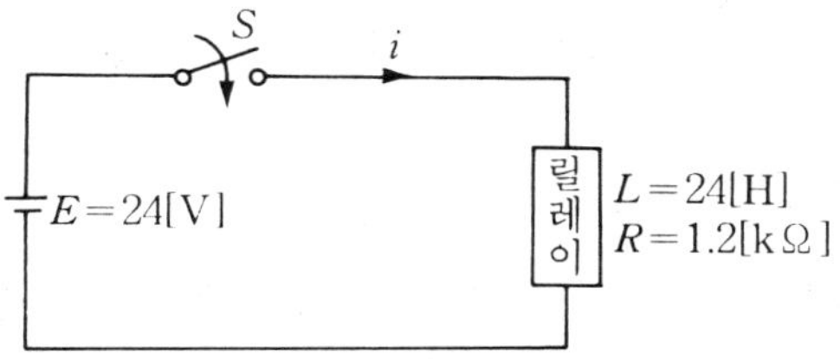

•• 그림 4-5 ••

풀이 R-L 직렬회로이고 릴레이가 작동하면 회로가 구성되어 전류가 흐르므로 $i(t) = \frac{E}{R}(1-e^{-\frac{R}{L}t})$에서

$$0.01 = \frac{24}{1200}(1-e^{-\frac{1200}{24}t})$$

$$10 = 20(1-e^{-50t}),\quad 10 = 20e^{-50t}$$

양변에 $\log_{10}$을 취하여 t에 관해 정리하면

$$\log_{10}10 = \log_{10}20 - (50t)\log_{10}e$$

$$21.5t = 0.301 \quad \therefore t = 0.014[\mathrm{s}]$$

4.3.3 로그의 성질

로그의 정의와 지수법칙으로부터 다음과 같은 로그의 성질을 알 수 있다.

$a>0$, $a\neq1$이고, $b>0$, $x>0$, $y>0$일 때

① $\log_a 1 = 0$, $\log_a a = 1$

② $\log_a xy = \log_a x + \log_a y$

③ $\log_a \dfrac{x}{y} = \log_a x - \log_a y$

④ $\log_a x^n = n\log_a x$ (n은 실수)

⑤ $\log_a b = \dfrac{\log_c b}{\log_c a}$

⑥ $\log_a b = \dfrac{1}{\log_b a}$ ($b \neq 1$)

예제 다음 식의 값을 구하여라.

① $\log_3 3 + \log_2 1$

② $\log_{10} 6$

③ $\log_{10} \dfrac{10}{2}$

④ $\log_2 32$

⑤ $\log_2 3$

⑥ $\log_3 9 + \log_3 4 - \log_3 12$

풀이 ① $\log_3 3 + \log_2 1 = 1 + 0 = 1$

② $\log_{10} 6 = \log_{10}(2\times 3) = \log_{10} 2 + \log_{10} 3 = 0.3010 + 0.4771 = 0.7781$

③ $\log_{10} \dfrac{10}{2} = \log_{10} 10 - \log_{10} 2 = 1 - 0.3010 = 0.6990$

④ $\log_2 32 = \log_2 2^5 = 5\log_2 2 = 5$

⑤ $\log_2 3 = \dfrac{\log_{10} 3}{\log_{10} 2} = \dfrac{0.4771}{0.3010} = 1.5850$

⑥ $\log_3 9 + \log_3 4 - \log_3 12 = \log_3(9\times 4) - \log_3 12 = \log_3 \dfrac{36}{12} = \log_3 3 = 1$

4.4 지수함수와 로그함수

4.4.1 지수함수의 정의

a가 1이 아닌 양수일 때 실수 전체의 집합을 정의역으로 하는 x의 함수

$$y=a^x \ (a>0,\ a\neq 1)$$

을 a를 밑으로 하는 지수함수라고 한다.

4.4.2 지수함수 $y=a^x \ (a>0,\ a\neq 1)$의 성질

① 정의역은 실수 전체의 집합이고, 치역은 양의 실수 전체의 집합이다.
② 그래프는 정점 (0, 1)을 지난다.
③ 그래프의 점근선은 x축 $(y=0)$이다.
④ $a>1$일 때 단조증가, $0<a<1$일 때 단조감소한다.

이 함수의 그래프를 그림 4-6에 나타내었다.

•• 그림 4-6 ••

4.4.3 로그함수의 정의

지수함수 $y=a^x$의 역함수

$$y = \log_a x \ (a > 0,\ a \neq 1)$$

을 a를 밑으로 하는 x의 로그함수라고 한다.

4.4.4 로그함수 $y = \log_a x \ (a > 0,\ a \neq 1)$의 성질

① 정의역은 양의 실수 전체의 집합이고, 치역은 실수 전체의 집합이다.

② 그래프는 정점 (1, 0)을 지난다.

③ 그래프의 점근선은 y축 ($x=0$)이다.

④ $a>1$일 때 단조증가, $0<a<1$일 때 단조감소한다.

이 함수의 그래프를 그림 4-7에 나타내었다.

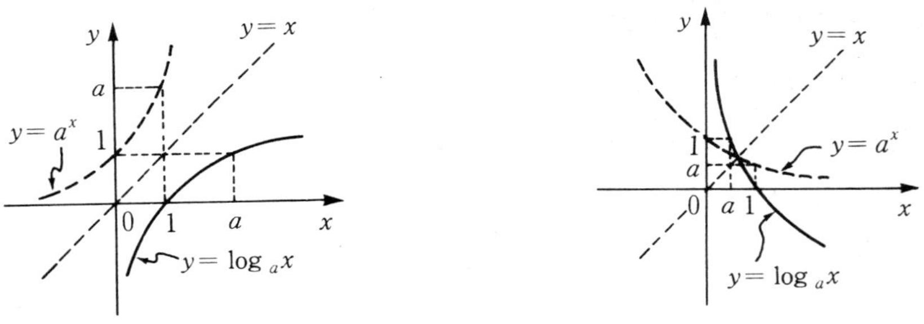

(a) $a>1$일 때 (b) $0<a<1$일 때

•• 그림 4-7 ••

예제 다음 각 함수의 그래프를 그려라.

① $y=2^{-x}$ ② $y=\log_3 x$

풀이 ① $y=2^{-x}$의 그래프는 $y=2^x$의 그래프와 y축에 대하여 대칭이다. 이것을 그래프로 그리면 그림 4-8 (a)와 같다.

② 로그함수 $y=\log_3 x$의 그래프는 지수함수 $y=3^x$의 그래프와 직선 $y=x$에 대하여 대칭인 그래프이다.

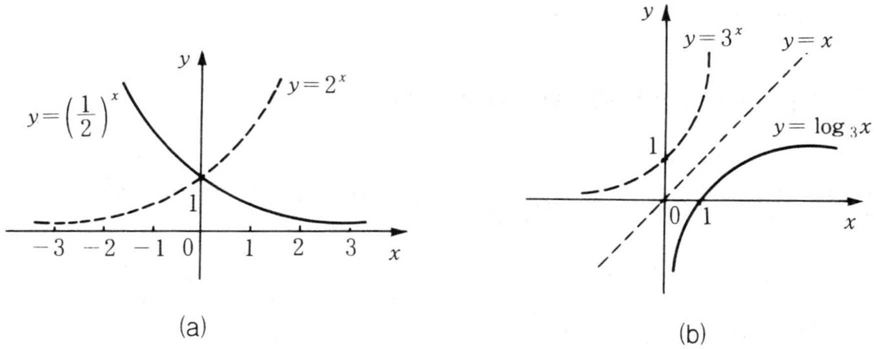

•• 그림 4-8 ••

4.5 역함수와 로그함수의 그래프

4.5.1 역함수의 정의

함수 f가 있을 때 그 치역의 점 y에 대하여 $y=f(x)$를 만족하는 f의 정의역의 점 x가 단 하나 존재하면 대응 규칙 f^{-1}을 $x=f^{-1}(y) \Leftrightarrow y=f(x)$로 정의할 수가 있고 이때 이 함수 f^{-1}을 f의 역함수라 한다.

즉, 역함수를 구하려면 주어진 함수식에서 x와 y를 서로 바꾸어 놓은 후 그 식을 y에 대해서 정리하면 된다.

4.5.2 역함수의 기하학적 의미

역함수란 $y=f(x)$에서 x와 y를 서로 바꾸어 놓은 것을 나타내며, 이것은 $x-y$ 좌표계에서 직선 $y=x$에 대한 대칭을 의미한다.

일반적으로 역함수는 단조함수인 경우에만 존재한다. 예를 들어 a를 1이 아닌 양수라 할 때, 지수함수 $y=a^x$는 양의 값을 취하는 단조함수이므로 역함수가 존재한다.

위의 지수를 로그로 바꾸면 다음과 같다.

$$x = \log_a y$$

이 식에서 x와 y를 바꾸면

$$y = \log_a x$$

를 얻는다. 위의 결과로부터 지수함수 $y = a^x$의 역함수는 a를 밑으로 하는 x의 로그함수 즉, $y = \log_a x$임을 알 수 있다.

그러므로, 지수함수와 로그함수는 역함수의 관계에 있으며, 그래프 상에서는 직선 $y = x$에 대하여 대칭인 그래프가 된다.

예제 다음 함수의 역함수를 구하라.

① $y = 3x - 4$ ② $y = 2^{3x}$

풀이 ① x와 y를 바꾸면 위 식은 $x = 3y - 4$가 되고 이 식을 y에 관하여 풀면

$$3y = x + 4$$

$$\therefore\ y = \frac{1}{3}(x + 4)$$

② x와 y를 바꾸면 위 식은 $x = 2^{3y}$가 되고 이 식을 y에 관하여 풀면

$$3y = \log_2 x$$

$$\therefore\ y = \frac{1}{3}\log_2 x$$

연 습 문 제

1. 다음 식을 만족시키는 x의 값을 구하여라.

① $(2^2)^{3x}=64$　　② $\left(\frac{1}{2}\right)^{x-6}=16$

[답] ① $x=1$　② $x=2$

2. $a^{2x}=3$일 때 다음 식의 값을 구하여라.

$$\frac{a^x-a^{-x}}{a^x+a^{-x}}$$

[답] $\frac{1}{2}$

3. 다음 식을 간단히 하여라.

① $\sqrt[6]{5}\times\sqrt[4]{5^2}\times\sqrt[3]{5}$　　② $\sqrt{\sqrt{2}+1}\times\sqrt[4]{3-2\sqrt{2}}$

[답] ① 5　② 1

4. $\sqrt{x}+\frac{1}{\sqrt{x}}=3$일 때 다음 값을 구하여라.

$$x+\frac{1}{x}$$

[답] 7

5. 다음 식을 간단히 하여라.

① $2\log_2\sqrt{6}-\log_2\frac{3}{4}$　　② $\log_2 48-\log_4 36$

[답] ① 3　② 3

6. 부궤환 증폭기에서 궤환이 없는 경우의 전압이득은 60[dB], 입력측에 궤환되는 출력전압의 궤환율이 0.009라면 이 증폭기의 이득은 몇 [dB]인가?

[답] 40[dB]

7. 그림 4-9의 회로에서 릴레이의 동작 전류는 10[mA], 코일의 저항은 1200[Ω], 인덕턴스 L[H]이다. S가 닫히고 0.015[s] 이내로 이 릴레이가 작동하려면 L[H]은 어떤 값이어야 하는가?

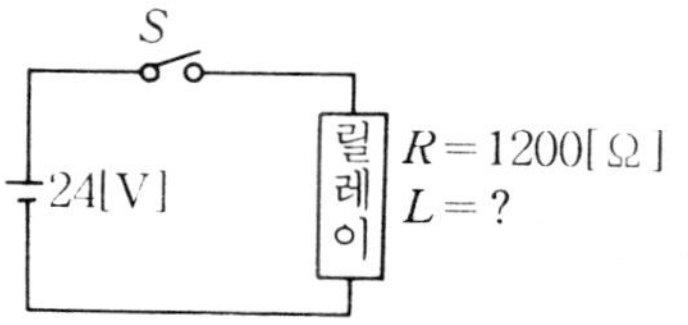

• • 그림 4-9 • •

[답] $L=26$[H]

8. $y=\log_{\frac{1}{3}} x$의 그래프를 그려라.

[답]

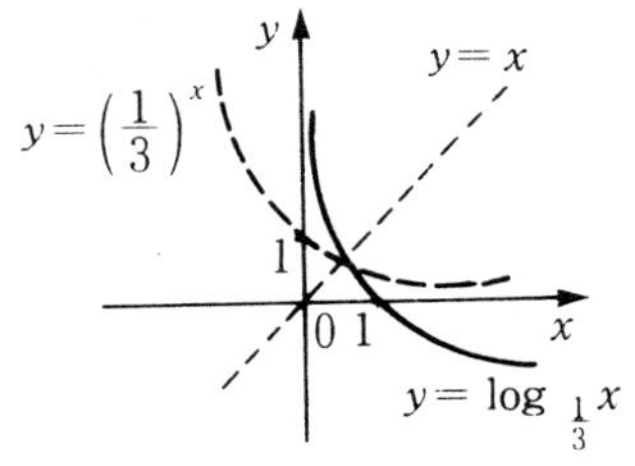

제 5 장 삼각함수

삼각함수는 교류의 전압, 전류 및 전력의 취급, 교류회로의 계산 이외에 검파회로, 변조회로, 증폭회로나 안테나 같은 모든 범위에서 이용되고 있는 것이다. 이것은 복소수와 같이 벡터의 계산같은 다른 분야에 이르기까지 매우 폭넓게 쓰이고 있는 것이다.

5.1 삼각함수의 의미

삼각함수란 임의의 삼각형에서 변의 비나 그 변에 끼인 각의 크기에 관한 관계를 식으로 표시한 것이다.

삼각함수의 쓰는 방법은 $y=\sin\theta$ 등이다. 함수의 내용은 $x=30°$면 $y=\frac{1}{2}$이다. $y=\sin\theta$에서 θ의 부분에는 반드시 각도를 기입한다. 삼각함수는 원칙으로 직각삼각형에 의해 해석되는 것이다.

따라서 직각삼각형에서 한 각의 크기가 주어지면 나머지 두 개의 각도는 간단한 계산으로 구할 수 있다.

그림 5-1에 직각삼각형의 각과 변을 표시하였다.

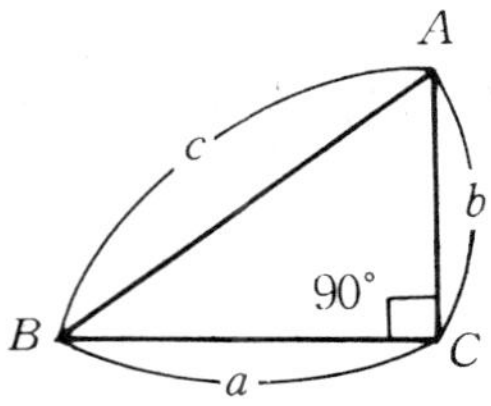

•• 그림 5-1 ••

5.2 각도의 표시법

각도를 나타내는 데는 오래전부터 실용적으로 사용되어온 60분법과 전기·전자·통신공학에 대단히 많이 사용되는 호도법이 있다.

5.2.1 60분법

1직각을 90°(도)라고 한다. 1°의 60분의 1을 1′(분), 1′의 60분의 1을 1′′(초)라고 한다.

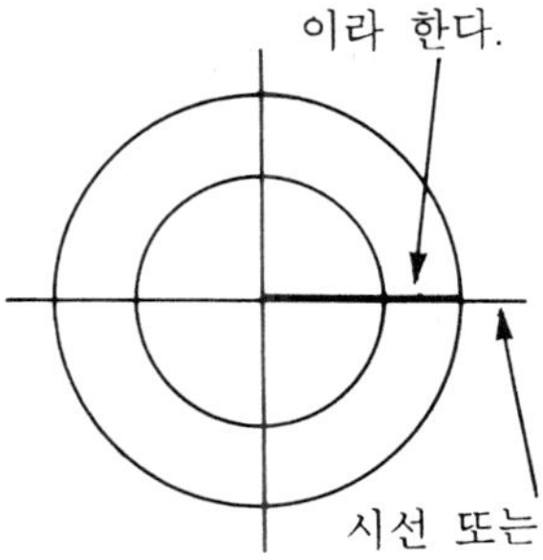

•• 그림 5-2 ••

그림 5-2에 표시한 것처럼 0°에서 시작해 360°를 1주기로 한 각도의 표시법을 60분법이라 한다.

시선에서 시작해 동경이 한 회전함으로써 전원을 그릴 수 있다. 이 기울기를

360등분한 것을 1°라고 한다. 따라서 $\frac{1}{4}$ 회전은 90°(1직각)로 표시하게 된다.

5.2.2 호도법

호도법은 각의 크기를 길이로 측정하는 방법으로 라디안[rad]으로 표시한 것이다.

그림 5-3과 같이 반지름 r[m]의 원을 그리고 반지름과 같은 길이의 호를 취하여 이의 중심각 $\angle POX$를 1라디안[rad]으로 정했다.

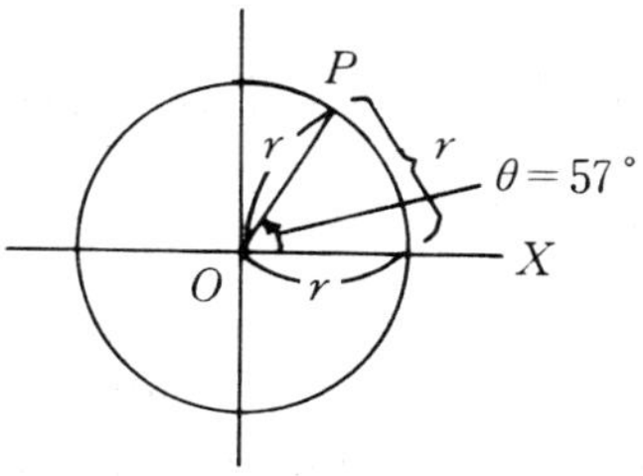

•• 그림 5-3 ••

그림 5-3에서의 θ는 1라디안(또는 1호도)이다.

또한 라디안[rad]은 무명수지만 다른 수치와 구별을 하기 위해 관례적으로 단위처럼 표시해서 단위기호 [rad]를 사용하고 있다. 따라서 점이 원둘레를 한바퀴 회전했을 때의 각은

$$1[\mathrm{rad}] : r[\mathrm{m}] = x[\mathrm{rad}] : 2\pi r[\mathrm{m}]$$

$$\therefore\ x = 2\pi[\mathrm{rad}] \qquad (5\text{-}1)$$

원 전체의 중심각, 즉 360°는 2π[rad]이다.

앞에서 설명한 것처럼 전기·전자·통신의 각도에 관해서는 이 라디안이 대단히 많이 사용되고 있다. 따라서 60분법과 호도법의 변환 방법에 대해서는 익숙한 것이 좋다.

다음에 60분법과 호도법의 관계에 대해여 알아보자.

전 원둘레의 중심각은 60분법에서는 360°가 되므로 다음의 비례식이 성립된다.

$$2\pi[\text{rad}] : 360° = x[\text{rad}] : y[°] \tag{5-2}$$

이므로 호도법에 의한 각을 60분법에 의한 각으로 고치는 데는

$$y = \frac{360}{2\pi}x = \frac{180}{\pi}x[°] \tag{5-3}$$

또 60분법에 의한 각을 호도법으로 나타낼 때에는

$$x = \frac{2\pi}{360}y = \frac{\pi}{180}y[\text{rad}] \tag{5-4}$$

로 해서 구하면 된다.

예제 다음 각을 도로 나타내어라.

① $\frac{\pi}{6}[\text{rad}]$ ② $\frac{5\pi}{6}[\text{rad}]$

풀이 식 (5-3)에 의해서

① $y = \frac{180}{\pi} \cdot x = \frac{180}{\pi} \times \frac{\pi}{6} = 30°$

② $y = \frac{180}{\pi} \cdot x = \frac{180}{\pi} \times \frac{5\pi}{6} = 150°$

예제 다음 각을 호도법으로 나타내어라.

① 15° ② 120°

풀이 식 (5-4)에 의해서

① $x = \frac{\pi}{180} \cdot y = \frac{\pi}{180} \times 15 = \frac{\pi}{12}[\text{rad}]$

② $x = \frac{\pi}{180} \cdot y = \frac{\pi}{180} \times 120 = \frac{2\pi}{3}[\text{rad}]$

5.3 삼각함수 및 삼각비의 정의

그림 5-4와 같이 동경 $\overrightarrow{OP}$가 OX의 위치로부터 회전해서 $\angle XOP=\theta$를 만드는 경우를 생각해 보자.

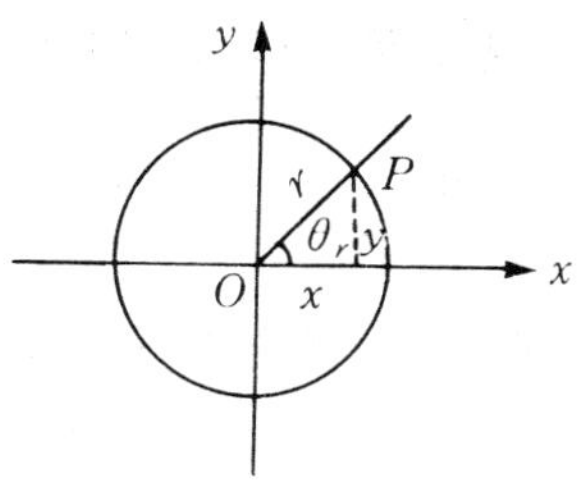

•• 그림 5-4 ••

지금 일반각 θ를 나타내는 동경을 $\overrightarrow{OP}$라 하고 $\overline{OP}=r$인 점 P의 좌표를 $(x,\ y)$라 할 때

$$\left.\begin{array}{l} \text{사인}\cdots\ \sin\theta=\dfrac{y}{r},\ \text{코시칸트}\ \ \mathrm{cosec}\,\theta=\dfrac{r}{y} \\ \text{코사인}\cdots\ \cos\theta=\dfrac{x}{r},\ \text{시칸트}\ \ \sec\theta=\dfrac{r}{x} \\ \text{탄젠트}\cdots\ \tan\theta=\dfrac{y}{x},\ \text{코탄젠트}\ \ \cot\theta=\dfrac{x}{y} \end{array}\right\} \tag{5-5}$$

로 정의하고 이들을 통틀어 일반각 θ의 삼각함수라 한다.

한편, 직각삼각형의 각변에서 두 변을 골라 그 비를 **삼각비**라 한다.

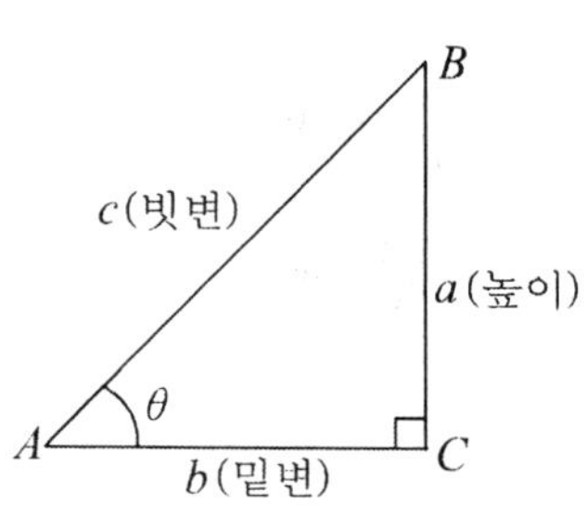

•• 그림 5-5 ••

그림 5-5에서 $\angle C = 90°$, $\angle A = \theta$인 직각삼각형 ABC에서 세변의 길이 a, b, c사이의 비의 값을 다음과 같이 정의한다.

$$\left.\begin{array}{l} \sin\theta = \dfrac{a}{c}, \quad \cos\theta = \dfrac{b}{c}, \quad \tan\theta = \dfrac{a}{b} \\ \operatorname{cosec}\theta = \dfrac{c}{a}, \quad \sec\theta = \dfrac{c}{b}, \quad \cot\theta = \dfrac{b}{a} \end{array}\right\} \tag{5-6}$$

표 5-1과 표 5-2에 삼각비의 명칭 및 삼각비의 부호를 표시하였다.

표 5-1 삼각비의 명칭

이름	기호	관계식	관계식	읽는법
정현	sin	정현$=\dfrac{\text{높이}}{\text{빗변}}$	$\sin\theta = \dfrac{a}{c}$	$\angle\theta$의 정현
여현	cos	여현$=\dfrac{\text{밑변}}{\text{빗변}}$	$\cos\theta = \dfrac{b}{c}$	$\angle\theta$의 여현
정접	tan	정접$=\dfrac{\text{높이}}{\text{밑변}}$	$\tan\theta = \dfrac{a}{b}$	$\angle\theta$의 정접
정할	sec	정할$=\dfrac{\text{빗변}}{\text{밑변}}$	$\sec\theta = \dfrac{c}{b}$	$\angle\theta$의 정할
여할	cosec	여할$=\dfrac{\text{빗변}}{\text{높이}}$	$\operatorname{cosec}\theta = \dfrac{c}{a}$	$\angle\theta$의 여할
여접	cot	여접$=\dfrac{\text{밑변}}{\text{높이}}$	$\cot\theta = \dfrac{b}{a}$	$\angle\theta$의 여접

표 5-2 여러 가지 각에 대한 삼각비의 부호

		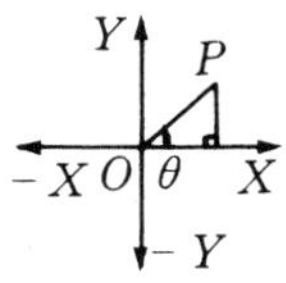	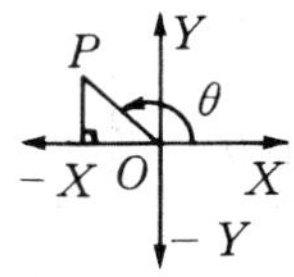	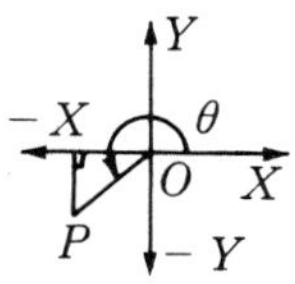	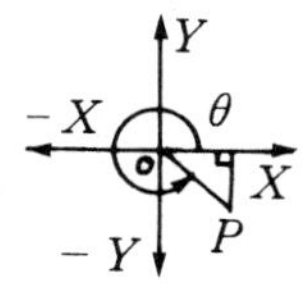
각의 표시	60분법	0° ~90°	90° ~180°	180° ~270°	270° ~360°
	호도법[rad]	$0 \sim \frac{\pi}{2}$	$\frac{\pi}{2} \sim \pi$	$\pi \sim \frac{3}{2}\pi$	$\frac{3}{2}\pi \sim 2\pi$
$\sin\theta$ $\mathrm{cosec}\,\theta$		+	+	−	−
$\cos\theta$ $\sec\theta$		+	−	−	+
$\tan\theta$ $\cot\theta$		+	−	+	−

5.4 특수각의 삼각비의 값

θ가 0°부터 90°까지 변할 때의 $\sin\theta$, $\cos\theta$, $\tan\theta$의 값을 미리 계산해 둔 삼각함수표가 있다.

그런데 자주 나오는 특정의 삼각비의 값, 즉 30°, 45°, 60°에 대한 삼각비의 값은 정삼각형과 정사각형의 성질을 이용하면 쉽게 구할 수 있다.

그림 5-6과 같이 한 변의 길이가 2인 정삼각형과 한 변의 길이가 1인 정사각형으로부터 각각 직각삼각형(그림의 사선)을 잘라내어 보면 30°, 45°, 60°에 대한 삼각비의 값을 쉽게 얻어낼 수 있다.

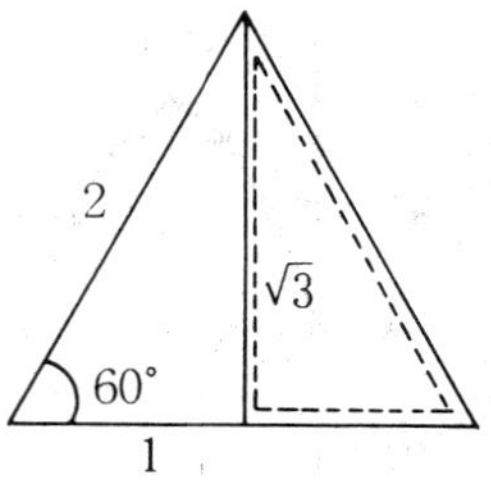

•• 그림 5-6 ••

한편 두 변으로 끼인 각의 크기가 0°와 90°인 삼각형은 실존하는 것은 아니지만 그 극한을 수학적으로 상정해서 이것들을 상용하는 일이 자주 있다. 그 값은 표 5-3에 표시하였다.

표 5-3

	0°	30°	45°	60°	90°
sin	0	$\frac{1}{2}$	$\frac{\sqrt{2}}{2}$	$\frac{\sqrt{3}}{2}$	1
cos	1	$\frac{\sqrt{3}}{2}$	$\frac{\sqrt{2}}{2}$	$\frac{1}{2}$	0
tan	0	$\frac{\sqrt{3}}{3}$	1	$\sqrt{3}$	존재하지 않음.

5.5 삼각함수의 그래프

5.5.1 사인곡선

전기 · 전자 · 통신공학에서는 교류를 많이 사용한다. 교류에는 여러 가지 파형이 있으나 그 중에서도 사인파 교류는 이해하는 기본이 되며 또 대단히 많이 사용하므로 사인파 곡선과의 관계, 즉 사인파 교류의 수학적 표현법을 안다는 것은 참으로 중요한 것이다.

그림 5-7은 삼각함수를 그래프로 표시한 것이다.

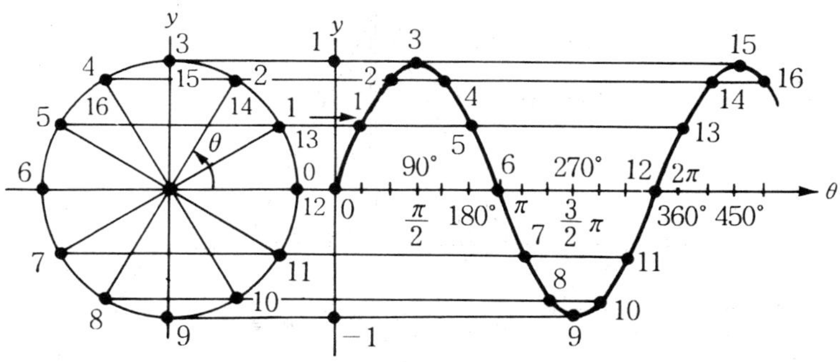

•• 그림 5-7 $y=\sin\theta$의 그래프 ••

예를 들면 변수를 θ로 해서 θ인 회전각(도) 또는 [rad]를 가로축으로 표현해 변수 θ의 각 값에 대한 y의 값을 y축에 투영해서 이것을 그림처럼 가늘게 점으로 연결, 곡선으로 표시한 것이다.

예제 함수 $y=2\sin\theta$의 그래프를 그리고 최대값, 최소값 및 주기를 구하여라.

풀이 $y=\sin\theta$의 그래프를 상하로 2배 늘인 것이다.

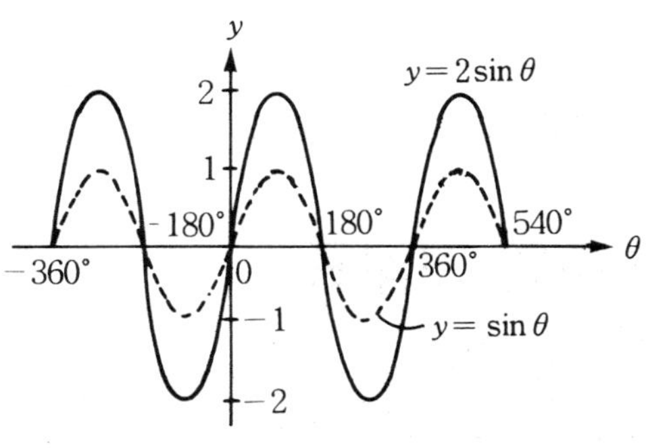

•• 그림 5-8 ••

최대값=2, 최소값=−2, 주기= $2\pi(360°)$

5.5.2 코사인 곡선

전기·전자·통신공학에서 사인곡선 다음으로 자주 사용되는 것은 코사인 곡선이다. 이 곡선은 사인곡선과 같은 형태를 하고 있으나 그림 5-9와 같이 동경의 출발점이 사인의 위상보다 항상 90° 앞서 있다.

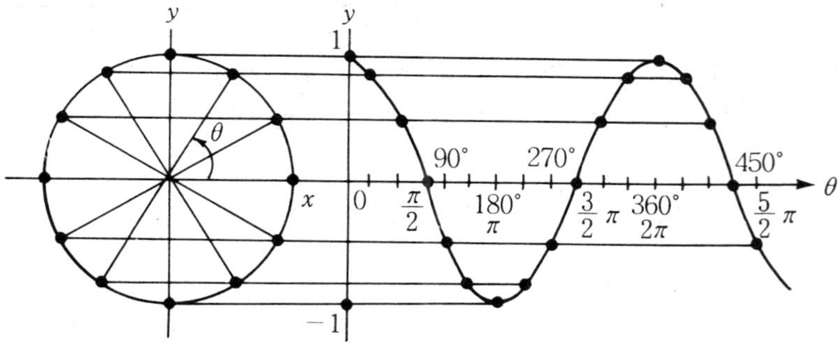

• • 그림 5-9 $y=\cos\theta$의 그래프 • •

예제 $y=\cos\left(\frac{\theta}{2}-\frac{\pi}{6}\right)$의 그래프를 그리고 최대값 및 주기를 구하여라.

풀이 $y=\cos\left(\frac{\theta}{2}-\frac{\pi}{6}\right)=\cos\frac{1}{2}\left(\theta-\frac{\pi}{3}\right)$이므로

$y=\cos\left(\frac{\theta}{2}-\frac{\pi}{6}\right)$의 그래프는 $y=\cos\frac{1}{2}\theta$의 그래프를 θ축의 방향으로 $\frac{\pi}{3}$만큼 평행이동한 그래프이다.

이에 대한 그래프는 그림 5-10에 표시하였다.

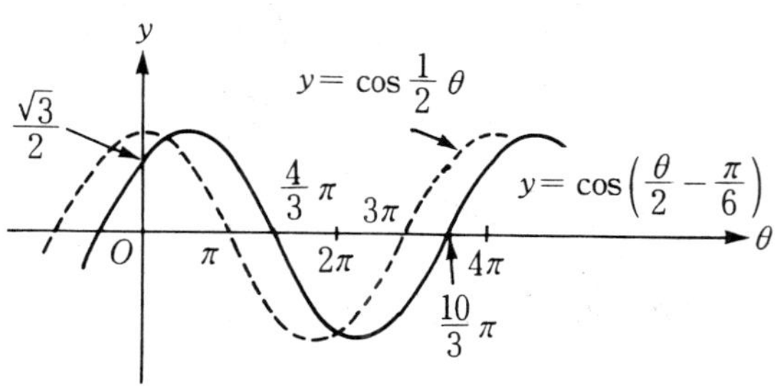

• • 그림 5-10 • •

최대값=1, 주기= 4π

5.6 삼각함수의 성질

5.6.1 삼각함수의 상호 관계

표 5-1에 있는 삼각비를 잘 살펴보면 다음의 관계가 성립한다.

$$\left.\begin{aligned} \sin\theta &= \frac{1}{\operatorname{cosec}\theta},\quad \cos\theta = \frac{1}{\sec\theta} \\ \tan\theta &= \frac{\sin\theta}{\cos\theta},\quad \tan\theta = \frac{1}{\cot\theta} \end{aligned}\right\} \qquad (5\text{-}7)$$

그림 5-11에 있어서 삼각형의 내각의 합은 180°이므로

$$\theta + \phi + 90° = 180° \qquad \therefore\ \theta + \phi = 90°$$

$$\phi = 90° - \theta$$

$$\left.\begin{aligned} \sin\phi &= \sin(90-\theta) = \cos\theta \\ \cos\phi &= \cos(90-\theta) = \sin\theta \\ \tan\phi &= \frac{\sin\phi}{\cos\phi} = \frac{\sin(90-\theta)}{\cos(90-\theta)} = \tan(90-\theta) \\ &= \frac{\cos\theta}{\sin\theta} = \cot\theta \end{aligned}\right\} \qquad (5\text{-}8)$$

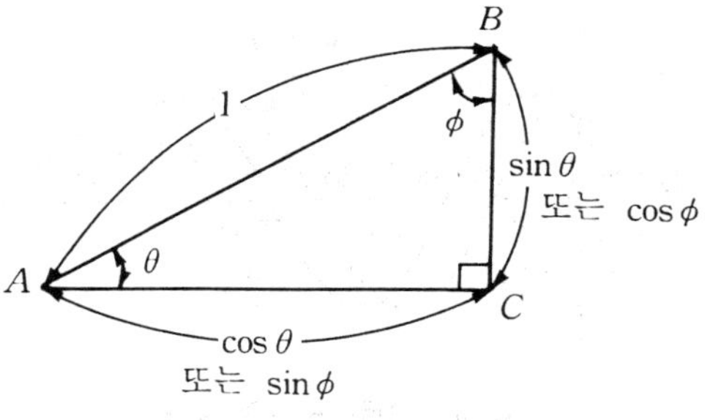

•• 그림 5-11 ••

또 피타고라스의 정리에 의하여

$$\sin^2\theta + \cos^2\theta = 1 \qquad (5\text{-}9)$$

한편 그림 5-12에 있어서

$$1+\tan^2\theta = 1+\left(\frac{y}{x}\right)^2 = \frac{x^2+y^2}{x^2} = \frac{r^2}{x^2} = \left(\frac{r}{x}\right)^2 = \left(\frac{1}{\cos\theta}\right)^2 = \sec^2\theta$$

에 의해서

$$1+\tan^2\theta = \sec^2\theta \tag{5-10}$$

임을 알 수 있다.

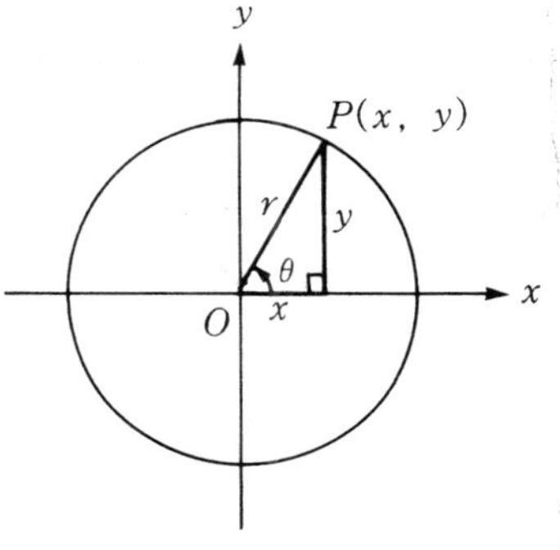

•• 그림 5-12 ••

예제 $\tan\theta = \frac{\omega L}{R}$ 일 때 $\sin\theta$를 구하여라.

풀이 $\tan\theta = \frac{\omega L}{R}$ 이라는 사실을 직각삼각형에 적용하면 그림 5-13과 같이 된다. 변 AC는 피타고라스 정리에 의하여 $AC=\sqrt{R^2+(\omega L)^2}$과 같이 된다.

$$\therefore\ \sin\theta = \frac{\omega L}{\sqrt{R^2+(\omega L)^2}}$$

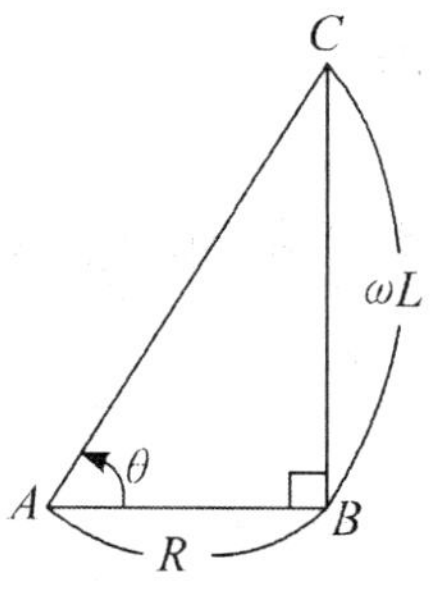

•• 그림 5-13 ••

이상의 관계는 삼각함수를 취급하기 위한 최소한 알아야 할 것들이다. 그밖에 복잡한 삼각비를 간단히 하는 공식이 있고 이들을 표 5-4에 나타내었다.

표 5-4

삼각비 \ 각	$-\theta$	$90° \pm \theta$	$180° \pm \theta$	$270° \pm \theta$	$360° \pm \theta$
sin	$-\sin\theta$	$+\cos\theta$	$\mp\sin\theta$	$-\cos\theta$	$\pm\sin\theta$
cos	$+\cos\theta$	$\mp\sin\theta$	$-\cos\theta$	$\pm\sin\theta$	$+\cos\theta$
tan	$-\tan\theta$	$\mp\cot\theta$	$\pm\tan\theta$	$\mp\cot\theta$	$\mp\tan\theta$

예제 다음 삼각함수값을 구하여라.

① $\cos 120°$ ② $\sin\frac{3}{4}\pi$ ③ $\tan 390°$

풀이 표 5-4에 의해서

① $\cos 120° = \cos(90° + 30°) = -\sin 30° = -\frac{1}{2}$

② $\sin\frac{3}{4}\pi = \sin\left(\frac{\pi}{2} + \frac{\pi}{4}\right) = \cos\frac{1}{4}\pi = \cos 45° = \frac{1}{\sqrt{2}} = \frac{\sqrt{2}}{2}$

③ $\tan 390° = \tan(360° + 30°) = \tan 30° = \frac{1}{\sqrt{3}} = \frac{\sqrt{3}}{3}$

5.6.2 두각의 삼각함수

전기 · 전자 · 통신공학에서는 두각의 삼각함수가 대단히 많이 사용한다.
삼각함수의 가법정리는 다음과 같다.

$$\left.\begin{aligned} \sin(\alpha \pm \beta) &= \sin\alpha\cos\beta \pm \cos\alpha\sin\beta \\ \cos(\alpha \pm \beta) &= \cos\alpha\cos\beta \mp \sin\alpha\sin\beta \\ \tan(\alpha \pm \beta) &= \frac{\tan\alpha \pm \tan\beta}{1 \mp \tan\alpha\tan\beta} \end{aligned}\right\} \qquad (5\text{-}11)$$

예제 $v = V_m\sin(\omega t + \theta)$를 전개하여라.

풀이 식 (5-11)을 이용하면

$$v = V_m\sin(\omega t + \theta) = V_m(\sin\omega t\cos\theta + \cos\omega t\sin\theta)$$

$$= V_m\cos\theta\sin\omega t + V_m\sin\theta\cos\omega t$$

예제 가법정리를 이용하여 다음 값을 구하여라.

① $\cos 75°$ ② $\tan 75°$

풀이 식 (5-11)을 이용하면

① $\cos 75° = \cos(45° + 30°) = \cos 45°\cos 30° - \sin 45°\sin 30°$

$$= \frac{1}{\sqrt{2}} \cdot \frac{\sqrt{3}}{2} - \frac{1}{\sqrt{2}} \cdot \frac{1}{2} = \frac{\sqrt{6}}{4} - \frac{\sqrt{2}}{4} = \frac{1}{4}(\sqrt{6} - \sqrt{2})$$

② $\tan 75° = \tan(45° + 30°) = \dfrac{\tan 45° + \tan 30°}{1 - \tan 45°\tan 30°}$

$$= \frac{1 + \frac{1}{\sqrt{3}}}{1 - 1 \times \frac{1}{\sqrt{3}}} = \frac{1 + \frac{\sqrt{3}}{3}}{1 - \frac{\sqrt{3}}{3}} = 2 + \sqrt{3}$$

다음에 가법정리를 이용하여 $\sin(\alpha + \beta) + \sin(\alpha - \beta)$가 어떻게 되는가를 알아보자.

$$\sin(\alpha+\beta)+\sin(\alpha-\beta)=\sin\alpha\cos\beta+\cos\alpha\sin\beta$$
$$+\sin\alpha\cos\beta-\cos\alpha\sin\beta=2\sin\alpha\cos\beta$$
$$\therefore\ \sin\alpha\cos\beta=\frac{1}{2}\{\sin(\alpha+\beta)+\sin(\alpha-\beta)\} \tag{5-12}$$

라는 중요한 식이 얻어진다. 마찬가지 방법으로 sin과 cos 등에 대하여 계산하면 다음의 네 개의 공식이 얻어진다. 이 식들의 곱을 합과 차로 고치는 공식이라 한다.

$$\left.\begin{aligned}\sin\alpha\cos\beta&=\frac{1}{2}\{\sin(\alpha+\beta)+\sin(\alpha-\beta)\}\\\cos\alpha\sin\beta&=\frac{1}{2}\{\sin(\alpha+\beta)-\sin(\alpha-\beta)\}\\\cos\alpha\cos\beta&=\frac{1}{2}\{\cos(\alpha+\beta)+\cos(\alpha-\beta)\}\\\sin\alpha\sin\beta&=-\frac{1}{2}\{\cos(\alpha+\beta)-\cos(\alpha-\beta)\}\end{aligned}\right\} \tag{5-13}$$

예제 다음 식을 삼각함수의 차의 꼴로 고치시오.

$\sin\omega t\sin(\omega t-\theta)$

풀이 식 (5-13)에 의해서

$$\sin\omega t\sin(\omega t-\theta)=-\frac{1}{2}\{\cos(\omega t+\omega t-\theta)-\cos\{\omega t-(\omega t-\theta)\}\}$$
$$=-\frac{1}{2}\{\cos(2\omega t-\theta)-\cos\theta\}=\frac{1}{2}\{\cos\theta-\cos(2\omega t-\theta)\}$$

예제 다음 식을 삼각함수의 합이나 차의 꼴로 고치시오.

① $\cos mx\cos nx$ ② $\sin 60°\cos 20°$

풀이 식 (5-11)에 의해서

① $\cos mx\cos nx=\frac{1}{2}\{\cos(m+n)x+\cos(m-n)x\}$

② $\sin 60° \cos 20° = \frac{1}{2}\{\sin(60° + 20°) + \sin(60° - 20°)\}$

$$= \frac{1}{2}(\sin 80° + \sin 40°)$$

5.6.3 2배각 및 반각의 삼각함수

식 (5-11)의 삼각함수의 가법정리에서 $\alpha = \beta$로 놓으면

$$\sin 2\alpha = \sin\alpha\cos\alpha + \cos\alpha\sin\alpha = 2\sin\alpha\cos\alpha$$

가 된다. 마찬가지 방법으로 하여 $\cos 2\alpha$, $\tan 2\alpha$를 구하면

$$\left.\begin{aligned} &\sin 2\alpha = 2\sin\alpha\cos\alpha \\ &\cos 2\alpha = 1 - 2\sin^2\alpha = 2\cos^2\alpha - 1 \\ &\tan 2\alpha = \frac{2\tan\alpha}{1 - \tan^2\alpha} \end{aligned}\right\} \tag{5-14}$$

이것을 2배각의 공식이라고 한다.

예제 $\sin\theta = 0.3\left(\frac{\pi}{2} < \theta < \pi\right)$일 때 $\sin 2\theta$, $\cos 2\theta$를 구하여라.

풀이 θ가 2상한의 각 이므로

$$\cos\theta = \sqrt{1 - \sin^2\theta} = -\frac{\sqrt{91}}{10}$$

따라서 식 (5-14)에 의해서

① $\sin 2\theta = 2\sin\theta\cos\theta = 2\times\frac{3}{10}\times\left(-\frac{\sqrt{91}}{10}\right) = -\frac{3\sqrt{91}}{50}$

② $\cos 2\theta = 1 - 2\sin^2\theta = 1 - 2\times\left(\frac{3}{10}\right)^2 = \frac{41}{50}$

한편 식 (5-14)의 $2\alpha = \phi$라 놓으면

2배각의 공식의 $\cos 2\alpha = \cos\phi$는

$$\cos\phi = 1 - 2\sin^2\frac{\phi}{2} = 2\cos^2\frac{\phi}{2} - 1 \tag{5-15}$$

따라서

$$\left.\begin{aligned} \sin\frac{\phi}{2} &= \pm\sqrt{\frac{1-\cos\phi}{2}} \\ \cos\frac{\phi}{2} &= \pm\sqrt{\frac{1+\cos\phi}{2}} \end{aligned}\right\} \tag{5-16}$$

가 되며 이것을 반각의 공식이라고 한다.

예제 $\cos\theta = 0.8\left(0 < \theta < \frac{\pi}{2}\right)$일 때 다음 값을 구하여라.

① $\sin\frac{\theta}{2}$ ② $\cos\frac{\theta}{2}$

풀이 식 (5-16)에 의해서 θ는 1상한이므로 양(+)의 값을 갖는다.

① $\sin\frac{\theta}{2} = \sqrt{\frac{1-\cos\theta}{2}} = \sqrt{\frac{1-0.8}{2}} = \sqrt{0.1} = \frac{1}{\sqrt{10}}$

② $\cos\frac{\theta}{2} = \sqrt{\frac{1+\cos\theta}{2}} = \sqrt{\frac{1+0.8}{2}} = \sqrt{0.9} = \frac{3}{\sqrt{10}}$

예제 $\cos 30° = \frac{\sqrt{3}}{2}$을 써서 $\sin 15°$, $\cos 15°$의 값을 구하여라.

풀이 식 (5-16)에 의해서

$$\begin{aligned} \sin 15° = \sin\frac{30°}{2} &= \sqrt{\frac{1-\cos 30°}{2}} = \sqrt{\frac{1-\frac{\sqrt{3}}{2}}{2}} \\ &= \sqrt{\frac{2-\sqrt{3}}{4}} = \sqrt{\frac{4-2\sqrt{3}}{8}} = \sqrt{\frac{(3+1)-2\sqrt{3\times 1}}{8}} \\ &= \frac{\sqrt{3}-1}{2\sqrt{2}} = \frac{\sqrt{6}-\sqrt{2}}{4} \end{aligned}$$

$$\cos 15° = \cos\frac{30°}{2} = \sqrt{\frac{1+\cos 30°}{2}} = \sqrt{\frac{1+\frac{\sqrt{3}}{2}}{2}}$$

$$= \sqrt{\frac{2+\sqrt{3}}{4}} = \sqrt{\frac{4+2\sqrt{3}}{8}} = \frac{\sqrt{3}+1}{2\sqrt{2}} = \frac{\sqrt{6}+\sqrt{2}}{4}$$

5.6.4 역 3각 함수

앞에서 설명한 $\sin\theta$에 대하여 $y=\sin\theta$라 하면 y는 그 삼각함수의 값, 변수 θ는 각도다. 만일 $y=\sin\theta$에서 y의 값을 정하면 θ의 값이 정해지므로 θ는 y의 함수라고 생각할 수 있다. 예를 들면 $1=\sin 90°$인 식에서 $90°=\sin^{-1}1$라는 형태로 표시하는 방법을 역삼각함수라고 한다. 이 함수를 기초 $\sin^{-1}$ 또는 arc sin으로 나타내고 아크사인으로 읽는다. 역삼각함수는 삼각비에 의하여 각을 구하는데 많이 쓰인다. 역삼각함수의 값은 무수히 많지만 문제에 조건이 없을시는 절대값이 최소인 것을 답으로 한다.

삼각함수의 역삼각함수를 표 5-5에 나타내었다.

표 5-5 삼각함수와 역삼각함수와의 관계

3각함수	역 3각함수
$y=\sin x$	$x=\sin^{-1}y=\text{arc}\sin y$
$y=\cos x$	$x=\cos^{-1}y=\text{arc}\cos y$
$y=\tan x$	$x=\tan^{-1}y=\text{arc}\tan y$
$y=\text{cosec}\, x$	$x=\text{cosec}^{-1}y=\text{arc cosec}\, y$
$y=\sec x$	$x=\sec^{-1}y=\text{arc}\sec y$
$y=\cot x$	$x=\cot^{-1}y=\text{arc}\cot y$

예제 다음 식에서 θ의 값을 구하여라.

① $\sin\theta=-\frac{1}{2}$　　② $\tan\theta=\frac{\omega L}{R}$　　③ $\cos\theta=\frac{1}{2}$

풀이 표 5-5에 의해서

① $\theta = \sin^{-1}\left(-\frac{1}{2}\right) = -30°$

210°, −30°이지만 절대값이 최소인 것이야 하므로 −30°이다.

② $\theta = \tan^{-1}\frac{\omega L}{R}$

③ $\theta = \cos^{-1}\frac{1}{2} = 60°$

60°, −60°이지만 절대값이 최소인 것으로 정의 값을 갖는 것은 60°이다.

5.7 공학 파형

5.7.1 시간의 변화에 따른 파형

함수 $y = \sin\theta$와 $y = \cos\theta$의 그래프는 마치 파형(wave)처럼 보이며 전기회로에서 전압과 전류는 시간 t에 따라 변화한다.

t를 독립변수로 하는 sin과 cos에서 $y = \sin t$에서는 t가 0에서 2π까지 증가할 때 1주기가 만들어진다.

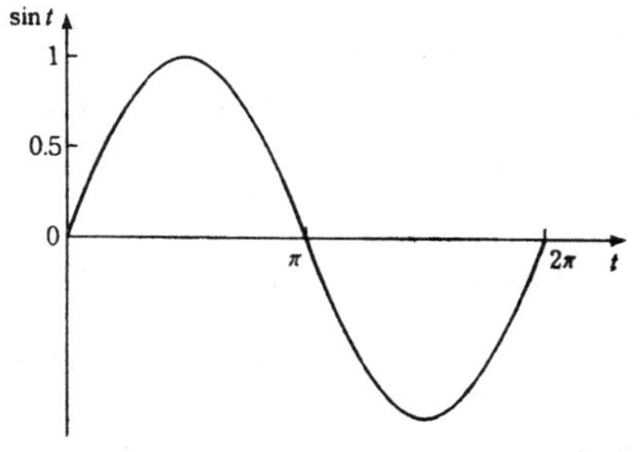

•• 그림 5-14 sin파의 주기 ••

5.7.2 파형의 진폭

이미 설명한 진폭(amplitude)의 개념을 상기시키면서 $A > 0$인 함수 $y = A$

$\sin t$를 살펴보자. A는 파형의 진폭이면서 파형의 최대값이며 $y=A\cos t$의 진폭도 A이다.

> $y=A\sin t$와 $y=A\cos t$의 진폭은 모두 A이다.

5.7.3 파형의 각(角) 주파수

파형 $y=A\sin\omega t$에서 ω는 파형의 각주파수이며 ω의 단위는 초당 [rad]을 사용한다. t는 초를 단위로 하고 ωt는 [rad]을 단위로 한다.

예를 들어 $y=\sin 4t$는 초당 4[rad]이라는 각 주파수를 가지며 $y=A\cos\omega t$의 각주파수는 초당 ω[rad]이다.

> $y=A\sin\omega t$와 $y=A\cos\omega t$의 각 주파수는 초당 ω[rad]이다.

예제 다음 각 파형의 각 주파수를 말하여라.

① $y=5\sin 3t$　　② $y=7\cos\frac{t}{2}$　　③ $y=\cos\frac{2t}{3}$

풀이 ① $5\sin 3t$와 $A\sin\omega t$를 비교하면 $\omega=3$이고 각주파수는 초당 3[rad]이다.

② 각주파수는 초당 $\frac{1}{2}$[rad]

③ 각주파수는 초당 $\frac{2}{3}$[rad]

5.7.4 파형의 주기

하나의 사이클을 만드는데 소요되는 시간을 **파형의 주기**(period of a wave)라 하고 이는 파형의 각속도와 관련이 있으며 $y=A\sin\omega t$에서 t가 0초일 때 $\omega t=0$[rad]이고 $t=\frac{2\pi}{\omega}$초이면 $\omega t=2\pi$[rad]이다.

따라서 t가 $\frac{2\pi}{\omega}$ 초까지 증가할 때 각도 ωt는 2π[rad]까지 증가하고 sin함수는 2π까지 각도가 증가할 때 주기를 만든다.

그러므로 $y=A\sin\omega t$는 t가 $\frac{2\pi}{\omega}$ 초까지 증가할 때 주기를 만들며 y의 주기는 $\frac{2\pi}{\omega}$ 초이며 동일한 방법으로 $y=A\cos\omega t$의 주기도 역시 $\frac{2\pi}{\omega}$ 초이며 주기는 T로 나타낸다.

> $y=A\sin\omega t$와 $y=A\cos\omega t$의 주기는 $T=\frac{2\pi}{\omega}$로 구할 수 있다.

예제 다음 각 함수의 주기를 구하여라.

① $y=3\sin 6t$ ② $y=5.6\cos\pi t$ ③ $y=50\sin 100\pi t$

풀이 ① $\omega=6$, $T=\frac{2\pi}{6}=\frac{\pi}{3}$, 주기는 $\frac{\pi}{3}$초

② $\omega=\pi$, $T=\frac{2\pi}{\pi}=2$, 주기는 2초

③ $\omega=100\pi$, $T=\frac{2\pi}{100\pi}=0.02$, 주기는 0.02초

예제 오실로스코프의 궤적

그림 5-15는 sin파를 이루는 오실로스코프 궤적이다. 이 파형의 방정식을 구하여라.

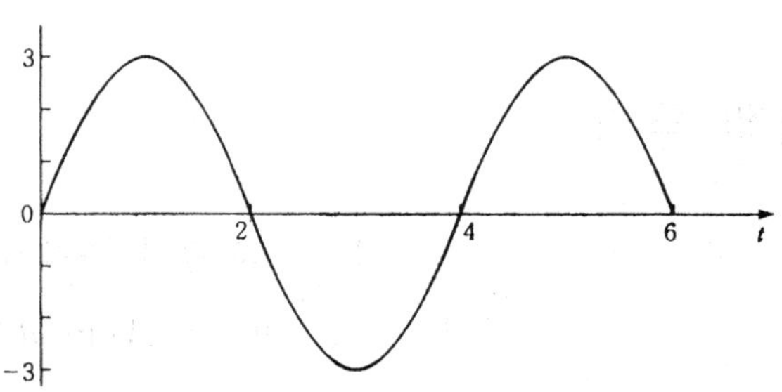

•• 그림 5-15 오실로스코프 궤적 ••

풀이 이 파형의 방정식은

$$y = A\sin \omega t$$

이 파형의 최대값은 3, 진폭 A는 3, 4초마다 하나의 완전한 주기가 형성된다.

$$T = \frac{2\pi}{\omega} = 4, \quad \omega = \frac{\pi}{2}$$

파형의 방정식은 $y = 3\sin \frac{\pi t}{2}$

5.7.5 파형의 주파수

파형의 주파수(frequency of a wave) f는 1초에 형성되는 사이클의 수이며 단위는 Hertz(Hz)를 사용한다. 1[Hz]는 초당 1사이클(cycle)을 말한다.

$$\text{주파수 } f = \frac{\omega}{2\pi}$$

$T = \frac{2\pi}{\omega}$ 이고 주파수는 $f = \frac{\omega}{2\pi}$ 이므로

$$\text{주기 } T = \frac{1}{f}$$

예제 다음 파형의 주기와 주파수를 구하여라.

① $y = 2\sin 4t$ ② $y = 3\cos 2t$ ③ $y = \sin \pi t$

풀이 ① $2\sin 4t$와 $A\sin \omega t$를 비교하면 $\omega = 4$, 주파수 f는

$$f = \frac{\omega}{2\pi} = \frac{4}{2\pi} = \frac{2}{\pi} = 0.6366[\text{Hz}]$$

그러므로 1초마다 0.6366사이클이 만들어지고 주기 T는

$$T = \frac{1}{f} = \frac{\pi}{2} = 1.5708$$

따라서 1cycle을 만드는데 1.5708초가 걸린다.

② $\omega=2,\ f=\frac{\omega}{2\pi}=\frac{2}{2\pi}=\frac{1}{\pi}=0.3183[\text{Hz}]$

따라서 초당 0.3183사이클이 만들어지며 주기 T는 $T=\frac{1}{f}=\pi=3.1416$

따라서 1cycle을 만드는데 π초가 걸린다.

③ $\omega=\pi,\ f=\frac{\omega}{2\pi}=\frac{\pi}{2\pi}=\frac{1}{2}[\text{Hz}],\ T=\frac{1}{f}=2$

따라서 하나의 완전한 주기를 형성하는데는 2초가 걸린다.

5.7.6 파형의 위상과 시간 이동

$y=A\sin(\omega t+\alpha)$와 $y=A\cos(\omega t+\alpha)$의 파형을 보자. α를 도입하는 것은 파형을 좌측이나 우측으로 이동(displacement)시키는데 영향을 주기 때문이다.

그림 5-16은 $y=\sin 2t$와 $y=\sin(2t+1)$의 그래프이다.

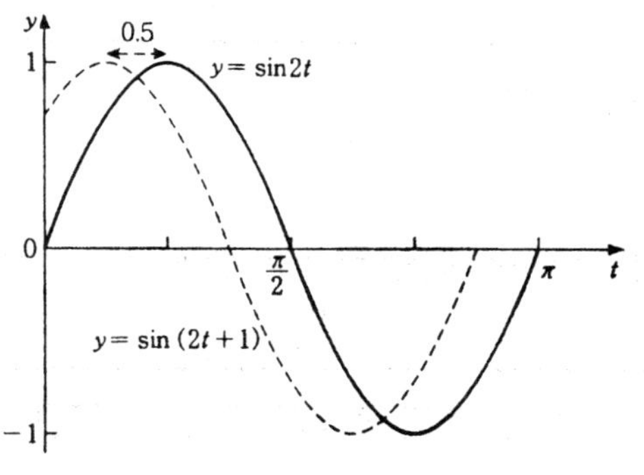

• • 그림 5-16 파형 $y=\sin 2t$와 $y=\sin(2t+1)$ • •

그림 5-16에서 $y=\sin(2t+1)$의 최대값은 $y=\sin 2t$의 최대값보다 0.5초 이전에 발생한다. $\sin(2t+1)$은 $y=\sin 2t$보다 앞선다(lead)라고 말하며 0.5초 차이로 $\sin 2t$를 앞선다. 이런 경우 $y=\sin(2t+1)$가 0.5초만큼 시간이동(time displace-ment) 되었다고 한다.

그림 5-17은 $y=\sin 2t$와 $y=\sin(2t-1)$의 그래프이다.

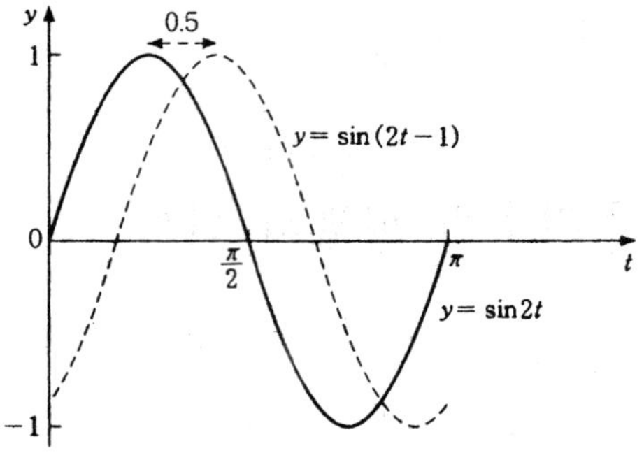

•• 그림 5-17 $y=\sin 2t$와 $y=\sin(2t-1)$의 파형 ••

$y=\sin(2t-1)$의 최대값은 $y=\sin 2t$의 최대값으로부터 0.5초 후에 발생하고 $\sin(2t-1)$은 $\sin 2t$보다 0.5초 뒤진다(lag)라 하고 $\sin(2t-1)$의 시간이동은 -0.5초이다.

파형 $y=A\sin(\omega t+\alpha)$에서 각 α는 위상각(phase angle) 또는 간단히 위상(phase)이라고 부르며 y는 다음과 같이 다시 쓸 수 있다.

$$y=A\sin\left[\omega\left(t+\frac{\alpha}{\omega}\right)\right]$$

위 식에서 $\frac{\alpha}{\omega}$는 파형의 시간이동이라 부른다.

> $y=A\sin(\omega t+\alpha)$의 위상(phase)은 α[rad]이다.
>
> $y=A\sin(\omega t+\alpha)$의 시간이동은 $\frac{\alpha}{\omega}$초이다.

예제 다음 함수의 위상과 시간이동을 구하여라.

① $y=\sin(2t+1)$ ② $y=\sin(2t-1)$ ③ $y=3\cos\left(\frac{t}{2}+3\right)$

풀이 ① $\omega=2$, $\alpha=1$ 이므로 위상은 1[rad], 시간이동은 $\frac{\alpha}{\omega}=\frac{1}{2}=0.5$초

② $\omega=2$, $\alpha=-1$이므로 위상은 -1[rad], 시간이동은 $\frac{\alpha}{\omega}=\frac{-1}{2}=-0.5$초

③ $\omega=0.5$, $\alpha=3$이므로 위상은 3[rad], 시간이동은 $\frac{3}{(0.5)}=6$초

5.7.7 동(同) 주파수의 파형의 합성

같은 각 주파수를 가진 파형을 새로운 파형을 만들기 위하여 합성할 수 있다. 새로운 파형은 본래의 파형과 같은 각주파수를 가지며 $\sin(A\pm B)$와 $\cos(A\pm B)$은 삼각함수 항등식을 사용하여 구한다.

예제 $2\sin 3t+6\cos 3t$를 $\alpha\geq 0$ 인 $A\cos(\omega t+\alpha)$의 형태로 나타내어라.

풀이 $2\sin 3t$와 $6\cos 3t$의 각주파수는 둘 다 초당 3[rad]이며 두 파형을 더할 때 $\omega=3$이다. 삼각함수의 항등식을 이용하면

$$\cos(A+B)=\cos A\cos B-\sin A\sin B$$

$$\begin{aligned}2\sin 3t+6\cos 3t &= A\cos(\omega t+\alpha)=A\cos(3t+\alpha)\\ &= A(\cos 3t\cos\alpha-\sin 3t\sin\alpha)\\ &= (A\cos\alpha)\cos 3t-(A\sin\alpha)\sin 3t\\ &= -(A\sin\alpha)\sin 3t+(A\cos\alpha)\cos 3t\end{aligned}$$

양변의 $\sin 3t$와 $\cos 3t$의 계수를 비교하면

$$2=-A\sin\alpha \qquad ①$$

$$6=A\cos\alpha \qquad ②$$

①과 ②의 방정식을 제곱하여 α를 제거하면 A값을 구하므로 식 ①을 제곱하면

$$4=A^2\sin^2\alpha \qquad ③$$

방정식 ②를 제곱하면,

$$36=A^2\cos^2\alpha \qquad ④$$

$\sin 2\alpha+\cos 2\alpha=1$ 이므로 방정식 ③과 방정식 ④를 더하면

$$\begin{aligned}40 &= A^2\sin^2\alpha+A^2\cos^2\alpha=A^2(\sin^2\alpha+\cos^2\alpha)\\ &= A^2\end{aligned}$$

$$A=\sqrt{40}$$

다음으로 α값을 구하기 위해서는 방정식 ①과 ②에서 A를 제거해야 한다. 이를

위해 우선 방정식 ①을 방정식 ②로 나누고 삼각항등함수 $\frac{\sin\alpha}{\cos\alpha}=\tan\alpha$을 이용한다.

①÷②는 $\frac{2}{6}=\frac{A\sin\alpha}{A\cos\alpha}=-\tan\alpha$, $\tan\alpha=-\frac{1}{3}$ 이다.

$\tan\alpha<0$이므로 α는 제2사분면이나 제4사분면에 놓인다. 방정식 ①에서는 $\sin\alpha<0$이라는 것을 알 수 있으므로 결국 α는 제4사분면에 있어야 한다. α가 제4사분면에 있다고 할 때 $\tan\alpha=-\frac{1}{3}$를 풀면 $\alpha=5.9614$이다.

따라서 $2\sin3t+6\cos3t=\sqrt{40}\cos(3t+5.9614)$

그러므로 파형의 진폭은 $\sqrt{40}$이고 각주파수는 초당 3[rad]이며 위상은 5.9614[rad]이다.

예제 $\cos2t-2\sin2t$를 $\alpha\geq0$인 $A\sin(\omega t+\alpha)$의 형태로 표현하여라.

풀이 $\cos2t$와 $2\sin2t$의 각주파수는 2이며 즉 $\omega=2$이다. 삼각함수 항등식에 따르면

$$\sin(A+B)=\sin A\cos B+\sin B\cos A$$

그러므로

$$\begin{aligned}\cos2t-2\sin2t&=A\sin(\omega t+\alpha)=A\sin(2t+\alpha)\\&=A(\sin2t\cos\alpha+\sin\alpha\cos2t)\\&=A\cos\alpha\sin2t+A\sin\alpha\cos2t\end{aligned}$$

따라서 $\cos2t-2\sin2t=A\sin2t\cos\alpha+A\sin\alpha\cos2t$

방정식 양변의 $\sin2t$항을 비교하면, $-2=A\cos\alpha$ ①

방정식 양변의 $\cos2t$를 비교하면, $1=A\sin\alpha$ ②

방정식 ①과 ②를 제곱하여 더하면, $A^2=5$, $A=\sqrt{5}$

α값을 구하기 위해서 방정식 ②을 방정식 ①로 나누면 $\tan\alpha=-0.5$

α가 제2사분면에 있다면 $\alpha=\tan^{-1}(-0.5)=2.6779$

따라서 $\cos2t-2\sin2t=\sqrt{5}\sin(2t+2.6779)$

5.8 삼각함수의 응용

삼각함수의 응용은 여러 가지가 있으나 이 절에서는 전기 · 전자 · 통신공학에 관계있는 것 몇 개의 예를 들어 설명하고자 한다.

5.8.1 교류의 일반식

교류 전압 e[V]와 교류전류 i[A]를 식으로 표시하면 다음과 같다.

$$e = E_m \sin \omega t [\mathrm{V}], \quad i = I_m \sin \omega t [\mathrm{A}] \qquad (5\text{-}17)$$

단, e, i는 순시값, E_m, I_m은 최대값, ω는 각속도이다.

그림 5-18은 전압의 순시값 $e = \sin \omega t$를 기준파형으로 해서 위상 $\frac{\pi}{2}$[rad]만큼 앞선 파형과의 관계를 나타낸 것이다.

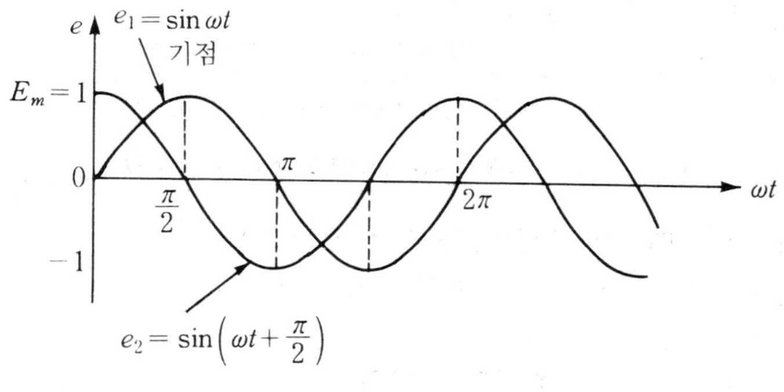

• • 그림 5-18 • •

일반적으로 교류의 전압이나 전류를 코일이나 콘덴서에 인가하면 그 전압 전류에 시간적인 오차가 생기는데 이 시간차를 각도로 표시한 것을 **위상차**(phase difference)라고 하며 그림 5-18에서 e_1은 e_2보다 $\theta = \frac{\pi}{2}$[rad]만큼 앞선다고 말한다.

예제 교류전압 $v = V_m \sin\left(\omega t + \frac{\pi}{4}\right)$[V]인 전압과 $i = I_m \sin\left(\omega t - \frac{\pi}{3}\right)$[A] 전류와의 위상차를 구하여라.

풀이 위상차 $\theta = \theta_1 - \theta_2$에서

$$\theta = \frac{\pi}{4} - \left(-\frac{\pi}{3}\right) = \frac{7}{12}\pi[\text{rad}]$$

즉, v가 i보다 $\frac{7}{12}$[rad]만큼 앞선다.

주파수가 f인 정현파의 경우 1초 동안에 변화하는 전기각은 $2\pi f$[rad] 변화한다. 이와 같이 교류가 1[sec] 동안에 변화하는 전기각을 각속도라 하며 단위는 [rad/sec]로 표시한다. 따라서 각속도 $\omega = 2\pi f$[rad/sec]로 된다.

예제 극수가 4극, 최대전압이 200[V]인 60[Hz] 발전기의 순시전압에 대한 일반식을 기술하시오.

풀이 순시전압의 일반식 $e = E_m \sin \omega t$에서

$$e = E_m \sin \omega t = E_m \sin 2\pi f t = 200 \sin 2 \times \pi \times 60 \times t = 200 \sin 377t$$

지금 그림 5-19와 같은 $R-C$ 직렬 회로에 $i = I_m \sin \omega t$[A]인 정현파 교류 전류가 흐르고 있을 때 단자전압 e를 구하여 보자.

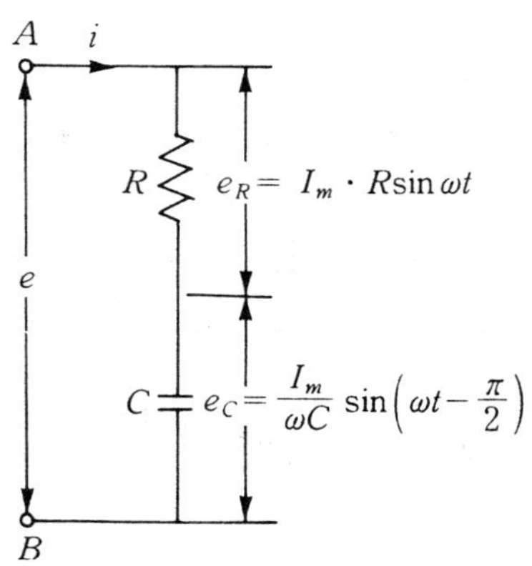

•• 그림 5-19 ••

그림 5-19와 같은 회로에 키르히호프의 제2법칙을 적용하면 다음과 같은 전압 평형식이 얻어진다.

$$e = e_R + e_c$$

그런데 $e_R = R_i = RI_m \sin\omega t$

$$e_C = \frac{1}{C}\int idt = -\frac{1}{\omega C} I_m \cos\omega t = \frac{I_m}{\omega C}\sin\left(\omega t - \frac{\pi}{2}\right)$$

$$e = e_R + e_C = RI_m \sin\omega t + \frac{I_m}{\omega C}\sin\left(\omega t - \frac{\pi}{2}\right)$$

$$= I_m\left\{R\sin\omega t + \frac{1}{\omega C}\sin\left(\omega t - \frac{\pi}{2}\right)\right\} = I_m\left(R\sin\omega t - \frac{1}{\omega C}\cos\omega t\right)$$

여기서 그림 5-20과 같은 직각삼각형을 생각하면

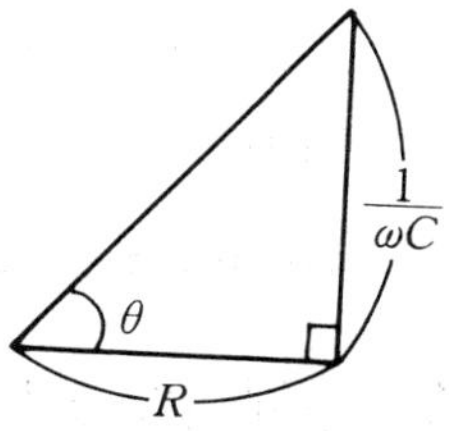

• • 그림 5-20 • •

빗변은 $\sqrt{R^2 + \left(\frac{1}{\omega C}\right)^2}$이 되므로

$$\cos\theta = \frac{R}{\sqrt{R^2 + \left(\frac{1}{\omega C}\right)^2}}, \quad \sin\theta = \frac{\frac{1}{\omega C}}{\sqrt{R^2 + \left(\frac{1}{\omega C}\right)^2}}$$

라고 표시할 수가 있다. 이것을 사용하면 e는 다음과 같이 된다.

$$e = I_m\sqrt{R^2+\left(\frac{1}{\omega C}\right)^2}\left(\frac{R}{\sqrt{R^2+\left(\frac{1}{\omega C}\right)^2}}\sin\omega t - \frac{\frac{1}{\omega C}}{\sqrt{R^2+\left(\frac{1}{\omega C}\right)^2}}\cos\omega t\right)$$

$$= I_m\sqrt{R^2+\left(\frac{1}{\omega C}\right)^2}(\cos\theta\sin\omega t - \sin\theta\cos\omega t)$$

$$= I_m\sqrt{R^2+\left(\frac{1}{\omega C}\right)^2}\sin(\omega t - \theta)$$

단, $\theta = \tan^{-1}\frac{1}{\omega CR}$

예제 그림 5-21과 같은 회로에서 회로에 흐르는 전류 i의 일반식을 구하여라.
단, $L = 314[\mathrm{mH}]$, $E_m = 282[\mathrm{V}]$, $f = 60[\mathrm{Hz}]$

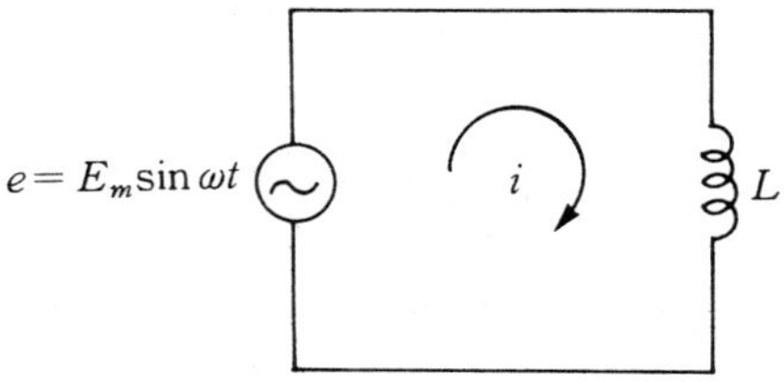

•• 그림 5-21 ••

풀이 전류 $i = \frac{1}{L}\int e dt = \frac{1}{L}\int E_m \sin\omega t dt = -\frac{E_m}{\omega L}\cos\omega t$

$$= \frac{E_m}{\omega L}\sin\left(\omega t - \frac{\pi}{2}\right)$$

한편 $\omega L = 2\pi f L = 2\times\pi\times 60\times 314\times 10^{-3} = 118.3[\Omega]$

$$\therefore\ i = \frac{282}{118.3}\sin\left(377t - \frac{\pi}{2}\right) = 2.38\sin\left(377t - \frac{\pi}{2}\right)$$

예제 그림 5-22와 같은 회로에서 중심선 $O' - O$에 흐르는 전류를 구하여라.

단, $i_1 = I_m \sin\omega t$, $i_2 = I_m\sin\left(\omega t - \frac{2\pi}{3}\right)$, $i_3 = I_m\sin\left(\omega t - \frac{4\pi}{3}\right)$

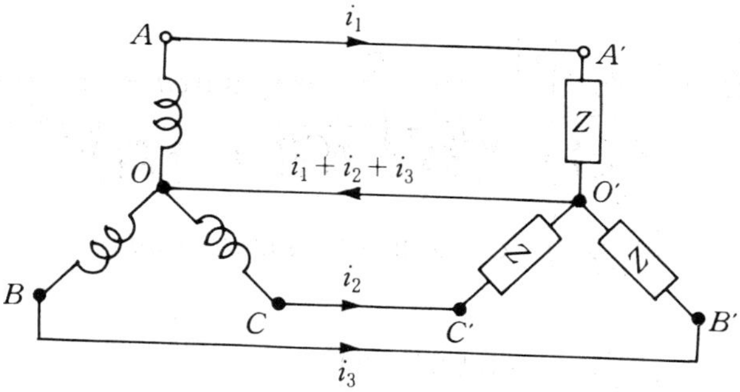

•• 그림 5-22 ••

풀이 구하고자 하는 전류를 i라고 하면 키르히호프의 전류 법칙에 의하여

$$i = i_1 + i_2 + i_3 = I_m\{\sin\omega t + \sin(\omega t - 120°) + \sin(\omega t - 240°)\}$$

$$= I_m(\sin\omega t + \sin\omega t\cos 120° - \cos\omega t\sin 120° + \sin\omega t\cos 240° - \cos\omega t\sin 240°)$$

$$= I_m\left(\sin\omega t - \frac{1}{2}\sin\omega t - \frac{\sqrt{3}}{2}\cos\omega t - \frac{1}{2}\sin\omega t + \frac{\sqrt{3}}{2}\cos\omega t\right) = 0$$

예제 그림 5-23과 같은 전력삼각형에서 유효전력 $P = 640[\mathrm{kW}]$의 역률 $\cos\theta$ 0.8인 경우의 무효전력 Q를 구하여라.

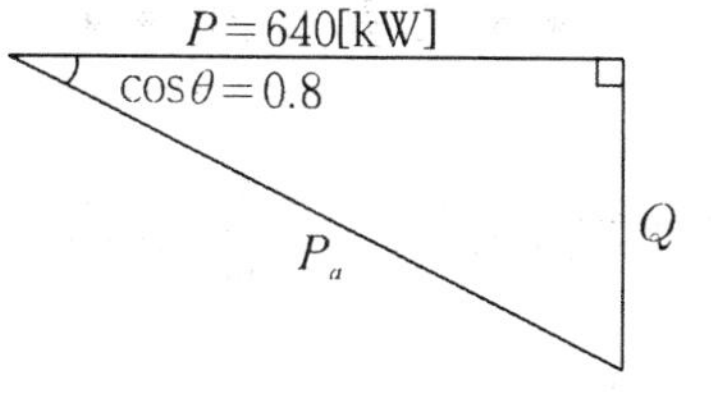

•• 그림 5-23 ••

풀이 $\cos\theta = 0.8$이므로 $\sin\theta = \sqrt{1-\cos^2\theta}$에서

$$\sin\theta = \sqrt{1-\cos^2\theta} = \sqrt{1-(0.8)^2} = 0.6$$

피상전력 $P_a = \dfrac{P}{\cos\theta} = \dfrac{640}{0.8} = 800[\mathrm{kVA}]$

∴ 무효전력 $Q = P_a\sin\theta = 800\times 0.6 = 480[\mathrm{kVAR}]$

연 습 문 제

1. 다음 삼각함수의 값을 구하여라.

① $\sin\frac{2\pi}{3}$ ② $\cos\frac{5}{3}\pi$ ③ $\cos 135°$ ④ $\tan 15°$

[답] ① $\frac{\sqrt{3}}{2}$ ② $\frac{1}{2}$ ③ $\frac{\sqrt{2}}{2}$ ④ $2-\sqrt{3}$

2. θ가 제3사분면의 각이고, $\tan\theta=\frac{5}{12}$일 때 $\cos\theta$의 값을 구하여라.

[답] $\cos\theta=-\frac{12}{13}$

3. $\sin\theta=\frac{1}{2}$일 때 $\frac{\sin\theta}{1+\cos\theta}+\frac{\sin\theta}{1-\cos\theta}$의 값을 구하여라.

[답] 4

4. 단진동 $y=\sin\frac{\pi}{6}t+\sqrt{3}\cos\frac{\pi}{6}t$의 진폭과 주기를 구하여라.

[답] 진폭=2, 주기=12

5. 정현파 교류 전압 $e=E_m\sin\omega t$, 전류 $i=I_m\sin(\omega t-\theta)$일 때 순시 전력 P를 구하여라.

[답] $P=\frac{E_mI_m}{2}\{\cos\theta-\cos(2\omega t-\theta)\}$

6. 그림 5-24와 같은 회로에서 콘덴서에 흐르는 전류를 구하여라.(단, $i=\frac{dq}{dt}$)

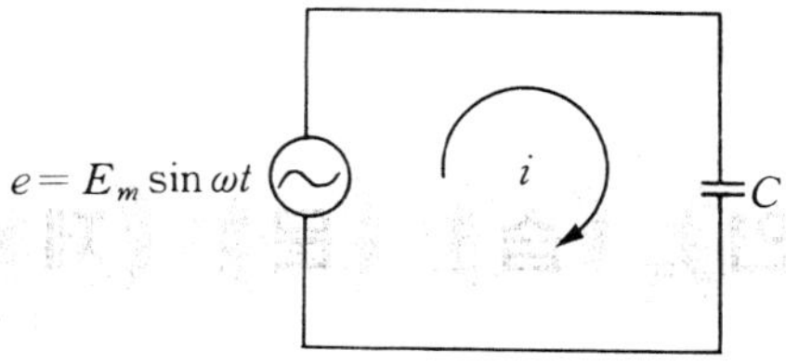

•• 그림 5-24 ••

[답] $i = \omega C E_m \sin\left(\omega t + \frac{\pi}{2}\right)$

7. 그림 5-25와 같은 회로에서 AB 사이의 단자 전압 e와 e_R와의 위상차를 구하여라.

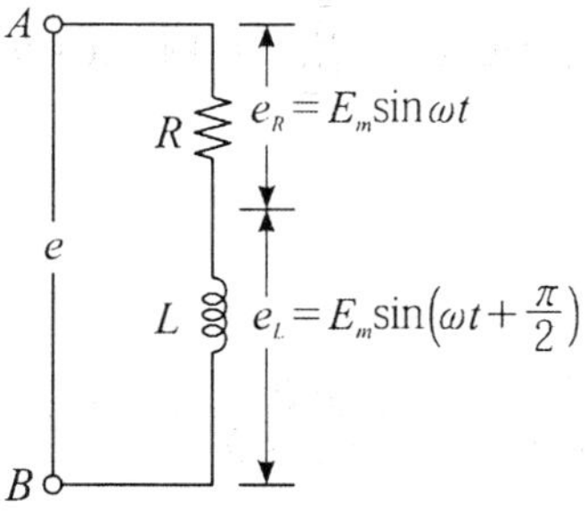

•• 그림 5-25 ••

[답] 위상차$= \frac{\pi}{4}$[rad]

8. 다음 함수의 그래프를 그리고, 주기와 최대값을 구하여라.

$y = \frac{1}{2}\sin(2x - \pi)$

[답]

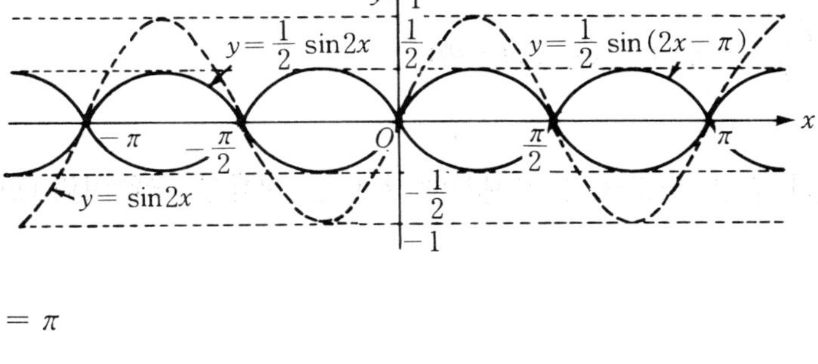

주기 $= \pi$

최대값 $= \frac{1}{2}$

9. 첨두전압이 220[V]인 60[Hz]의 정현파가 있다. $t = \frac{1}{720}$[s]인 순간의 순시전압의 값을 구하여라.(단, $e = E_m \sin(2\pi f t)$)

[답] 순시전압=110[V]

제 6 장 행렬식과 행렬

산업의 발전에 따라 전기·전자·통신회로도 복잡해져 가고 있다. 예를 들면 트랜지스터 회로를 종래의 키르히호프의 법칙을 이용하여, 연립방정식을 만들고 가감법 같은 수학적 수단에 의하여 푼다는 것은 많은 시간을 낭비하는 것이다. 이런 것을 짧은 시간에 기계적으로 풀게한 것이 이 장에서 설명하고자 하는 행렬식이나 행렬이다.

6.1 행렬식

6.1.1 행렬식의 정의

행렬(matrix)이란 일반적으로 실수 또는 복소수를 직사각형으로 배열하여 괄호로 묶은 것을 말하며 $[A]$, $[a_{ij}]$, (A), (a_{ij}) 또는 문자 A로 쓰기도 한다.

그림 6-1처럼 가로로 된 줄을 행(row)이라 하고, 세로로 된 줄을 열(column)이라 한다.

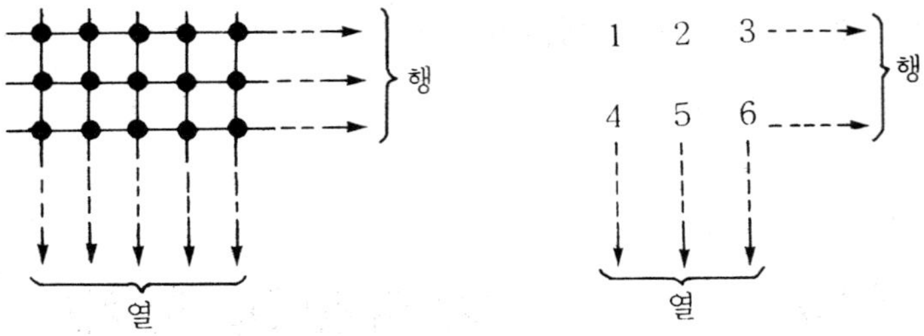

•• 그림 6-1 행과 열 ••

$n \times n$개의 수를 써서 만든

$$A = \begin{vmatrix} a_{11} & a_{12} & \cdots & a_{1n} \\ a_{21} & a_{22} & \cdots & a_{2n} \\ \cdots & \cdots & \cdots & \cdots \\ a_{n1} & a_{n2} & \cdots & a_{nn} \end{vmatrix} \tag{6-1}$$

을 n차의 행렬식(determinant)이라 부르고, a_{ij}를 행렬식 A의 i행 j열의 원소(element)라고 한다.

6.1.2 행렬식의 전개

두 개의 미지수 x, y를 포함한 다음과 같은 연립방정식

$$\left.\begin{aligned} a_{11}x + a_{12}y = c_1 \\ a_{21}x + a_{22}y = c_2 \end{aligned}\right\} \tag{6-2}$$

의 해는

$$x = \frac{c_1 a_{22} - c_2 a_{12}}{a_{11}a_{22} - a_{21}a_{12}}, \quad y = \frac{c_2 a_{11} - c_1 a_{21}}{a_{11}a_{22} - a_{21}a_{12}} \tag{6-3}$$

을 얻는다. 이때 분모의 표시식은

$$D = \begin{vmatrix} a_{11} & a_{12} \\ a_{21} & a_{22} \end{vmatrix} \tag{6-4}$$

의 형태로 쓰는데, 이것을 2차 행렬식이라고 부른다. 그러므로 2차 행렬식을 전개해 보면 다음과 같이 된다.

$$\begin{vmatrix} a_{11} & a_{12} \\ a_{21} & a_{22} \end{vmatrix} = a_{11}a_{22} - a_{12}a_{21} \tag{6-5}$$

4개의 수 a_{11} a_{12} a_{21} a_{22}를 행렬식의 원소(element)라고 부르고 $a_{11}a_{22} - a_{12}a_{21}$은 행렬식의 전개식이라 한다.

한편, 3차 행렬식을 전개해 보면 다음과 같이 구해진다.

$$\begin{vmatrix} a_{11} & a_{12} & a_{13} \\ a_{21} & a_{22} & a_{23} \\ a_{31} & a_{32} & a_{33} \end{vmatrix} = a_{11}a_{22}a_{33} - a_{12}a_{23}a_{31} + a_{13}a_{21}a_{32} - a_{13}a_{22}a_{31} - a_{12}a_{21}a_{33} - a_{11}a_{23}a_{32} \tag{6-6}$$

2차 행렬식과 3차 행렬식의 전개식에 있어서는 Sarus의 방법으로 불려지는 그림 6-2와 같은 방법이 있다. 이 방법은 4차 행렬식의 전개식에 있어서는 직접 통용되지는 않는다.

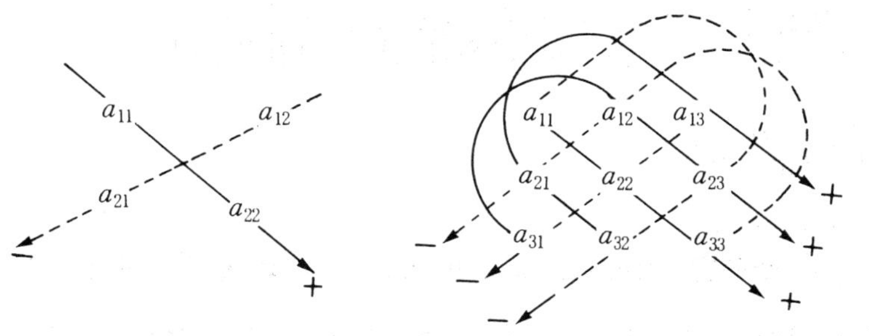

•• 그림 6-2 ••

예제 다음의 행렬식을 계산하여라.

$$\begin{vmatrix} 3 & 6 \\ 4 & 1 \end{vmatrix}$$

풀이 $\begin{vmatrix} a_{11} & a_{12} \\ a_{21} & a_{22} \end{vmatrix} = a_{12}a_{22} - a_{12}a_{21}$에서

$$\begin{vmatrix} 3 & 6 \\ 4 & 1 \end{vmatrix} = 3\times1-4\times6=-21$$

예제 행렬식 $\begin{vmatrix} 1 & 2 & 3 \\ 2 & 3 & 4 \\ 3 & 4 & 5 \end{vmatrix}$의 값을 구하여라.

풀이 sarus의 방법에 의해서

$$\begin{vmatrix} 1 & 2 & 3 \\ 2 & 3 & 4 \\ 3 & 4 & 5 \end{vmatrix} = 1\times3\times5+2\times4\times3+3\times2\times4-3\times3\times3 \\ -2\times2\times5-1\times4\times4=0$$

6.1.3 소행렬식과 여인수

3차 행렬식

$$D=\begin{vmatrix} a_{11} & a_{12} & a_{13} \\ a_{21} & a_{22} & a_{23} \\ a_{31} & a_{32} & a_{33} \end{vmatrix} \tag{6-7}$$

에서 a_{11}을 포함하는 제1행 제1열을 빼고 만들어진 행렬식

$$D_{11}=\begin{vmatrix} a_{22} & a_{23} \\ a_{32} & a_{33} \end{vmatrix} \tag{6-8}$$

를 원소 a_{11}의 **소행렬식**(minor determinant)이라고 한다. 일반적으로 한행과 한열을 제외한 나머지 원소로 만들어진 행렬식을 소행렬식이라고 하며 M_{ij}로 나타낸다. 그리고, 소행렬식 M_{ij}에 $(-1)^{i+j}$를 곱한 것을 a_{ij}의 여인자(cofactor) 또는 여인수라고 한다.

예제 다음의 행렬식을 계산하여라.(1행에 대해 전개)

$$\begin{vmatrix} 1 & 2 & 3 \\ 2 & 3 & 4 \\ 3 & 4 & 5 \end{vmatrix}$$

풀이 $\begin{vmatrix} 1 & 2 & 3 \\ 2 & 3 & 4 \\ 3 & 4 & 5 \end{vmatrix} = 1\times\begin{vmatrix} 3 & 4 \\ 4 & 5 \end{vmatrix} - 2\times\begin{vmatrix} 2 & 4 \\ 3 & 5 \end{vmatrix} + 3\times\begin{vmatrix} 2 & 3 \\ 3 & 4 \end{vmatrix}$

$$= (15-16) - 2(10-12) + 3(8-9) = -1+4-3 = 0$$

6.1.4 행렬식의 성질

행렬식의 가장 중요한 성질을 나열하면 다음과 같다.

[정리 1] 행렬식의 값이 행렬식의 행과 열을 바꾸어 놓아서 만든 전치행렬식의 값은 변하지 않는다.

$$\begin{vmatrix} a_{11} & a_{12} & a_{13} \\ a_{21} & a_{22} & a_{23} \\ a_{31} & a_{32} & a_{33} \end{vmatrix} = \begin{vmatrix} a_{11} & a_{21} & a_{31} \\ a_{12} & a_{22} & a_{32} \\ a_{13} & a_{23} & a_{33} \end{vmatrix}$$

[정리 2] 행렬식의 임의의 두 행(또는 열)을 서로 바꾸면 행렬식의 값은 부호의 변화가 생긴다.

$$\begin{vmatrix} a_{11} & a_{12} & a_{13} \\ a_{21} & a_{22} & a_{23} \\ a_{31} & a_{32} & a_{33} \end{vmatrix} = -\begin{vmatrix} a_{11} & a_{12} & a_{13} \\ a_{31} & a_{32} & a_{33} \\ a_{21} & a_{22} & a_{23} \end{vmatrix}$$

[정리 3] 행렬식의 임의의 행(또는 열)의 원소의 인자는 행렬식의 앞에 놓을 수 있다.

$$\begin{vmatrix} \lambda a_{11} & \lambda a_{12} & \lambda a_{13} \\ a_{21} & a_{22} & a_{23} \\ a_{31} & a_{32} & a_{33} \end{vmatrix} = \lambda\begin{vmatrix} a_{11} & a_{12} & a_{13} \\ a_{21} & a_{22} & a_{23} \\ a_{31} & a_{32} & a_{33} \end{vmatrix}$$

[정리 4] 행렬식의 두 행(또는 열)의 원소가 비례하면 행렬식의 값은 0이다.

$$\begin{vmatrix} a_{11} & a_{12} & a_{13} \\ a_{11} & a_{12} & a_{13} \\ a_{31} & a_{32} & a_{33} \end{vmatrix} = \begin{vmatrix} a_{11} & a_{11} & a_{13} \\ a_{21} & a_{21} & a_{23} \\ a_{31} & a_{31} & a_{33} \end{vmatrix} = 0$$

예제 다음 행렬식의 값을 구하여라.

$$\begin{vmatrix} 1 & 3 & -2 \\ 2 & 4 & 5 \\ -3 & -9 & 6 \end{vmatrix}$$

풀이 행력식의 두 행의 원소가 비례하므로 행렬식의 값은 0이다. 즉,

$$\begin{vmatrix} 1 & 3 & -2 \\ 2 & 4 & 5 \\ -3 & -9 & 6 \end{vmatrix} = -3\begin{vmatrix} 1 & 3 & -2 \\ 2 & 4 & 5 \\ 1 & 3 & -2 \end{vmatrix} = -3\times 0 = 0$$

6.1.5 크라머의 공식

행렬식을 응용해서 x_1, x_2, x_3에 대한 연립 1차방정식을 푸는 방법을 알아보자.

$$\left.\begin{aligned} a_{11}x_1 + a_{12}x_2 + a_{13}x_3 = c_1 \\ a_{21}x_1 + a_{22}x_2 + a_{23}x_3 = c_2 \\ a_{31}x_1 + a_{32}x_2 + a_{33}x_3 = c_3 \end{aligned}\right\} \tag{6-9}$$

미지수의 계수로 된 행렬식은

$$D = \begin{vmatrix} a_{11} & a_{12} & a_{13} \\ a_{21} & a_{22} & a_{23} \\ a_{31} & a_{32} & a_{33} \end{vmatrix} \tag{6-10}$$

$D \neq 0$이면 유일한 풀이가 존재하고 그 풀이는

$$x_1 = \frac{D_1}{D}, \quad x_2 = \frac{D_2}{D,} \quad x_3 = \frac{D_3}{D} \tag{6-11}$$

가 된다. 여기서

$$D_1 = \begin{vmatrix} c_1 & a_{12} & a_{13} \\ c_2 & a_{22} & a_{23} \\ c_3 & a_{32} & a_{33} \end{vmatrix}, \quad D_2 = \begin{vmatrix} a_{11} & c_1 & a_{13} \\ a_{21} & c_2 & a_{23} \\ a_{31} & c_3 & a_{33} \end{vmatrix}, \quad D_3 = \begin{vmatrix} a_{11} & a_{12} & c_1 \\ a_{21} & a_{22} & c_2 \\ a_{31} & a_{32} & c_3 \end{vmatrix}$$

이다. 위의 공식을 크라머(cramer)의 공식이라고 부른다.

예제 cramer의 공식을 사용해서 다음 연립 1차방정식을 풀어라.

$$2x_1 + 3x_2 = 5$$

$$3x_1 - x_2 = 2$$

풀이 $D = \begin{vmatrix} 2 & 3 \\ 3 & -1 \end{vmatrix} = -11 \neq 0$

$D_1 = \begin{vmatrix} 5 & 3 \\ 2 & -1 \end{vmatrix} = -11 \qquad D_2 = \begin{vmatrix} 2 & 5 \\ 3 & 2 \end{vmatrix} = -11$

$\therefore\ x_1 = \dfrac{D_1}{D} = 1,\ x_2 = \dfrac{D_2}{D} = 1$

예제 그림 6-3의 회로로서 각 저항에 흐르는 전류를 구하여라.

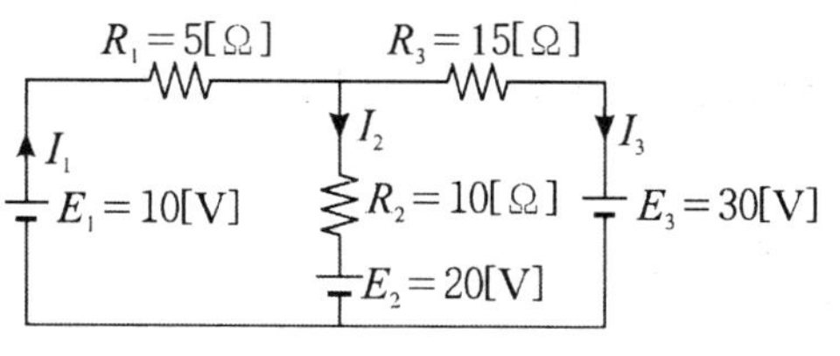

• • 그림 6-3 • •

풀이 R_1에 흐르는 전류를 I_1, R_2에 흐르는 전류를 I_2, R_3에 흐르는 전류를 I_3라면 키르히호프의 전류법칙에 의하여

$$I_1 = I_2 + I_3$$

키르히호프의 전압법칙에 의하여 $E_1 - E_2 - R_2 - R_1 - E_1$의 폐회로에 있어서

$$R_1(I_2 + I_3) + R_2 I_2 = E_2 - E_1$$

$E_1 - E_3 - R_3 - R_1 - E_1$의 폐회로에서는

$$R_1(I_2 + I_3) + R_3 I_3 = E_3 - E_1$$

윗 식에 주어진 수치를 대입하여 정리하면

$$15I_2 + 5I_3 = 10$$

$$5I_2 + 20I_3 = 20$$

다음에 크라머의 공식을 사용해서 I_2, I_3를 구하면

$$I_2 = \frac{\begin{vmatrix} 10 & 5 \\ 20 & 20 \end{vmatrix}}{\begin{vmatrix} 15 & 5 \\ 5 & 20 \end{vmatrix}} = \frac{4}{11}\,[\mathrm{A}], \quad I_3 = \frac{\begin{vmatrix} 15 & 10 \\ 5 & 20 \end{vmatrix}}{\begin{vmatrix} 15 & 5 \\ 5 & 20 \end{vmatrix}} = \frac{10}{11}\,[\mathrm{A}]$$

$$I_1 = I_2 + I_3 = \frac{4}{11} + \frac{10}{11} = \frac{14}{11}\,[\mathrm{A}]$$

6.2 행 렬

6.2.1 행렬의 정의

전기 · 전자 · 통신공학에서 행렬(matrix)의 응용분야는 대단히 넓다. 특히 4단자회로망의 계산에 이를 이용하면 편리하다.

$m \times n$개의 수 $a_{ij}(i=1, 2, 3 \cdots m,\ j=1, 2, \cdots n)$를

$$\begin{pmatrix} a_{11} & a_{12} & \cdots & a_{1n} \\ a_{21} & a_{22} & \cdots & a_{2n} \\ \cdots & \cdots & \cdots & \cdots \\ a_{m1} & a_{m2} & \cdots & a_{mn} \end{pmatrix} \tag{6-12}$$

과 같은 형의 네모꼴 배열을 **행렬**(matrix)이라 하고, 이것을 구성하는 각각의 수를 **행렬의 원소**(element) 또는 **성분**이라 한다.

행렬 중 수평으로 늘어 세운 줄을 행(row), 수직으로 늘어 세운 줄을 열(column)이라고 한다.

식 (6-12)는 m행, n열의 행렬이다. 이것을 (m, n)형의 행렬 또는 $m \times n$행렬이라고 한다. 행과 열의 수가 같은 행렬을 **정방행렬**(square matrix)이라고 하며, 행의 수를 차수(order)라 하며 n차 행렬이라고 한다.

일반으로 n개의 미지항을 포함하는 전기 · 전자회로는 키르히호프의 법칙에 따

라서

$$\left.\begin{aligned} Z_{11}I_1 + Z_{12}I_2 + Z_{13}I_3 + \cdots + Z_{1n}I_n = E_1 \\ Z_{21}I_1 + Z_{22}I_2 + Z_{23}I_3 + \cdots + Z_{2n}I_n = E_2 \\ Z_{n1}I_1 + Z_{n2}I_2 + Z_{n3}I_3 + \cdots + Z_{nn}I_n = E_n \end{aligned}\right\} \tag{6-13}$$

로서 나타낼 수 있다.

여기서

$$[Z] = \begin{bmatrix} Z_{11} & Z_{12} & \cdots & Z_{1n} \\ Z_{21} & Z_{22} & \cdots & Z_{2n} \\ \cdots & \cdots & \cdots & \cdots \\ Z_{n1} & Z_{n2} & \cdots & Z_{nn} \end{bmatrix} \quad [I] = \begin{bmatrix} I_1 \\ I_2 \\ \vdots \\ I_n \end{bmatrix} \quad [E] = \begin{bmatrix} E_1 \\ E_2 \\ \vdots \\ E_n \end{bmatrix} \tag{6-14}$$

라 하면 식 (6-13)은

$$[Z][I] = [E] \tag{6-15}$$

와 같이 나타낼 수 있으며, 이와 같이 생각하면 대단히 편리하다.

6.2.2 행렬의 종류

(1) 영행렬

행렬의 모든 요소가 0인 행렬을 **영행렬**(zero matrix)이라 한다.

$$0 = \begin{bmatrix} 0 & 0 & \cdots & 0 \\ 0 & 0 & \cdots & 0 \\ \cdots & \cdots & \cdots & \cdots \\ 0 & 0 & \cdots & 0 \end{bmatrix}$$

(2) 단위행렬

모든 주 대각선 원소가 1이고 다른 원소는 모두 0인 정방행렬을 **단위행렬**(unit matrix)이라 하고 n차의 단위행렬을 I_n으로 쓴다. 이를테면

$$I_n = \begin{bmatrix} 1 & 0 & 0 \\ 0 & 1 & 0 \\ 0 & 0 & 1 \end{bmatrix}$$

특히 차수를 명시할 필요가 없을 때는 그냥 I로 쓴다.

(3) 전치행렬

$A=[a_{ij}]$를 $(m,\ n)$형의 행렬이라고 할 때 행과 열을 교환해서 얻은 $(n,\ m)$형의 행렬을 A의 **전치행렬**(transposed matrix)이라 하고 A^T로 표시한다. 예를들면

$$A = \begin{bmatrix} 1 & 4 \\ 2 & 5 \\ 3 & 6 \end{bmatrix} \text{일 때, } A^T = \begin{bmatrix} 1 & 2 & 3 \\ 4 & 5 & 6 \end{bmatrix}$$

예제 $A = \begin{bmatrix} 1 & 2 & 3 \\ 4 & 5 & 6 \\ 7 & 8 & 9 \end{bmatrix}$일 때 전치행렬을 구하여라.

풀이 $A^T = \begin{bmatrix} 1 & 4 & 7 \\ 2 & 5 & 8 \\ 3 & 6 & 9 \end{bmatrix}$

(4) 역행렬

A를 n차의 정방행렬이라 할 때

$$AB=I\ (I\text{는 } n\text{차의 단위행렬})$$

을 만족시키는 n차의 정방행렬 B가 존재할 때 B를 A의 역행렬(inverse matrix)이라 하고 A^{-1}로 나타낸다.

그리고 역행렬을 가지는 행렬을 **정칙행렬**(regular matrix)이라고 한다.

A^{-1}은 오직 $det A=|A|\neq 0$일 때만 유일하게 존재한다.

행렬 $[A_{ij}]$의 전치행렬 $[A_{ij}]^T$를 A의 **여인자행렬**(adjoint matrix)이라 하고

이것을 $adj\,A$로 표시한다. 즉

$$adj\ A=\begin{bmatrix} A_{11} & A_{21} & \cdots & A_{n1} \\ A_{12} & A_{22} & \cdots & A_{n2} \\ \cdots & \cdots & \cdots & \cdots \\ A_{1n} & A_{2n} & \cdots & A_{nn} \end{bmatrix} \tag{6-16}$$

이때 행렬 A의 역행렬 A^{-1}은 다음 식으로 정의된다.

$$A^{-1}=\frac{adjA}{detA}=\frac{1}{|A|}\begin{bmatrix} A_{11} & A_{21} & \cdots & A_{n1} \\ A_{12} & A_{22} & \cdots & A_{n2} \\ \cdots & \cdots & \cdots & \cdots \\ A_{1n} & A_{2n} & \cdots & A_{nn} \end{bmatrix} \tag{6-17}$$

2×2형의 정방행렬에 대하여 식 (6-17)에서

$$A=\begin{bmatrix} a_{11} & a_{12} \\ a_{21} & a_{22} \end{bmatrix} \quad detA=|A|\neq 0\text{일 때}$$

$$A^{-1}=\frac{1}{detA}\begin{bmatrix} a_{22} & -a_{12} \\ -a_{21} & a_{11} \end{bmatrix} \tag{6-18}$$

을 얻는다.

예제 $A=\begin{bmatrix} 3 & 1 \\ 2 & 4 \end{bmatrix}$의 역행렬을 구하여라.

풀이 $|A|=12-2=10$이므로 역행렬이 존재한다.

여인자를 구하면 $A_{11}=4$, $A_{12}=-2$, $A_{21}=-1$, $A_{22}=3$이므로

여인자행렬은 $adjA=\begin{bmatrix} 4 & -1 \\ -2 & 3 \end{bmatrix}$이다.

역행렬은 $A^{-1}=\frac{adjA}{|A|}=\frac{1}{10}\begin{bmatrix} 4 & -1 \\ -2 & 3 \end{bmatrix}=\begin{bmatrix} 0.4 & -0.1 \\ -0.2 & 0.3 \end{bmatrix}$

예제 $B=\begin{bmatrix} \cos x & -\sin x \\ \sin x & \cos x \end{bmatrix}$의 역행렬을 구하여라.

풀이 $B=\cos^2 x+\sin^2 x=1$이므로 역행렬이 존재한다.

식 (6-18)에 의해서 역행렬은

$$B^{-1}=\frac{1}{|B|}\begin{bmatrix}\cos x & \sin x \\ -\sin x & \cos x\end{bmatrix}=\frac{1}{1}\begin{bmatrix}\cos x & \sin x \\ -\sin x & \cos x\end{bmatrix}=\begin{bmatrix}\cos x & \sin x \\ -\sin x & \cos x\end{bmatrix}$$

예제 $B=\begin{bmatrix}1 & -2 & 1 \\ -2 & 5 & -4 \\ 1 & -4 & 6\end{bmatrix}$의 역행렬을 구하여라.

풀이 $B^{-1}=\frac{adjB}{detB}$에 의해서

$$B^{-1}=\frac{1}{|B|}\begin{bmatrix}\begin{vmatrix}5 & -4 \\ -4 & 6\end{vmatrix} & -\begin{vmatrix}-2 & -4 \\ 1 & 6\end{vmatrix} & \begin{vmatrix}-2 & 5 \\ 1 & -4\end{vmatrix} \\ -\begin{vmatrix}-2 & 1 \\ -4 & 6\end{vmatrix} & \begin{vmatrix}1 & 1 \\ 1 & 6\end{vmatrix} & -\begin{vmatrix}1 & -2 \\ 1 & -4\end{vmatrix} \\ \begin{vmatrix}-2 & 1 \\ 5 & -4\end{vmatrix} & -\begin{vmatrix}1 & 1 \\ -2 & -4\end{vmatrix} & \begin{vmatrix}1 & -2 \\ -2 & 5\end{vmatrix}\end{bmatrix}$$

$$=\frac{1}{1}\begin{bmatrix}14 & 8 & 3 \\ 8 & 5 & 2 \\ 3 & 2 & 1\end{bmatrix}=\begin{bmatrix}14 & 8 & 3 \\ 8 & 5 & 2 \\ 3 & 2 & 1\end{bmatrix}$$

6.2.3 행렬의 연산

(1) 행렬의 덧셈

2개의 (m, n)형 행렬 $A=[a_{ij}]$와 $B=[b_{ij}]$의 (i, j)요소끼리의 합 $a_{ij}+b_{ij}$를 요소로 하는 행렬 A와 B의 합이라 하고 $A+B$로 나타낸다. 즉

$$A+B=[a_{ij}+b_{ij}]$$

두 행렬의 형이 다르면 그들의 합은 구할 수 없다.

예제 $A=\begin{bmatrix}-4 & 6 & 3 \\ 0 & 1 & 2\end{bmatrix}$ $B=\begin{bmatrix}5 & -1 & 0 \\ 3 & 1 & 0\end{bmatrix}$일 때 $A+B$는?

풀이 $A+B=[a_{ij}+b_{ij}]$에 의해서

$$A+B=\begin{bmatrix} -4+5 & 6-1 & 3+0 \\ 0+3 & 1+1 & 2+0 \end{bmatrix}=\begin{bmatrix} 1 & 5 & 3 \\ 3 & 2 & 2 \end{bmatrix}$$

(2) 행렬과 어떤 상수 k와의 곱

행렬 A의 각 요소에 수 k를 곱해서 얻은 행렬을 행렬 A와 수 k와의 곱이라 하고 kA로 나타낸다. 즉

$A=[a_{ij}]$일 때, $kA=[ka_{ij}]$

예제 $A=\begin{bmatrix} 1 & 2 \\ 3 & 0 \end{bmatrix}$일 때 $3A$의 행렬을 구하여라.

풀이 $kA=\begin{bmatrix} ka_{11} & ka_{12} \\ ka_{21} & ka_{22} \end{bmatrix}$에 의해서

$$3A=3\begin{bmatrix} 1 & 2 \\ 3 & 0 \end{bmatrix}=\begin{bmatrix} 3\times1 & 3\times2 \\ 3\times3 & 3\times0 \end{bmatrix}=\begin{bmatrix} 3 & 6 \\ 9 & 0 \end{bmatrix}$$

(3) 행렬의 곱셈

$A=[a_{ij}]$를 $(l\times m)$행렬, $B=[b_{ij}]$를 $(m\times n)$행렬이라 하면 두 행렬의 곱셈 $A\times B$는 A의 열의 갯수와 B의 행의 갯수가 같을 때만 정의되고 원소가

$$C_{ij}=a_{i1}b_{1j}+a_{2i}b_{2j}+\cdots+a_{in}b_{1n}=\sum_{k=1}^{n} a_{ik}b_{kj} \qquad (6\text{-}19)$$

인 $(l\times n)$행렬 $C=(C_{ij})$가 된다. 즉

$$A=\begin{bmatrix} a_1 \\ a_2 \\ \cdots \\ a_l \end{bmatrix},\quad B=[\, b_1\ b_2 \cdots b_n \,]$$

일 때 $C=AB$는

$$C = AB = \begin{bmatrix} a_1 b_1 & a_1 b_2 & \cdots & a_1 b_n \\ a_2 b_1 & a_2 b_2 & \cdots & a_2 b_n \\ \cdots & \cdots & \cdots & \cdots \\ a_l b_1 & a_l b_2 & \cdots & a_l b_n \end{bmatrix}$$

와 같이 됨을 알 수 있다. 그러므로 행렬의 곱셈과정은 A행렬의 행의 원소와 B 행렬의 열의 원소를 순서대로 곱하여 합한 것을 그 행 그 열의 원소로 하는 것으로 다음의 예제를 통하여 자세히 알아보기로 하자.

예제 다음의 행렬을 계산하여라.

$$A = \begin{bmatrix} 2 & 4 & -1 \\ 3 & -2 & 5 \\ 2 & 7 & 6 \end{bmatrix} \quad B = \begin{bmatrix} 3 & 4 \\ 1 & 2 \\ 3 & 1 \end{bmatrix}$$

풀이 $A \times B = \begin{bmatrix} 2 & 4 & -1 \\ 3 & -2 & 5 \\ 2 & 7 & 6 \end{bmatrix} \begin{bmatrix} 3 & 4 \\ 1 & 2 \\ 3 & 1 \end{bmatrix}$

$$= \begin{bmatrix} 2\times3+4\times1-1\times3 & 2\times4+4\times2-1\times1 \\ 3\times3-2\times1+5\times3 & 3\times4-2\times2+5\times1 \\ 2\times3+7\times1+6\times3 & 2\times4+7\times2+6\times1 \end{bmatrix} = \begin{bmatrix} 7 & 15 \\ 22 & 13 \\ 31 & 28 \end{bmatrix}$$

즉, A행렬의 1행과 B행렬의 1열의 곱이 $A \times B$행렬의 1행 1열이 되며 나머지 행과 열은 순서에 따라 곱하여 더하면 된다.

예제 다음의 행렬을 계산하여라.

$$A = \begin{bmatrix} 1 & 2 \\ 3 & 4 \end{bmatrix} \quad B = \begin{bmatrix} -5 & 6 \\ 7 & -8 \end{bmatrix}$$

풀이 $A \times B = \begin{bmatrix} 1 & 2 \\ 3 & 4 \end{bmatrix} \begin{bmatrix} -5 & 6 \\ 7 & -8 \end{bmatrix} = \begin{bmatrix} 1\times(-5)+2\times7 & 1\times6+2\times(-8) \\ 3\times(-5)+4\times7 & 3\times6+4\times(-8) \end{bmatrix} = \begin{bmatrix} 9 & -10 \\ 13 & -14 \end{bmatrix}$

6.2.4 행렬의 응용

일반적으로 전기 · 전자 · 통신회로에서는 한쌍의 단자가 입력단자이고 다른 한쌍의 단자가 출력단자인 2개의 단자쌍을 갖는 경우가 많다. 이와 같이 두쌍의 단자만을 통해서 회로를 취급할 때, 이것을 4단자 회로망 또는 2포트 회로망이라고 부른다. 예를 들면 독립전원을 제외한 R, L 및 C소자, 변압기, 송전선로 증폭기, op-amp, 전화케이블 등은 4단자만의 좋은 예이다.

4단자 회로망의 성질을 표시하는 것으로서 임피던스 파라미터, 어드미턴스 파라미터, 4단자 정수, 영상파라미터 등이 있다.

(1) 임피던스 행렬과 어드미턴스 행렬

그림 6-4의 4단자 회로망 4개의 변수, 즉 두 전압 (E_1, E_2)과 두 전류 (I_1, I_2)를 규정하였을 때 E_1, E_2와 I_1, I_2의 사이에

$$\begin{bmatrix} E_1 \\ E_2 \end{bmatrix} = \begin{bmatrix} Z_{11} & Z_{12} \\ Z_{21} & Z_{22} \end{bmatrix} \begin{bmatrix} I_1 \\ I_2 \end{bmatrix} \tag{6-20}$$

의 관계가 성립할 때

$$\begin{bmatrix} Z_{11} & Z_{12} \\ Z_{21} & Z_{22} \end{bmatrix}$$

를 임피던스 행렬이라고 한다.

•• 그림 6-4 ••

식 (6-20)을 바꾸어 쓰면

$$\left. \begin{aligned} E_1 &= Z_{11} I_1 + Z_{12} I_2 \\ E_2 &= Z_{21} I_1 + Z_{22} I_2 \end{aligned} \right\} \tag{6-21}$$

를 얻는다.

Z_{11}, Z_{12}, Z_{21}, Z_{22}를 임피던스 파라미터(impedance parameter)라 한다.

전압대신 전류분포 I_1, I_2를 구하면 다음 식과 같이 된다.

$$\begin{bmatrix} I_1 \\ I_2 \end{bmatrix} = \begin{bmatrix} Y_{11} & Y_{12} \\ Y_{21} & Y_{22} \end{bmatrix} \begin{bmatrix} E_1 \\ E_2 \end{bmatrix} \qquad (6\text{-}22)$$

식 (6-22)는

$$[I] = [Y][E] \qquad (6\text{-}23)$$

와 같이 간단히 나타낼 수 있다. 여기서 $[Y]$를 어드미턴스 행렬이라 부르고, Y_{11}, Y_{12}, Y_{21}, Y_{22}를 어드미턴스 파라미터(admittance parameter)라고 한다. 어드미턴스 행렬 $[Y]$는 임피던스 행렬 $[Z]$와 역행렬(inverse matrix)의 관계에 있다.

예제 그림 6-5와 같은 회로망에서 전류 I_1, I_2를 구하여라.

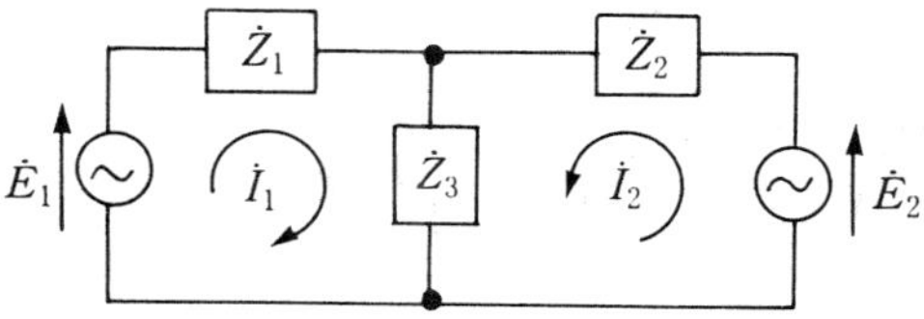

• • 그림 6-5 • •

풀이 키르히호프의 전압법칙에 의하여 전압방정식을 세우면

$$(\dot{Z}_1 + \dot{Z}_3)I_1 + Z_3 I_2 = E_1$$

$$Z_3 I_1 + (Z_2 + Z_3)\dot{I}_2 = E_2$$

여기서

$$\dot{Z}_{11} = Z_1 + Z_3,\ \dot{Z}_{22} = Z_2 + Z_3,\ \dot{Z}_{12} = Z_{21} = Z_3$$

라 두면

$$Z_{11}I_1 + Z_{12}I_2 = E_1$$

$$Z_{21}I_1 + Z_{22}I_2 = E_2$$

가 되고, 이것을 행렬로 표시하면 다음과 같다.

$$\begin{bmatrix} Z_{11} & Z_{12} \\ Z_{21} & Z_{22} \end{bmatrix} \begin{bmatrix} I_1 \\ I_2 \end{bmatrix} = \begin{bmatrix} E_1 \\ E_2 \end{bmatrix}$$

윗 식에서 전류를 구하면

$$\begin{bmatrix} I_1 \\ I_2 \end{bmatrix} = \begin{bmatrix} Z_{11} & Z_{12} \\ Z_{21} & Z_{22} \end{bmatrix}^{-1} \begin{bmatrix} E_1 \\ E_2 \end{bmatrix} = \frac{\begin{bmatrix} Z_{22} & -Z_{12} \\ -Z_{21} & Z_{11} \end{bmatrix}}{\begin{vmatrix} Z_{11} & Z_{12} \\ Z_{21} & Z_{22} \end{vmatrix}} \begin{bmatrix} E_1 \\ E_2 \end{bmatrix}$$

$$I_1 = \frac{Z_{22}E_1 - Z_{12}E_2}{Z_{11}Z_{22} - Z_{12}Z_{21}} = \frac{(Z_2 + Z_3)E_1 - Z_3 E_2}{Z_1 Z_2 + Z_2 Z_3 + Z_3 Z_1}$$

$$I_2 = \frac{-Z_{21}E_1 - Z_{11}E_2}{Z_{11}Z_{22} - Z_{12}Z_{21}} = \frac{-Z_3 E_1 + (Z_1 + Z_3)E_2}{Z_1 Z_2 + Z_2 Z_3 + Z_3 Z_1}$$

(2) 4단자 행렬

앞에서 구한 전압, 전류의 관계식에서 입력전압(E_1)과 전류(I_1)를 출력전압(E_2), 전류(I_2)로 표시하면 다음과 같다.

$$\left.\begin{aligned} E_1 &= -\frac{Y_{22}}{Y_{21}} E_2 - \frac{1}{Y_{21}} I_2 \\ I_1 &= -\frac{Y_{11}Y_{22} - Y_{12}Y_{21}}{Y_{21}} E_2 - \frac{Y_{11}}{Y_{21}} I_2 \end{aligned}\right\} \tag{6-24}$$

여기서

$$A = -\frac{Y_{22}}{Y_{21}}, \quad B = -\frac{1}{Y_{21}}, \quad C = -\frac{Y_{11}Y_{12} - Y_{12}Y_{21}}{Y_{21}}, \quad D = -\frac{Y_{11}}{Y_{21}}$$

라 놓으면 식 (6-24)는

$$\left.\begin{aligned} E_1 &= AE_2 + BI_2 \\ I_1 &= CE_2 + DI_2 \end{aligned}\right\} \tag{6-25}$$

로 되며, 이것을 행렬형식으로 표시하면

$$\begin{bmatrix} E_1 \\ I_1 \end{bmatrix} = \begin{bmatrix} A & B \\ C & D \end{bmatrix} \begin{bmatrix} E_2 \\ I_2 \end{bmatrix} = [F] \begin{bmatrix} E_2 \\ I_2 \end{bmatrix} \tag{6-26}$$

로 된다. 이 경우 $[F] = \begin{bmatrix} A & B \\ C & D \end{bmatrix}$를 4단자행렬 또는 F행렬이라 부르고, 이 행

렬의 각 요소인 A, B, C, D를 4단자 정수라고 한다.

예제 그림 6-6과 같은 회로망에서 4단자 정수를 구하여라.

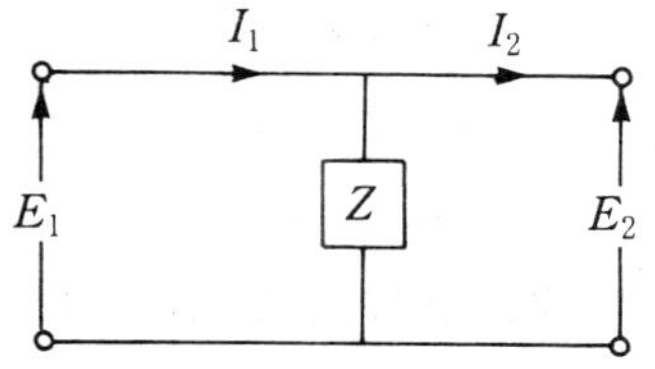

•• 그림 6-6 ••

풀이 그림 6-6에 키르히호프의 전압·전류법칙을 적용하면

$$E_1 = E_2 = E_2 + 0I_2$$

$$I_1 = \frac{1}{Z}E_2 + I_2$$

가 되므로 이것을 행렬로 표시하면

$$\begin{bmatrix} E_1 \\ I_1 \end{bmatrix} = \begin{bmatrix} 1 & 0 \\ \frac{1}{Z} & 1 \end{bmatrix} \begin{bmatrix} E_2 \\ I_2 \end{bmatrix}$$

$$\therefore A = 1,\ B = 0,\ C = \frac{1}{Z} = Y,\ D = 1$$

예제 그림 6-7과 같은 직렬 임피던스의 4단자 정수를 구하여라.

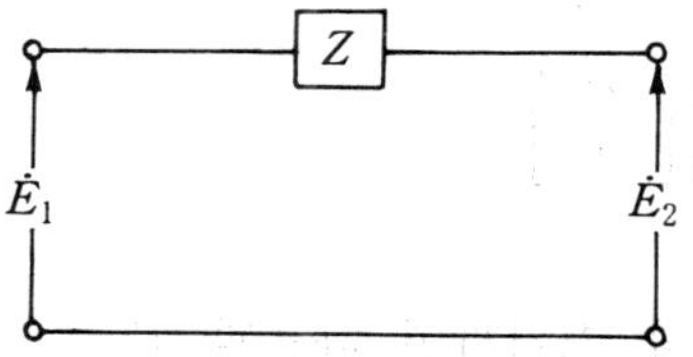

•• 그림 6-7 ••

풀이 그림 6-7에 키르히호프의 전압·전류법칙을 적용하면

$$E_1 = E_2 + ZI_1 = E_2 + ZI_2$$

$$I_1 = I_2 = 0E_2 + I_2$$

가 되므로 이것을 행렬로 표시하면

$$\begin{bmatrix} E_1 \\ I_1 \end{bmatrix} = \begin{bmatrix} 1 & Z \\ 0 & 1 \end{bmatrix} \begin{bmatrix} E_2 \\ I_2 \end{bmatrix}$$

$\therefore A=1,\ B=Z,\ C=0,\ D=1$

(3) 종속접속

2개 이상의 4단자망을 차례차례 종속으로 접속하는 방식을 종속접속(cascade connection)이라 한다. 특히 전송선로간의 접속은 모두 이러한 방식이라고 볼 수 있다.

그림 6-8과 같은 종속접속의 경우에는 $ABCD$파라미터를 이용하는 것이 편리하다.

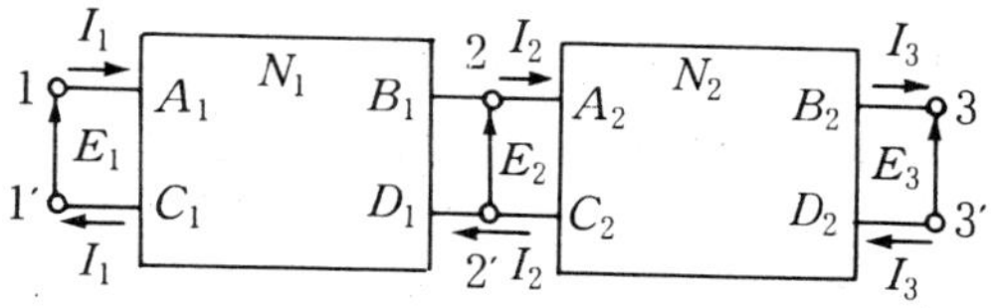

• • 그림 6-8 • •

각 회로의 입력 및 출력단자의 전압 전류의 관계식을 쓰면

$$\begin{bmatrix} E_1 \\ I_1 \end{bmatrix} = \begin{bmatrix} A_1 & B_1 \\ C_1 & D_1 \end{bmatrix} \begin{bmatrix} E_2 \\ I_2 \end{bmatrix} \tag{6-27}$$

$$\begin{bmatrix} E_2 \\ I_2 \end{bmatrix} = \begin{bmatrix} A_2 & B_2 \\ C_2 & D_2 \end{bmatrix} \begin{bmatrix} E_3 \\ I_3 \end{bmatrix} \tag{6-28}$$

이 되고, 윗 식에서 E_2, I_2를 소거하면 다음과 같은 결과를 얻는다.

$$\begin{aligned} \begin{bmatrix} E_1 \\ I_1 \end{bmatrix} &= \begin{bmatrix} A_1 & B_1 \\ C_1 & D_1 \end{bmatrix} \begin{bmatrix} A_2 & B_2 \\ C_2 & D_2 \end{bmatrix} \begin{bmatrix} E_3 \\ I_3 \end{bmatrix} \\ &= \begin{bmatrix} A_1A_2+B_1C_2 & A_1B_2+B_1D_2 \\ C_1A_2+D_1C_2 & C_1B_2+D_1D_2 \end{bmatrix} \begin{bmatrix} E_3 \\ I_3 \end{bmatrix} \end{aligned} \tag{6-29}$$

그러므로 합성 4단자 정수를 A, B, C, D라 하면

$$\left.\begin{array}{l} A = A_1A_2 + B_1C_2,\ \ B = A_1B_2 + B_1D_2 \\ C = C_1A_2 + D_1C_2,\ \ D = C_1B_2 + D_1D_2 \end{array}\right\} \tag{6-30}$$

예제 그림 6-9와 같은 역 L형 회로망의 4단자 정수를 구하여라.

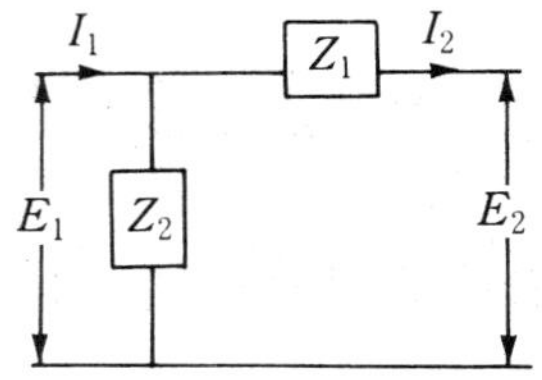

•• 그림 6-9 ••

풀이 종속접속 방법으로 생각할 수 있으므로

$$\begin{bmatrix} A & B \\ C & D \end{bmatrix} = \begin{bmatrix} 1 & 0 \\ \dfrac{1}{Z_2} & 1 \end{bmatrix}\begin{bmatrix} 1 & Z_1 \\ 0 & 1 \end{bmatrix} = \begin{bmatrix} 1 & Z_1 \\ \dfrac{1}{Z_2} & 1+\dfrac{Z_1}{Z_2} \end{bmatrix}$$

$$\therefore\ A=1,\ B=Z_1,\ C=\frac{1}{Z_2},\ D=1+\frac{Z_1}{Z_2}$$

예제 그림 6-10과 같은 π형 4단자망의 4단자정수를 구하여라.

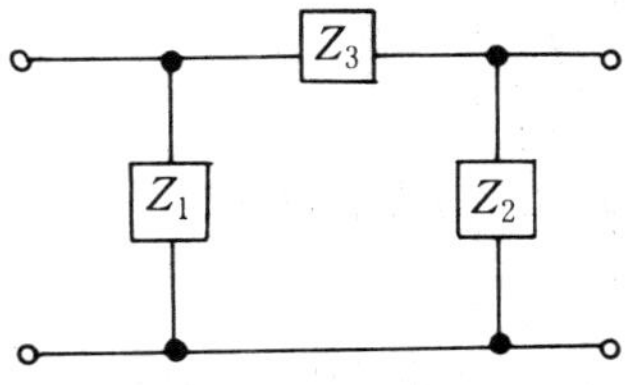

•• 그림 6-10 ••

풀이 종속접속 방법으로 생각할 수 있으므로

$$\begin{bmatrix} A & B \\ C & D \end{bmatrix} = \begin{bmatrix} 1 & 0 \\ \dfrac{1}{Z_1} & 1 \end{bmatrix}\begin{bmatrix} 1 & Z_3 \\ 0 & 1 \end{bmatrix}\begin{bmatrix} 1 & 0 \\ \dfrac{1}{Z_2} & 1 \end{bmatrix}$$

$$=\begin{bmatrix} 1 & Z_3 \\ \frac{1}{Z_1} & 1+\frac{Z_3}{Z_1} \end{bmatrix}\begin{bmatrix} 1 & 0 \\ \frac{1}{Z_2} & 1 \end{bmatrix}$$

$$=\begin{bmatrix} 1+\frac{Z_3}{Z_2} & Z_3 \\ \frac{1}{Z_1}+\frac{1}{Z_2}\left(1+\frac{Z_3}{Z_1}\right) & 1+\frac{Z_3}{Z_1} \end{bmatrix}$$

$$\therefore A=1+\frac{Z_3}{Z_2},\ B=Z_3,\ C=\frac{1}{Z_1}+\frac{1}{Z_2}\left(1+\frac{Z_3}{Z_1}\right),\ D=1+\frac{Z_3}{Z_1}$$

예제 그림 6-11과 같은 L형 회로망의 4단자 정수를 구하여라.

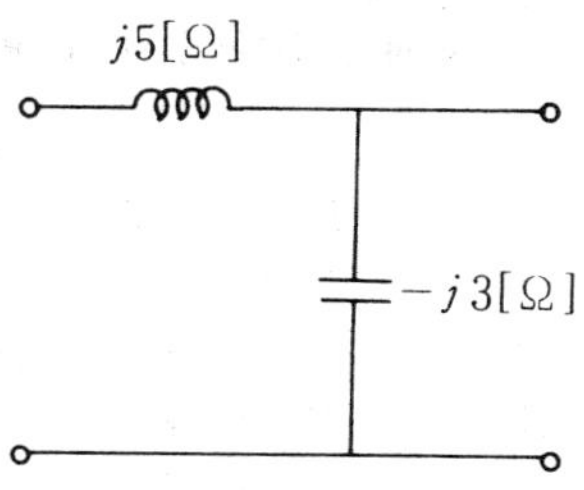

•• 그림 6-11 ••

풀이 종속접속 방법으로 생각할 수 있으므로

$$\begin{bmatrix} A & B \\ C & D \end{bmatrix}=\begin{bmatrix} 1 & j5 \\ 0 & 1 \end{bmatrix}\begin{bmatrix} 1 & 0 \\ j\frac{1}{3} & 1 \end{bmatrix}=\begin{bmatrix} 1-\frac{5}{3} & j5 \\ j\frac{1}{3} & 1 \end{bmatrix}$$

$$\therefore A=-\frac{2}{3},\ B=j5,\ C=j\frac{1}{3},\ D=1$$

예제 그림 6-12와 같은 T형 4단자망의 4단자 정수를 구하여라.

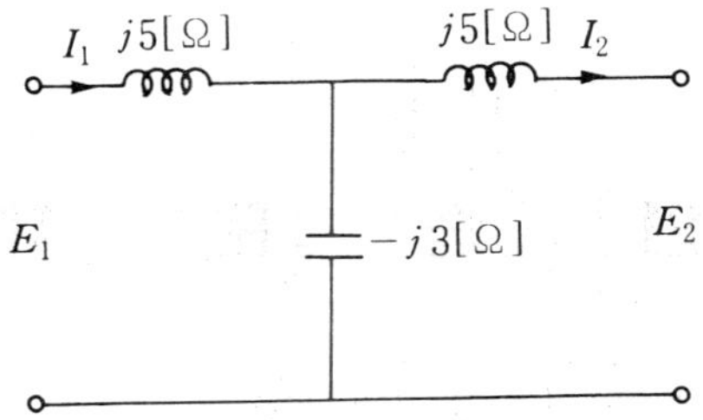

•• 그림 6-12 ••

풀이 종속접속 방법으로 생각할 수 있으므로

$$\begin{bmatrix} A & B \\ C & D \end{bmatrix} = \begin{bmatrix} 1 & j5 \\ 0 & 1 \end{bmatrix} \begin{bmatrix} 1 & 0 \\ j\frac{1}{3} & 1 \end{bmatrix} \begin{bmatrix} 1 & j5 \\ 0 & 1 \end{bmatrix}$$

$$= \begin{bmatrix} 1-\frac{5}{3} & j5 \\ j\frac{1}{3} & 1 \end{bmatrix} \begin{bmatrix} 1 & j5 \\ 0 & 1 \end{bmatrix} = \begin{bmatrix} -\frac{2}{3} & -j\frac{10}{3}+j5 \\ j\frac{1}{3} & 1-\frac{5}{3} \end{bmatrix}$$

$$\therefore A = -\frac{2}{3},\ B = j\frac{5}{3},\ C = j\frac{1}{3},\ D = -\frac{2}{3}$$

예제 그림 6-13과 같은 이상 변압기의 4단자 정수, A, B, C, D를 구하여라.

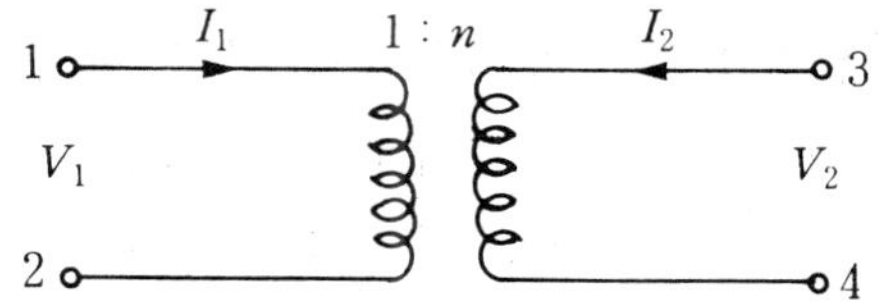

•• 그림 6-13 ••

풀이 권선비 $a = \frac{V_1}{V_2} = \frac{I_2}{I_1} = \frac{n_1}{n_2}$에서

$a = \frac{n_1}{n_2} = \frac{1}{n}$이므로 4단자 정수

$$\begin{bmatrix} A & B \\ C & D \end{bmatrix} = \begin{bmatrix} a & 0 \\ 0 & \frac{1}{a} \end{bmatrix} = \begin{bmatrix} \frac{1}{n} & 0 \\ 0 & n \end{bmatrix}$$이므로

$$A = \frac{1}{n},\ B = 0,\ C = 0,\ D = n$$

연 습 문 제

1. 다음 행렬식의 값을 구하여라.

① $\begin{vmatrix} 2 & -3 \\ 4 & 5 \end{vmatrix}$　　　② $\begin{vmatrix} 1 & 2 & 3 \\ 4 & 5 & 6 \\ 7 & 8 & 9 \end{vmatrix}$

[답] ① 22　② 0

2. 다음 행렬식의 값을 구하여라.

$$\begin{vmatrix} 1 & 2 & 3 \\ 3 & 3 & 3 \\ 6 & 6 & 6 \end{vmatrix}$$

[답] 0

3. 크라머의 공식을 이용하여 다음의 3원 1차 연립 방정식을 풀어라.

$$\begin{cases} x+y=4 \\ y+z=6 \\ z+x=0 \end{cases}$$

[답] $x=-1$, $y=5$, $z=1$

4. 다음 행렬의 역행렬을 구하여라.

$$\begin{bmatrix} 3 & 0 & 1 \\ 0 & 5 & 0 \\ -1 & 1 & -1 \end{bmatrix}$$

[답] $\begin{bmatrix} 0.5 & -0.1 & 0.5 \\ 0 & 0.2 & 0 \\ -0.5 & 0.3 & -1.5 \end{bmatrix}$

5. 그림 6-14와 같은 4단자 회로망의 4단자 정수를 구하여라.

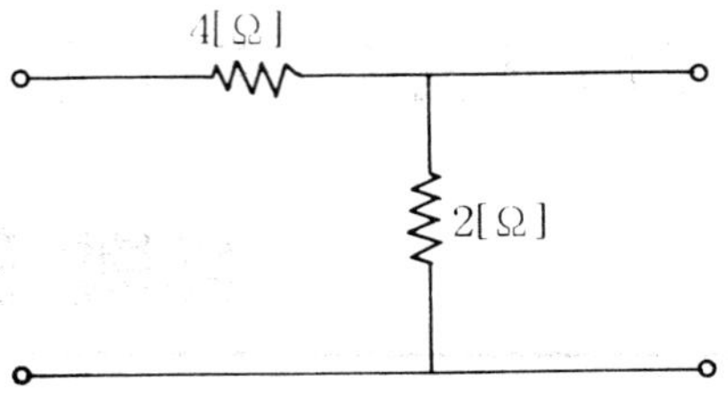

• • 그림 6-14 • •

[답] $\begin{bmatrix} 3 & 4 \\ \frac{1}{2} & 1 \end{bmatrix}$

6. 그림 6-15와 같은 10[Ω]의 저항에 권선비가 10 : 1의 결합회로를 연결했을 때 4단자 정수 A, B, C, D를 구하여라.

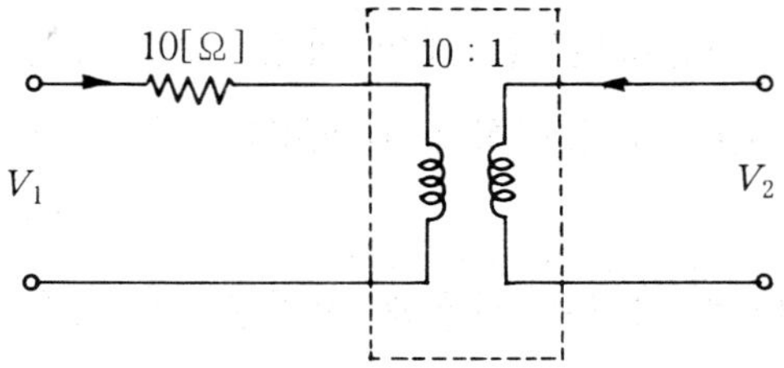

• • 그림 6-15 • •

[답] $\begin{bmatrix} 10 & 1 \\ 0 & \frac{1}{10} \end{bmatrix}$

제 7 장 벡 터

벡터(vector)는 역학에서 방향과 크기를 같이 생각하는 것에서 생겨나 발전하여 오늘날은 모든 과학분야에서 필수적인 도구가 되고 있다.

벡터를 쓰면 기하학이나 물리학에서의 성질을 간결하게 나타낼 수 있다.

예를 들면, 공간에서의 직선의 방정식을 좌표를 쓰면 세 개의 방정식으로 나타내어지지만 벡터를 이용하면, 한 개의 방정식으로 간단히 나타낼 수 있다. 이러한 벡터 해석학은 19세기 물리학을 대표하는 전자기학에서 필수적인 수학적 도구가 되었다.

본 장에서는 벡터의 개념을 사용해 전기란 것을 수학적으로 이해하고 전기자기학과 전자파론에서 자주 등장하는 문제들을 예를 들어 전기・전자・통신공학에서 필요로 하는 벡터해석을 다루고자 한다.

7.1 벡터의 정의와 그의 표시법

질량, 에너지, 시간, 길이, 온도 등과 같은 양은 측정단위의 크기를 정하면, 그 양을 하나의 실수로 나타낼 수 있다. 그러나 변위, 힘, 속도, 가속도, 전계, 자계 등과 같은 양은 크기와 방향을 가지고 있으므로, 크기는 물론 방향도 정해야만 그 양을 나타낼 수 있다. 이와 같이 일반적으로 크기만으로 나타낼 수 있는 양을 스칼라(scalar)라 하고, 이것에 대해서 크기와 방향을 동시에 나타낼 수 있는 양을 벡터(vector)라고 한다.

벡터의 표시 방법으로는 그림 7-1과 같이 한 끝에 화살을 붙인 선분 OP로 표시할 수 있다.

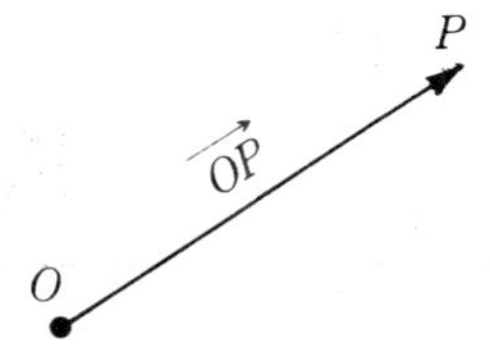

• • 그림 7-1 • •

이와 같이, 선분 OP에 점 O에서 점 P로 향하는 방향을 줄 때, 그 선분을 유향선분 OP라 하고, 점 O에서 점 P로 향하는 유향성분을 $\overrightarrow{OP}$로 나타내고 점 O를 **시점**(initial point), 점 P를 **종점**(terminal point)이라고 한다. 또, 선분 OP의 길이를 유향성분 OP의 크기라고 한다.

유향성분 OP에서 시점 O의 위치에는 관계없이 크기와 방향만을 생각할 때 유향성분 OP를 벡터 OP라 하고, 기호로 $\overrightarrow{\boldsymbol{OP}}$ 또는 $\vec{\boldsymbol{a}}$와 같이 나타내고 [벡터 $\boldsymbol{OP}$]라고 읽는다.

특히, $|\vec{a}|=1$인 벡터 $\vec{a}$를 단위벡터(unit vector)라 하며 방향표시에 사용된다.

지금 벡터 $\boldsymbol{A}$의 단위벡터를 $\boldsymbol{a}$라 하면

$$\boldsymbol{A} = \boldsymbol{a}A \tag{7-1}$$

와 같이 표시하며, A는 벡터의 크기이며, 벡터 $\boldsymbol{a}$**방향의 성분**이라고 한다.

한편, 세 축상에서 같은 척도를 택하면 축에서 좌표가 (1, 0, 0), (0, 1, 0), (0, 0, 1)인 세 단위점은 세 축이 교차하는 점인 원점에서 같은 거리를 갖는다.

이와 같이 얻은 직각좌표를 공간에서 직각좌표계라고 부른다. 직각좌표계 $O-xyz$를 이용하여 벡터를 표시하면 편리하다.

그림 7-2에서 크기가 1이고, x, y 및 z축의 양의 방향을 갖는 각각의 단위벡터를 $\boldsymbol{i}$, $\boldsymbol{j}$, $\boldsymbol{k}$로 정의하며, 이것을 **기본벡터**(fundamental vector)라 한다. 따라서 임의의 벡터 $\boldsymbol{A}$는

$$\boldsymbol{A} = \boldsymbol{i}A_x + \boldsymbol{j}A_y + \boldsymbol{k}A_z$$

로 표시할 수 있으며, 크기 A_x, A_y 및 A_z는 벡터 $\boldsymbol{A}$의 x, y, z방향의 성분이라고 부른다. 정의에 의하여 벡터 $\boldsymbol{A}$의 크기는 피타고라스의 정리에서

$$A = |\boldsymbol{A}| = \sqrt{A_x^2 + A_y^2 + A_z^2} \tag{7-2}$$

이 된다.

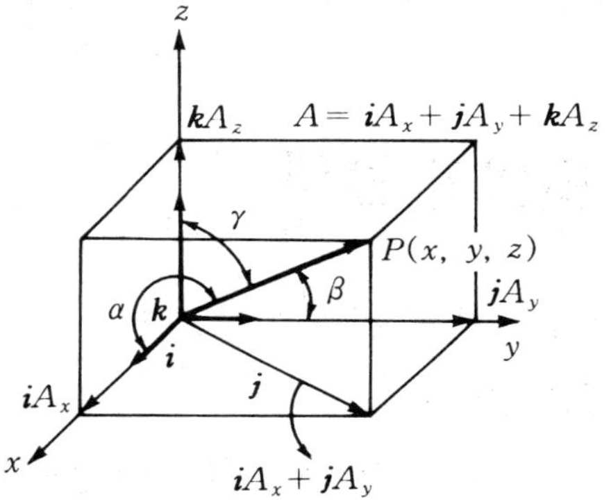

•• 그림 7-2 ••

그림 7-2에서 벡터 $\boldsymbol{A}$의 시점을 그 좌표계 원점에서 일치시키고 x, y 및 z축과 $\boldsymbol{A}$와 이루는 각을 α, β 및 γ로 표시하면

$$A_x = A\cos\alpha,\ \ A_y = A\cos\beta,\ \ A_z = A\cos\gamma \tag{7-3}$$

가 된다. 여기서 $\cos\alpha$, $\cos\beta$, $\cos\gamma$를 벡터 $\boldsymbol{A}$의 방향여현이라고 하며

$$\left.\begin{aligned}
\cos\alpha &= \frac{A_x}{A} = \frac{A_x}{\sqrt{A_x^2 + A_y^2 + A_z^2}} \\
\cos\beta &= \frac{A_y}{A} = \frac{A_y}{\sqrt{A_x^2 + A_y^2 + A_z^2}} \\
\cos\gamma &= \frac{A_z}{A} = \frac{A_z}{\sqrt{A_x^2 + A_y^2 + A_z^2}}
\end{aligned}\right\} \tag{7-4}$$

로 주어지며, 방향여현의 관계식은 다음과 같다.

$$\cos^2\alpha + \cos^2\beta + \cos^2\gamma = 1 \tag{7-5}$$

예제 전계의 식이 $\boldsymbol{E} = 60\,\boldsymbol{i} + 40\,\boldsymbol{j} + 100\,\boldsymbol{k}$[V/m]로 주어졌을 때 전계의 세기의 크기를 구하여라.

풀이 전계의 세기의 크기 $E = \sqrt{E_x^{\,2} + E_y^{\,2} + E_z^{\,2}}$ 에서

$$E = \sqrt{E_x^{\,2} + E_y^{\,2} + E_z^{\,2}} = \sqrt{60^2 + 40^2 + 100^2} = 123.3\text{[V/m]}$$

7.2 벡터의 덧셈과 뺄셈

수와 식의 연산과 같이 벡터의 덧셈, 뺄셈도 할 수 있다. 유향성분으로 나타내어진 벡터의 덧셈, 뺄셈을 알아보자.

그림 7-3에서 벡터 $\boldsymbol{A}$는 점 1에서 시작하여 점 2로 향하는 변위를 벡터 $\boldsymbol{B}$는 점 2에서 시작하여 점 3까지의 변위를 표시할 때 점 1에서 점 3까지의 변위를 벡터 $\boldsymbol{C}$라 하면 벡터 $\boldsymbol{C}$는 2개의 벡터 $\boldsymbol{A}$와 $\boldsymbol{B}$의 합이다. 즉,

$$\boldsymbol{A} + \boldsymbol{B} = \boldsymbol{C} \tag{7-6}$$

로 표시하며 그림 7-3과 같이 나타낸다.

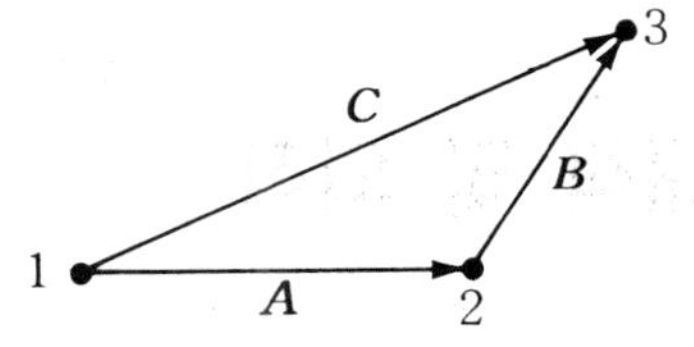

•• 그림 7-3 ••

두 벡터 $\boldsymbol{A}$와 $\boldsymbol{B}$의 차는 벡터 $\boldsymbol{A}$와 $(-\boldsymbol{B})$의 합과 같으므로 다음과 같이 표시하며, 그림 7-4와 같이 나타낸다.

$$\boldsymbol{A}-\boldsymbol{B}=\boldsymbol{A}+(-\boldsymbol{B})=\boldsymbol{C} \tag{7-7}$$

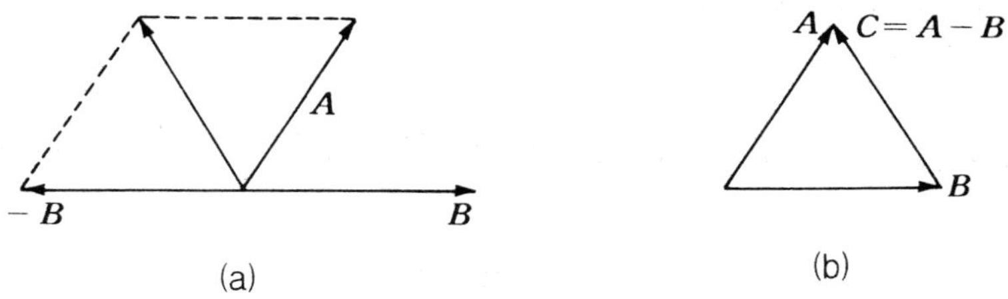

• • 그림 7-4 • •

벡터의 가법은 교환법칙, 결합법칙 및 분배법칙이 성립한다. 즉

$$\left.\begin{array}{ll} \boldsymbol{A}+\boldsymbol{B}=\boldsymbol{B}+\boldsymbol{A} & (\text{교환법칙}) \\ \boldsymbol{A}+(\boldsymbol{B}+\boldsymbol{C})=(\boldsymbol{A}+\boldsymbol{B})+\boldsymbol{C} & (\text{결합법칙}) \\ m(\boldsymbol{A}+\boldsymbol{B})=m\boldsymbol{A}+m\boldsymbol{B} & (\text{분배법칙}) \end{array}\right\} \tag{7-8}$$

예제 벡터 $\boldsymbol{A}(2,2,4)$, $\boldsymbol{B}(4,-6,6)$일 때 다음을 계산하여라.

① $\boldsymbol{A}+\boldsymbol{B}$ ② $\boldsymbol{A}-\boldsymbol{B}$

풀이 벡터 $\boldsymbol{A}$, $\boldsymbol{B}$는

$\boldsymbol{A}=2\boldsymbol{i}+2\boldsymbol{j}+4\boldsymbol{k}$, $\boldsymbol{B}=4\boldsymbol{i}-6\boldsymbol{j}+6\boldsymbol{k}$

① $\boldsymbol{A}+\boldsymbol{B}=(2\boldsymbol{i}+2\boldsymbol{j}+4\boldsymbol{k})+(4\boldsymbol{i}-6\boldsymbol{j}+6\boldsymbol{k})=6\boldsymbol{i}-4\boldsymbol{j}+10\boldsymbol{k}$

② $\boldsymbol{A}-\boldsymbol{B}=(2\boldsymbol{i}+2\boldsymbol{j}+4\boldsymbol{k})-(4\boldsymbol{i}-6\boldsymbol{j}+6\boldsymbol{k})=-2\boldsymbol{i}+8\boldsymbol{j}-2\boldsymbol{k}$

7.3 벡터의 내적 및 외적

7.3.1 법선벡터와 면벡터

그림 7-5에 나타낸 폐곡선 면적의 크기는 스칼라량이지만, 같은 크기를 가진 평면이라도 놓여있는 상태에 따라서 면적을 통하는 선속의 값이 달라지므로 특

별한 약속으로써 면적을 벡터량으로 표현하는 것이 편리할 때가 많다. 따라서 폐곡면 S의 면적과 같은 크기의 선분을 S평면의 법선벡터 방향으로 그어서 이를 폐곡선 S의 면벡터라 한다. 즉

$$S = \boldsymbol{n}S \tag{7-9}$$

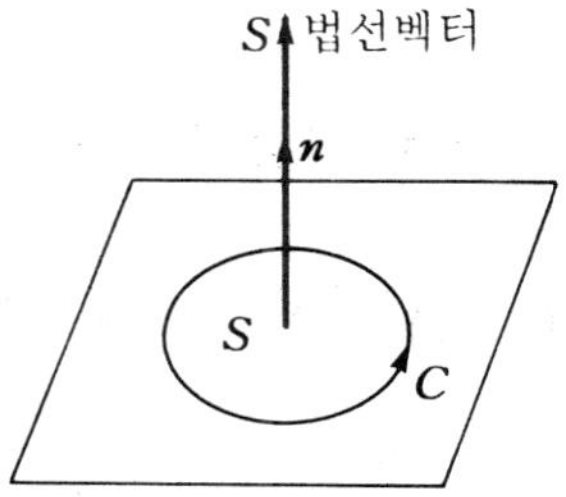

•• 그림 7-5 ••

7.3.2 벡터의 내적(스칼라적)

3차원 공간에서 두 벡터 $\boldsymbol{A}$와 $\boldsymbol{B}$의 내적(inner product) 또는 스칼라적(scalar product)은 $\boldsymbol{A} \cdot \boldsymbol{B}$로 표시하며

$$\boldsymbol{A} \cdot \boldsymbol{B} = |\boldsymbol{A}||\boldsymbol{B}|\cos\theta \tag{7-10}$$

로 정의된다. 그림 7-6에서 $\theta(0 \leqq \theta \leqq \pi)$는 두 벡터 $\boldsymbol{A}$, $\boldsymbol{B}$의 교각이다. 두 벡터가 수직이면 이들의 내적은 0이다.

여기서 기하학적인 정의로부터 내각은 교환법칙

$$\boldsymbol{A} \cdot \boldsymbol{B} = \boldsymbol{B} \cdot \boldsymbol{A} = |\boldsymbol{A}||\boldsymbol{B}|\cos\theta \tag{7-11}$$

가 성립한다.

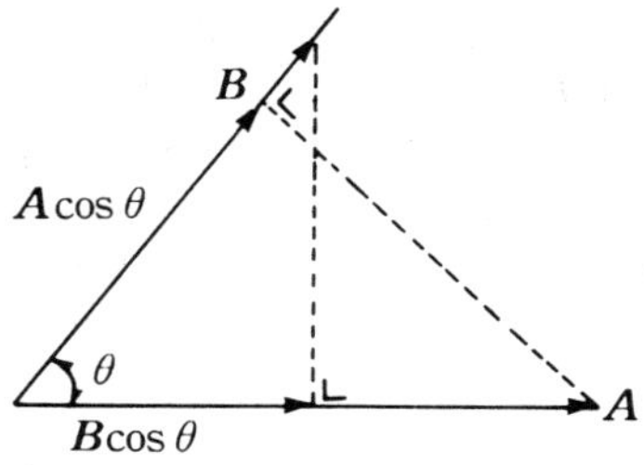

•• 그림 7-6 ••

또한 내적의 정의에 배분법칙

$$A\cdot(B+C)=A\cdot B+A\cdot C \tag{7-12}$$

도 성립한다는 것을 알 수 있다.

기본벡터 $\boldsymbol{i}$, $\boldsymbol{j}$, $\boldsymbol{k}$는 서로 직교하는 단위벡터이므로 내적의 정의에 의하여

$$\left.\begin{array}{l}\boldsymbol{i}\cdot\boldsymbol{j}=\boldsymbol{j}\cdot\boldsymbol{k}=\boldsymbol{k}\cdot\boldsymbol{i}=0\\ \boldsymbol{i}\cdot\boldsymbol{i}=\boldsymbol{j}\cdot\boldsymbol{j}=\boldsymbol{k}\cdot\boldsymbol{k}=1\end{array}\right\} \tag{7-13}$$

가 성립하며, 두 개의 벡터 $\boldsymbol{A}(A_x,\ A_y,\ A_z)$, $\boldsymbol{B}(B_x,\ B_y,\ B_z)$의 내적은

$$\begin{aligned}\boldsymbol{A}\cdot\boldsymbol{B}&=(\boldsymbol{i}A_x+\boldsymbol{j}A_y+\boldsymbol{k}A_z)\cdot(\boldsymbol{i}B_x+\boldsymbol{j}B_y+\boldsymbol{k}B_z)\\&=A_xB_x+A_yB_y+A_zB_z\end{aligned} \tag{7-14}$$

가 된다. $\boldsymbol{A}\neq 0$, $\boldsymbol{B}\neq 0$일 때 $\boldsymbol{A}$와 $\boldsymbol{B}$의 교각 θ는

$$\cos\theta=\frac{\boldsymbol{A}\cdot\boldsymbol{B}}{|\boldsymbol{A}||\boldsymbol{B}|}=\frac{A_xB_x+A_yB_y+A_zB_z}{\sqrt{A_x^2+A_y^2+A_z^2}\sqrt{B_x^2+B_y^2+B_z^2}} \tag{7-15}$$

이다.

예제 벡터 $\boldsymbol{A}=\boldsymbol{i}+2\boldsymbol{j}+3\boldsymbol{k}$, $\boldsymbol{B}=4\boldsymbol{i}+5\boldsymbol{j}+6\boldsymbol{k}$일 때 스칼라적을 구하고 두 벡터 사이의 교각을 구하여라.

풀이 ① $\boldsymbol{A}\cdot\boldsymbol{B}=A_xB_x+A_yB_y+A_zB_z=(1\times4)+(2\times5)+(3\times6)=32$

② $\cos\theta=\dfrac{\boldsymbol{A}\cdot\boldsymbol{B}}{|\boldsymbol{A}||\boldsymbol{B}|}=\dfrac{32}{\sqrt{1^2+2^2+3^2}\sqrt{4^2+5^2+6^2}}=\dfrac{32}{\sqrt{14}\sqrt{77}}=\dfrac{32}{\sqrt{1078}}$

$\fallingdotseq 0.974$

$\therefore\ \theta=\cos^{-1}0.97=14°$

예제 전계의 세기 $\boldsymbol{E}=2\boldsymbol{i}-4\boldsymbol{j}+\boldsymbol{k}$[V/m]일 때 직선경로를 따라 5[C]의 전하를 점 $\boldsymbol{A}(4,1,2)$에서 점 $\boldsymbol{B}(2,3,2)$까지 이동시키는데 요하는 일을 구하여라.

풀이 점 $\boldsymbol{A}$, $\boldsymbol{B}$의 위치벡터는 각각

$\boldsymbol{A}=4\boldsymbol{i}+\boldsymbol{j}+2\boldsymbol{k},\ \boldsymbol{B}=2\boldsymbol{i}+3\boldsymbol{j}+2\boldsymbol{k}$

이고, 변위벡터 $\boldsymbol{r}$은

$\boldsymbol{r}=\boldsymbol{B}-\boldsymbol{A}=-2i+2j$

따라서 일 $\boldsymbol{W}$는

$\boldsymbol{W}=\boldsymbol{F}\cdot\boldsymbol{r}=Q\boldsymbol{E}\cdot\boldsymbol{r}=5\times(2\boldsymbol{i}-4\boldsymbol{j}+\boldsymbol{k})\cdot(-2\boldsymbol{i}+2\boldsymbol{j})$

$=5\times(-4+8)=20$[J]

예제 전계 $\boldsymbol{E}=\dfrac{2}{x}\boldsymbol{a}_z+\dfrac{2}{y}\boldsymbol{a}_y$[V/m]에서 점 (2, 4)[m]를 통과하는 전기력선의 방정식은?

풀이 전기력선의 방정식 $\dfrac{dx}{E_x}=\dfrac{dy}{E_y}$에서

$\dfrac{dx}{\frac{2}{x}}=\dfrac{dy}{\frac{2}{y}}$가 되어, $xdx=ydy$

$\dfrac{1}{2}x^2=\dfrac{1}{2}y^2+k$이며, $x=2$, $y=4$ 이므로 $k=-6$이 된다.

$\therefore\ y^2-x^2=12$

7.3.3 벡터의 외적(벡터적)

두 개의 벡터의 외적(outer product) 또는 벡터적(vector product)은 벡터량으로 정의되며 크기는 두 벡터의 두 변을 이웃으로 하는 평행사변형의 면적과 같고, 방향은 두 벡터가 만드는 평면에 수직인데, 제1벡터로 부터 제2벡터로 돌리는 오른나사의 진행방향과 같은 벡터로 정의된다.

두 벡터 $\boldsymbol{A}$와 $\boldsymbol{B}$의 외적은 $\boldsymbol{A}\times\boldsymbol{B}$로 표시하고 그 크기는 벡터 $\boldsymbol{A}$와 $\boldsymbol{B}$의 교각을 θ라 하면

$$|\boldsymbol{A}\times\boldsymbol{B}| = |\boldsymbol{A}||\boldsymbol{B}|\sin\theta = AB\sin\theta \tag{7-16}$$

가 된다. 그리고 방향은 벡터 $\boldsymbol{A}$와 $\boldsymbol{B}$을 이웃으로 하는 평행사변형에 수직이고 벡터 $\boldsymbol{A}$로 부터 벡터 $\boldsymbol{B}$로 돌리는 오른나사의 진행방향이 된다.

그림 7-7과 같은 벡터 $\boldsymbol{B}$로 부터 벡터 $\boldsymbol{A}$로 돌리는 오른나사가 진행하는 방향은

$$\boldsymbol{B}\times\boldsymbol{A} = -\boldsymbol{A}\times\boldsymbol{B} \tag{7-17}$$

가 되므로 벡터적에서는 교환법칙이 성립되지 않는다. 그리고 일반적으로

$$\boldsymbol{A}\times(\boldsymbol{B}\times\boldsymbol{C}) \neq (\boldsymbol{A}\times\boldsymbol{B})\times\boldsymbol{C} \tag{7-18}$$

가 되어 결합법칙이 성립하지 않는다.

그러나 벡터의 가법에 대하여는

$$(\boldsymbol{A}+\boldsymbol{B})\times\boldsymbol{C} = \boldsymbol{A}\times\boldsymbol{C} + \boldsymbol{B}\times\boldsymbol{C} \quad \text{(분배법칙)} \tag{7-19}$$

이 성립함을 알 수 있다.

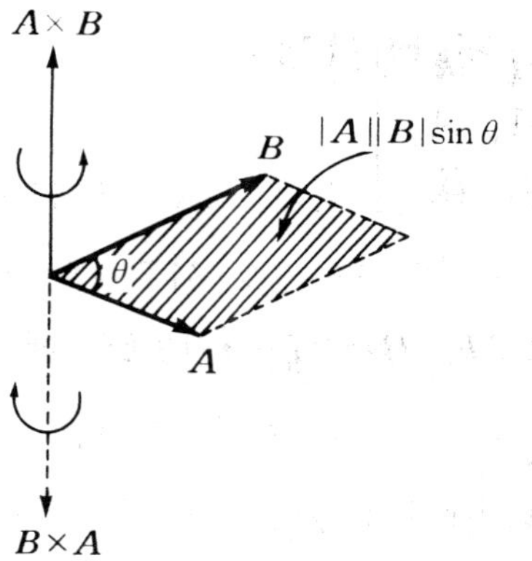

•• 그림 7-7 ••

두 벡터 $\boldsymbol{A}$와 $\boldsymbol{B}$가 수직인 경우

$$\sin\theta = \sin 90° = 1 \quad \therefore |\boldsymbol{A}\times\boldsymbol{B}| = \boldsymbol{AB} \tag{7-20}$$

가 되며, 두 벡터 $\boldsymbol{A}$와 $\boldsymbol{B}$가 같은 방향일 경우

$$\sin\theta = \sin 0° = 0 \quad \therefore |\boldsymbol{A}\times\boldsymbol{B}| = 0 \tag{7-21}$$

따라서 기본벡터 $\boldsymbol{i}$, $\boldsymbol{j}$, $\boldsymbol{k}$에 대하여서는

$$\left.\begin{array}{l} \boldsymbol{i}\times\boldsymbol{i} = \boldsymbol{j}\times\boldsymbol{j} = \boldsymbol{k}\times\boldsymbol{k} = 0 \\ \boldsymbol{i}\times\boldsymbol{j} = \boldsymbol{k},\ \ \boldsymbol{j}\times\boldsymbol{k} = \boldsymbol{i},\ \ \boldsymbol{k}\times\boldsymbol{i} = \boldsymbol{j} \\ \boldsymbol{j}\times\boldsymbol{i} = -\boldsymbol{k},\ \ \boldsymbol{k}\times\boldsymbol{j} = -\boldsymbol{i},\ \ \boldsymbol{i}\times\boldsymbol{k} = -\boldsymbol{j} \end{array}\right\} \tag{7-22}$$

가 성립하므로 두 벡터 $\boldsymbol{A}$, $\boldsymbol{B}$의 벡터적은

$$\begin{aligned} \boldsymbol{A}\times\boldsymbol{B} &= (\boldsymbol{i}A_x + \boldsymbol{j}A_y + \boldsymbol{k}A_z)\times(\boldsymbol{i}B_x + \boldsymbol{j}B_y + \boldsymbol{k}B_z) \\ &= \boldsymbol{i}(A_yB_z - A_zB_y) + \boldsymbol{j}(A_zB_x - A_xB_z) + \boldsymbol{k}(A_xB_y - A_yB_x) \\ &= \boldsymbol{i}\begin{vmatrix} A_y & A_z \\ B_y & B_z \end{vmatrix} + \boldsymbol{j}\begin{vmatrix} A_z & A_x \\ B_z & B_x \end{vmatrix} + \boldsymbol{k}\begin{vmatrix} A_x & A_y \\ B_x & B_y \end{vmatrix} \end{aligned}$$

$$= \begin{vmatrix} \boldsymbol{i} & \boldsymbol{j} & \boldsymbol{k} \\ A_x & A_y & A_z \\ B_x & B_y & B_z \end{vmatrix} \qquad (7\text{-}23)$$

예제 벡터 $\boldsymbol{A}=\boldsymbol{i}+\boldsymbol{j}+2\boldsymbol{k}$, $\boldsymbol{B}=2\boldsymbol{i}-\boldsymbol{j}+3\boldsymbol{k}$일 때 외적을 구하여라.

풀이 $\boldsymbol{A}\times\boldsymbol{B}=\begin{vmatrix} \boldsymbol{i} & \boldsymbol{j} & \boldsymbol{k} \\ A_x & A_y & A_z \\ B_x & B_y & B_z \end{vmatrix}$에서

$$\boldsymbol{A}\times\boldsymbol{B}=\begin{vmatrix} \boldsymbol{i} & \boldsymbol{j} & \boldsymbol{k} \\ 1 & 1 & 2 \\ 2 & -1 & 3 \end{vmatrix}=\boldsymbol{i}(3+2)+\boldsymbol{j}(4-3)+\boldsymbol{k}(-1-2)=5\boldsymbol{i}+\boldsymbol{j}-3\boldsymbol{k}$$

예제 벡터 $\boldsymbol{A}=4\boldsymbol{i}-\boldsymbol{k}$, $\boldsymbol{B}=-2\boldsymbol{i}+\boldsymbol{j}+3\boldsymbol{k}$일 때 두 벡터 사이의 각을 구하여라.

풀이 $$\boldsymbol{A}\times\boldsymbol{B}=\begin{vmatrix} \boldsymbol{i} & \boldsymbol{j} & \boldsymbol{k} \\ 4 & 0 & -1 \\ -2 & 1 & 3 \end{vmatrix}=\boldsymbol{i}(0+1)+\boldsymbol{j}(2-12)+\boldsymbol{k}(4+0)=\boldsymbol{i}-10\boldsymbol{j}+4\boldsymbol{k}$$

$$\boldsymbol{A}=\sqrt{(4)^2+(0)^2+(-1)^2}=\sqrt{17}$$

$$\boldsymbol{B}=\sqrt{(-2)^2+(1)^2+(3)^2}=\sqrt{14}$$

$$|\boldsymbol{A}\times\boldsymbol{B}|=\sqrt{(1)^2+(-10)^2+4^2}=\sqrt{117}$$

따라서

$$\sin\theta=\frac{|\boldsymbol{A}\times\boldsymbol{B}|}{\boldsymbol{AB}}=\frac{\sqrt{117}}{\sqrt{17}\sqrt{14}}=0.7011 \quad \therefore\ \theta=44.5°$$

예제 Z축과 일치한 긴 도체에 Z방향으로 $\boldsymbol{I}=10\boldsymbol{k}$[A]의 전류를 흘릴 때 자속밀도 $\boldsymbol{B}=3\boldsymbol{i}+4\boldsymbol{j}$가 가해진 경우 이 도체의 단위 길이당 작용하는 힘 $\boldsymbol{F}$의 벡터량을 구하여라.

풀이 힘 $\boldsymbol{F}$는 $\boldsymbol{F}=\boldsymbol{I}\times\boldsymbol{B}$이므로

$$\boldsymbol{F}=\boldsymbol{I}\times\boldsymbol{B}=(10\boldsymbol{k})\times(3\boldsymbol{i}+4\boldsymbol{j})$$

$$= \begin{vmatrix} \boldsymbol{i} & \boldsymbol{j} & \boldsymbol{k} \\ 0 & 0 & 10 \\ 3 & 4 & 0 \end{vmatrix} = \boldsymbol{i}(0-40) + \boldsymbol{j}(30-0) + \boldsymbol{k}(0-0)$$

$$= -40\,\boldsymbol{i} + 30\,\boldsymbol{j}$$

7.4 스칼라 삼중적 및 벡터 삼중적

7.4.1 스칼라 삼중적

3개의 벡터를 $\boldsymbol{A}$, $\boldsymbol{B}$, $\boldsymbol{C}$라 하면 그 적은 다음과 같다.

스칼라 3중적 $\boldsymbol{A}\cdot(\boldsymbol{B}\times\boldsymbol{C})$는 $(\boldsymbol{A}\,\boldsymbol{B}\,\boldsymbol{C})$로 표시하며 스칼라 3중적 $(\boldsymbol{A}\,\boldsymbol{B}\,\boldsymbol{C})$의 절대값은 간단한 기하학적 설명을 갖는다.

이것은 그림 7-8과 같이 인접변이 $\boldsymbol{A}$, $\boldsymbol{B}$, $\boldsymbol{C}$를 갖는 평행육면체 $\boldsymbol{P}$의 체적과 같다.

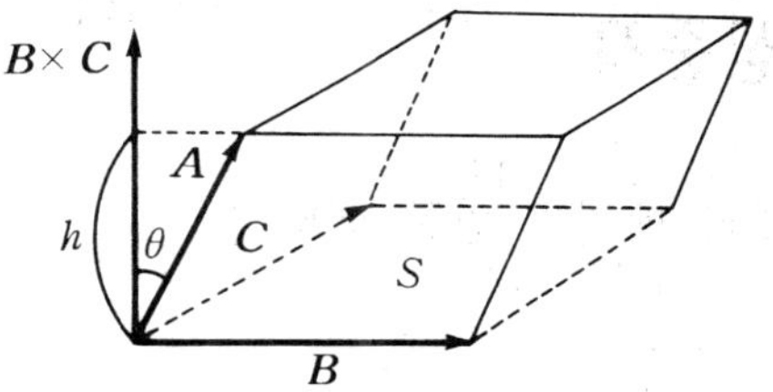

• • 그림 7-8 스칼라 삼중적의 기하학적 설명 • •

벡터 $\boldsymbol{A}$와 $(\boldsymbol{B}\times\boldsymbol{C})$의 스칼라적을 스칼라 삼중적(scalar triple product)이라 하며, 행렬식을 이용하여 각각의 성분으로 표현하면 다음과 같다.

$$\boldsymbol{A}\cdot(\boldsymbol{B}\times\boldsymbol{C}) = \begin{vmatrix} A_x & A_y & A_z \\ B_x & B_y & B_z \\ C_x & C_y & C_z \end{vmatrix} = |\boldsymbol{A}||\boldsymbol{B}\times\boldsymbol{C}|\cos\theta \qquad (7\text{-}24)$$

예제 다음과 같은 벡터를 세 변으로 하는 육면체의 체적을 구하여라.

$$\boldsymbol{A} = \boldsymbol{j} + 2\boldsymbol{k}, \quad \boldsymbol{B} = 4\boldsymbol{i} + 6\boldsymbol{j} + 2\boldsymbol{k}, \quad \boldsymbol{C} = 3\boldsymbol{i} + 3\boldsymbol{j} - 6\boldsymbol{k}$$

풀이 벡터 $\boldsymbol{A}$, $\boldsymbol{B}$, $\boldsymbol{C}$를 세 변으로 하는 평행육면체의 체적은 스칼라 삼중적이므로

$$\boldsymbol{A} \cdot (\boldsymbol{B} \times \boldsymbol{C}) = \begin{vmatrix} 1 & 0 & 2 \\ 4 & 6 & 2 \\ 3 & 3 & -6 \end{vmatrix} = -54$$

$\therefore$ 체적 $V = 54$

예제 $\boldsymbol{A} = 3\boldsymbol{i} + 2\boldsymbol{k}$, $\boldsymbol{B} = 2\boldsymbol{i} + 2\boldsymbol{j} - \boldsymbol{k}$, $\boldsymbol{C} = \boldsymbol{i} - 2\boldsymbol{j} + 3\boldsymbol{k}$일 때 $\boldsymbol{B} \cdot (\boldsymbol{C} \times \boldsymbol{A})$를 구하여라.

풀이

$$\boldsymbol{B} \cdot (\boldsymbol{C} \times \boldsymbol{A}) = (2\boldsymbol{i} + 2\boldsymbol{j}) \cdot \begin{vmatrix} \boldsymbol{i} & \boldsymbol{j} & \boldsymbol{k} \\ 1 & -2 & 3 \\ 3 & 0 & 2 \end{vmatrix}$$

$$= (2\boldsymbol{i} + 2\boldsymbol{j}) \cdot (-4\boldsymbol{i} + 4\boldsymbol{j} - 6\boldsymbol{k})$$

$$= 2 \times (-4) + (2 \times 4) + 0 \times (-6) = 0$$

7.4.2 벡터의 삼중적

한 벡터와 다른 두 개의 벡터가 만든 벡터적, 즉

$$\boldsymbol{A} \times (\boldsymbol{B} \times \boldsymbol{C})$$

를 벡터 $\boldsymbol{A}$, $\boldsymbol{B}$, $\boldsymbol{C}$의 벡터 삼중적(vector triple product)이라고 한다. 벡터 삼중적은 분명히 벡터량이다. 이 벡터는 $\boldsymbol{B}$와 $\boldsymbol{C}$로 결정되는 평면에 수직이고, 또 $\boldsymbol{A}$에도 수직이므로 $\boldsymbol{A} \times (\boldsymbol{B} \times \boldsymbol{C})$는 $\boldsymbol{B}$와 $\boldsymbol{C}$로 결정되는 평면안에 있고 또 $\boldsymbol{A}$에 수직인 벡터이다.

벡터 삼중적 $\boldsymbol{A} \times (\boldsymbol{B} \times \boldsymbol{C})$를 행렬식으로 나타내면

$$\boldsymbol{A} \times (\boldsymbol{B} \times \boldsymbol{C}) = (\boldsymbol{i}A_x + \boldsymbol{j}A_y + \boldsymbol{k}A_z) \times \begin{vmatrix} \boldsymbol{i} & \boldsymbol{j} & \boldsymbol{k} \\ B_x & B_y & B_z \\ C_x & C_y & C_z \end{vmatrix}$$

$$= \begin{vmatrix} \boldsymbol{i} & \boldsymbol{j} & \boldsymbol{k} \\ A_x & A_y & A_z \\ \begin{vmatrix} B_y & B_z \\ C_y & C_z \end{vmatrix} & \begin{vmatrix} B_x & B_z \\ C_x & C_z \end{vmatrix} & \begin{vmatrix} B_x & B_y \\ C_x & C_y \end{vmatrix} \end{vmatrix}$$

$$= \begin{vmatrix} \boldsymbol{i} & \boldsymbol{j} & \boldsymbol{k} \\ A_x & A_y & A_z \\ (B_yC_z - B_zC_y) & (B_zC_x - B_xC_z) & (B_xC_y - B_yC_x) \end{vmatrix} \tag{7-25}$$

예제 $\boldsymbol{A} = 2\boldsymbol{i} + \boldsymbol{j} - 3\boldsymbol{k}$, $\boldsymbol{B} = \boldsymbol{i} - 2\boldsymbol{j} + \boldsymbol{k}$, $\boldsymbol{C} = -\boldsymbol{i} + \boldsymbol{j} - 4\boldsymbol{k}$일 때 $\boldsymbol{A} \times (\boldsymbol{B} \times \boldsymbol{C})$를 구하여라.

풀이 $$\boldsymbol{A} \times (\boldsymbol{B} \times \boldsymbol{C}) = (2\boldsymbol{i} + \boldsymbol{j} - 3\boldsymbol{k}) \begin{vmatrix} \boldsymbol{i} & \boldsymbol{j} & \boldsymbol{k} \\ 1 & -2 & 1 \\ -1 & 1 & -4 \end{vmatrix}$$

$$= (2\boldsymbol{i} + \boldsymbol{j} - 3\boldsymbol{k}) \times (7\boldsymbol{i} + 3\boldsymbol{j} - \boldsymbol{k})$$

$$= \begin{vmatrix} \boldsymbol{i} & \boldsymbol{j} & \boldsymbol{k} \\ 2 & 1 & -3 \\ 7 & 3 & -1 \end{vmatrix} = 8\boldsymbol{i} - 19\boldsymbol{j} - \boldsymbol{k}$$

7.5 고유치와 고유벡터

n차의 정방행렬 A가 스칼라 상수 λ와 영이 아닌 벡터 $\vec{x}$에 대하여 $A\vec{x} = \lambda\vec{x}$이 성립할 때 상수 λ를 A의 고유치라 하고, $\vec{x}$를 λ에 대응하는 A의 고유벡터라 한다.

7.5.1 고유치

$A\vec{x} = \lambda\vec{x}$를 다시 쓰면 $(\lambda I - A)\vec{x} = \vec{0}$이 되며(여기서 I는 단위 행렬, $\vec{0}$은 영벡터이다.), 이 방정식이 0이 아닌 해를 가질 필요충분조건은 $|\lambda I - A| = 0$이다. 이때, $|\lambda I - A| = 0$을 행렬 A의 특성 방정식 또는 고유 방정식이라 하며, 행렬

A의 고유치는 특성 방정식의 근이다.

예제 다음의 행렬의 고유치를 구하시오.

① $\begin{pmatrix} 1 & 2 \\ 3 & 4 \end{pmatrix}$ ② $\begin{pmatrix} 1 & -6 & 0 \\ -1 & 2 & 0 \\ 0 & 1 & 4 \end{pmatrix}$

풀이 ① 특성 방정식은 $\begin{vmatrix} \lambda-1 & -2 \\ -3 & \lambda-4 \end{vmatrix}=0$에서

$\lambda^2-5\lambda-2=0$

$\lambda=\dfrac{5\pm\sqrt{25+8}}{2}=\dfrac{5\pm\sqrt{33}}{2}$

② 특성 방정식은 $\begin{vmatrix} \lambda-1 & 6 & 0 \\ 1 & \lambda-2 & 0 \\ 0 & -1 & \lambda-4 \end{vmatrix}=0$에서

$(\lambda-4)^2(\lambda+1)=0$

$\therefore\ \lambda=4,\ -1$

7.5.2 고유벡터

위에서 고유치를 구하는 방법을 사용하여, 고유치 $\lambda_1, \lambda_2, \cdots, \lambda_k$를 구했다고 하면, λ_1을 써서 연립방정식 $(\lambda_1 I-A)\vec{x}=\vec{0}$을 만들 수 있다.

위 연립방정식의 1차 독립인 해를 모두 구해 이들의 1차 결합이 고유치 λ_1에 대응하는 고유벡터가 된다. 다음의 예를 통하여 자세히 알아보기로 하자.

예제 다음의 행렬의 고유치와 이에 대응하는 고유벡터를 구하시오.

$A=\begin{pmatrix} 1 & 2 \\ 5 & 4 \end{pmatrix}$

풀이 특성 방정식은 $|\lambda I-A|=0$에서

$\begin{vmatrix} \lambda-1 & -2 \\ -5 & \lambda-4 \end{vmatrix}=(\lambda-1)(\lambda-4)-10=(\lambda-6)(\lambda+1)$

고유치 : $\lambda=6,\ -1$

① $\lambda=6$일 때 고유벡터는

$(6I-A)\vec{x}=\vec{0}$에서

$$\begin{pmatrix} 6-1 & -2 \\ -5 & 6-4 \end{pmatrix}\begin{pmatrix} x \\ y \end{pmatrix}=\begin{pmatrix} 0 \\ 0 \end{pmatrix}$$

$\therefore 5x-2y=0$을 얻으며 그 중 한 해를 구하면 $x=2$, $y=5$이다.

그러므로 $\lambda=6$의 고유벡터는 $\begin{pmatrix} 2 \\ 5 \end{pmatrix}$의 상수배이다.

② $\lambda=-1$일 때도 마찬가지로 구하면 $x+y=0$을 얻으며 $x=1$, $y=-1$이 한 해가 되며 고유벡터는 $\begin{pmatrix} 1 \\ -1 \end{pmatrix}$의 상수배이다.

7.6 벡터의 미분연산자

벡터해석에 자주 나오는 미분연산자 ∇(nabla 또는 del)는 Hamilton연산자(Hamilton's operator)라고도 하며 다음과 같이 정의한다.

$$\nabla=\boldsymbol{i}\frac{\partial}{\partial x}+\boldsymbol{j}\frac{\partial}{\partial y}+\boldsymbol{k}\frac{\partial}{\partial z} \tag{7-26}$$

이 ∇은 벡터해석의 3대 응용인 스칼라의 기울기(gradient), 벡터의 발산(diver-gence), 벡터의 회전(curl 또는 rotation)을 정의하는데 널리 사용된다.

7.6.1 스칼라의 기울기(gradient)

공간영역내의 점 (x, y, z)에 대한 스칼라함수 (x, y, z)의 미분으로 얻어지는 φ의 경사(약해서 grad φ)는 $\nabla\varphi$로 놓아 다음과 같이 표시한다.

$$\begin{aligned} \text{grad } \varphi=\nabla\varphi &= \boldsymbol{i}\frac{\partial}{\partial x}+\boldsymbol{j}\frac{\partial}{\partial y}+\boldsymbol{k}\frac{\partial}{\partial z} \\ &= \boldsymbol{i}\frac{\partial\varphi}{\partial x}+\boldsymbol{j}\frac{\partial\varphi}{\partial y}+\boldsymbol{k}\frac{\partial\varphi}{\partial z} \end{aligned} \tag{7-27}$$

여기서 주의할 점은 φ는 스칼라계를 표시하나 $\nabla\varphi$는 벡터계를 의미한다.

예제 스칼라함수 $\varphi=3x^2y-y^3z^2$에 대하여 점 (1, −2, 1)에서의 grad φ를 구하여라.

풀이
$$\text{grad}\ \varphi = \boldsymbol{i}\frac{\partial}{\partial x}(3x^2y-y^3z^2)+\boldsymbol{j}\frac{\partial}{\partial y}(3x^2y-y^3z^2)+\boldsymbol{k}\frac{\partial}{\partial z}(3x^2y-y^3z^2)$$
$$=6xy\boldsymbol{i}+(3x^2-3y^2z^2)\boldsymbol{j}-2y^3z\boldsymbol{k}$$

따라서 점 (1, −2, 1)에서는

$$\text{grad}\ \varphi=-12\boldsymbol{i}-9\boldsymbol{j}+16\boldsymbol{k}$$

예제 전위함수가 $V=2x+5yz+3$일 때 점 (2, 1, 0)에서의 전계의 세기를 구하여라.

풀이
$$\boldsymbol{E}=-\text{grad}\ V=-\left(\boldsymbol{i}\frac{\partial V}{\partial x}+\boldsymbol{j}\frac{\partial V}{\partial y}+\boldsymbol{k}\frac{\partial V}{\partial z}\right)$$
$$=-(\boldsymbol{i}2+\boldsymbol{j}5z+\boldsymbol{k}5y)$$

따라서 점 (2, 1, 0)에서는

$$\boldsymbol{E}=-2\boldsymbol{i}-5\boldsymbol{k}$$

7.6.2 벡터의 발산(divergence)

공간영역내 점 (x, y, z)에 관한 벡터함수를 $\boldsymbol{A}(x, y, z)$라면 $\boldsymbol{A}$를 미분해서 발산(약해서 div A)을 얻게 되며 이의 정의식은 다음과 같다.

$\boldsymbol{A}(x, y, z)=\boldsymbol{i}A_x+\boldsymbol{j}A_y+\boldsymbol{k}A_z$이라면

$$\text{div}\ \boldsymbol{A}=\nabla\cdot\boldsymbol{A}=\left(\boldsymbol{i}\frac{\partial}{\partial x}+\boldsymbol{j}\frac{\partial}{\partial y}+\boldsymbol{k}\frac{\partial}{\partial z}\right)\cdot(\boldsymbol{i}A_x+\boldsymbol{j}A_y+\boldsymbol{k}A_z)$$
$$=\frac{\partial A_x}{\partial x}+\frac{\partial A_y}{\partial y}+\frac{\partial A_z}{\partial z} \tag{7-28}$$

예제 $\boldsymbol{A}=xz\boldsymbol{i}-y^2\boldsymbol{j}+2x^2y\boldsymbol{k}$일 때 div $\boldsymbol{A}$를 구하여라.

풀이
$$\text{div}\ \boldsymbol{A}=\nabla\cdot\ \boldsymbol{A}=\left(\frac{\partial}{\partial x}\boldsymbol{i}+\frac{\partial}{\partial y}\boldsymbol{j}+\frac{\partial}{\partial z}\boldsymbol{k}\right)\cdot(xz\boldsymbol{i}-y^2\boldsymbol{j}+2x^2y\boldsymbol{k})$$

$$= \frac{\partial}{\partial x}(xz) + \frac{\partial}{\partial y}(-y^2) + \frac{\partial}{\partial z}(2x^2 y) = z - 2y$$

7.6.3 벡터의 회전(curl 또는 Rotation)

$\boldsymbol{A}(x,\ y,\ z)$를 벡터계를 나타내는 벡터함수라면 벡터의 회전 (curl $\boldsymbol{A}$ 혹은 rot $\boldsymbol{A}$)$\nabla \times \boldsymbol{A}$은 다음식으로 정의한다.

$$\begin{aligned}
\text{curl } \boldsymbol{A} &= \nabla \times \boldsymbol{A} \\
&= \left(\boldsymbol{i}\frac{\partial}{\partial x} + \boldsymbol{j}\frac{\partial}{\partial y} + \boldsymbol{k}\frac{\partial}{\partial z} \right) \times (\boldsymbol{i}A_x + \boldsymbol{j}A_y + \boldsymbol{k}A_z) \\
&= \begin{vmatrix} \boldsymbol{i} & \boldsymbol{j} & \boldsymbol{k} \\ \frac{\partial}{\partial x} & \frac{\partial}{\partial y} & \frac{\partial}{\partial z} \\ A_x & A_y & A_z \end{vmatrix} \\
&= \boldsymbol{i}\begin{vmatrix} \frac{\partial}{\partial y} & \frac{\partial}{\partial z} \\ A_y & A_z \end{vmatrix} - \boldsymbol{j}\begin{vmatrix} \frac{\partial}{\partial x} & \frac{\partial}{\partial z} \\ A_x & A_z \end{vmatrix} + \boldsymbol{k}\begin{vmatrix} \frac{\partial}{\partial x} & \frac{\partial}{\partial y} \\ A_x & A_y \end{vmatrix} \\
&= \boldsymbol{i}\left(\frac{\partial A_z}{\partial y} - \frac{\partial A_y}{\partial z} \right) + \boldsymbol{j}\left(\frac{\partial A_x}{\partial z} - \frac{\partial A_z}{\partial x} \right) + \boldsymbol{k}\left(\frac{\partial A_y}{\partial x} - \frac{\partial A_x}{\partial y} \right)
\end{aligned} \tag{7-29}$$

예제 $\boldsymbol{A} = xz^3\boldsymbol{i} - 2x^2yz\boldsymbol{j} + 2yz^4\boldsymbol{k}$에 대해서 rot $\boldsymbol{A}$의 점 (1, −1, 1)에 있어서의 값을 구하여라.

풀이

$$\begin{aligned}
\text{rot } \boldsymbol{A} &= \left[\frac{\partial}{\partial y}(2yz^4) - \frac{\partial}{\partial z}(-2x^2yz) \right]\boldsymbol{i} + \left[\frac{\partial}{\partial z}(xz^3) - \frac{\partial}{\partial x}(2yz^4) \right]\boldsymbol{j} \\
&\quad + \left[\frac{\partial}{\partial x}(-2x^2yz) - \frac{\partial}{\partial y}(xz^3) \right]\boldsymbol{k} = (2z^4 + 2x^2y)\,\boldsymbol{i} + 3xz^2\boldsymbol{j} - 4xyz\boldsymbol{k}
\end{aligned}$$

따라서 점 (1, −1, 1)에서는

$$\text{rot } \boldsymbol{A} = 3\boldsymbol{j} + 4\boldsymbol{k}$$

7.7 벡터의 적분

7.7.1 부정적분

벡터 함수 $\vec{A}(t)$가 벡터 함수 $\vec{D}(t)$의 도함수일 때, 즉, $\frac{d\vec{D}(t)}{dt} = \vec{A}(t)$일 때 $\vec{D}(t)$를 $\vec{A}(t)$의 부정적분이라 하고 다음과 같이 나타낸다.

$$\vec{D}(t) = \int \vec{A}(t)dt = \int A_x(t)dt\hat{i} + \int A_y(t)dt\hat{j} + \int A_z(t)dt\hat{k} \tag{7-30}$$

7.7.2 선적분

그림 7-9와 같이 임의의 공간에서의 벡터장을 $\vec{A}$라 하고 호의 길이를 l, 점 A와 점 B를 호선상의 두 점이라 하면 벡터장 $\vec{A}$와 미소 길이 dl_1, dl_2, $\cdots$, dl_n과의 스칼라 곱의 합은

$$\sum_{i=1}^{n} A_i dl_i = \int_B^A \vec{A} \cdot \vec{dl}$$

으로 곡선의 전길이에 대한 합이며, 이를 곡선 AB에 대한 벡터 $\vec{A}$의 선적분이라 한다.

한편 $x-y$좌표 성분으로 선적분을 표시하면

$$\int_{p1}^{p2} \vec{A} \cdot \vec{dl} = \int_{p1}^{p2} A_x \cdot dx + \int_{p1}^{p2} A_y \cdot dy + \int_{p1}^{p2} A_z \cdot dz \tag{7-31}$$

이다.

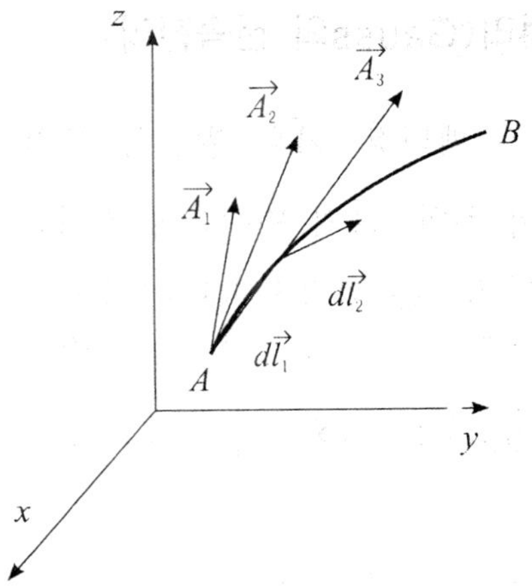

•• 그림 7-9 선적분 ••

7.7.3 면적분

벡터장 $\vec{A}$내에서 곡면 S상의 미소면적 dS에 세운 법선 방향의 단위 벡터를 n이라 하자. 벡터장 $\vec{A}$와 법선 단위 벡터 n의 스칼라 곱을 전체의 면적에 대하여 적분한 $\iint_S \vec{A} \cdot \hat{n}\, dS$을 면적 S상에 있는 A의 면적분이라 한다.

또한 미소면적 dS의 법선 방향을 고려하여 벡터로 표시하면 $\vec{dS} = \hat{n}\, dS$이므로

$$\iint_S \vec{A} \cdot \hat{n}\, dS = \iint_S A_n dS = \iint_S \vec{A} \cdot \vec{dS} \tag{7-32}$$

이다. 이것은 면 전체를 통과하는 $\vec{A}$의 벡터 선속을 의미한다.

한편 벡터에 대한 면적분을 각각의 성분으로 표시하면 다음과 같다.

$$\iint \vec{A} \cdot \vec{dS} = \int_S (A_x \cdot dS_x + A_y \cdot dS_y + A_z \cdot dS_z) \tag{7-33}$$

벡터의 미분연산자와 적분과의 관계에서 다음과 같은 정리가 성립한다.

(1) 가우스의 발산정리(Gauss의 선속정리)

부피 V에 대하여 취한 벡터장 $\vec{A}$의 발산의 부피적분이 그 부피 V를 둘러싸고 있는 폐곡면 위에서 취한 $\vec{A}$의 면적분과 같다는 것을 의미한다. 즉 체적적분은 면적분으로, 또는 면적분은 체적적분으로 바꾸는 정리이다.

$$\int_v \vec{\nabla} \cdot \vec{A}\, dv = \int_S \vec{A} \cdot \hat{n}\, dS \tag{7-34}$$

(2) Stoke의 정리

면적 S에 대하여 벡터장 $\vec{A}$의 회전(rotation)의 면적 부분은 그 면적의 둘레에 대한 벡터장 $\vec{A}$의 선적분과 같다. 즉 선적분=면적분이다.

$$\oint_C \vec{A} \cdot \vec{dl} = \int_S (\nabla \times \vec{A}) \cdot \vec{dS} \tag{7-35}$$

연 습 문 제

1. $\boldsymbol{A}=2\boldsymbol{i}-5\boldsymbol{j}+4\boldsymbol{k}$일 때 $\boldsymbol{k}\times\boldsymbol{A}$를 구하여라.

[답] $2\boldsymbol{j}+5\boldsymbol{i}$

2. $\boldsymbol{E}=\boldsymbol{i}-2\boldsymbol{j}+3\boldsymbol{k}$[V/m]로 표시되는 전계가 있다. 0.01[μC]의 전하를 원점으로부터 $\boldsymbol{r}=3\boldsymbol{i}$[m]로 움직이는데 요하는 일[J]을 구하여라.

[답] 3×10^{-8}[J]

3. $\boldsymbol{A}=\boldsymbol{i}-\boldsymbol{j}+3\boldsymbol{k}$, $\boldsymbol{B}=\boldsymbol{i}+a\boldsymbol{k}$일 때 벡터 $\boldsymbol{A}$가 수직이 되기 위한 a의 값을 구하여라.(단, $\boldsymbol{i}$, $\boldsymbol{j}$, $\boldsymbol{k}$는 x, y, z방향의 기본벡터이다.)

[답] $a=-\frac{1}{3}$

4. 질량 10^{-10}[kg]의 입자가 $q=10^{-8}$[C]의 전하로 대전되어서 전계 중에 놓여 있다. 이 입자가 가속도 $\boldsymbol{a}=\boldsymbol{i}10^{2}+\boldsymbol{j}10^{3}$[m/s²]으로 가속되었다면 전계의 세기 $\boldsymbol{E}$[V/m]를 구하여라.

[답] $\boldsymbol{E}=\boldsymbol{i}+10\boldsymbol{j}$[V/m]

5. 전위의 분포가 $V=12x+7y^{2}$로 주어질 때 점 (5, 3)에서 전계의 세기 $\boldsymbol{E}$를 구하여라.

[답] $\boldsymbol{E}=-12\boldsymbol{i}-\boldsymbol{j}42$

6. $V=x^{2}+y^{2}$[V]인 전위분포를 가진 전계의 전기력선의 방정식을 구하여라.

[답] $y = \frac{k_1}{k_2} x = Ax$

7. 함수 $A = x^2yz$가 점 (2, 3, 4)에서 ∇A를 구하여라.

[답] $\nabla A = 48\boldsymbol{i} + 16\boldsymbol{j} + 12\boldsymbol{k}$

제 8 장 복소수

교류라는 전기현상을 수로 평면적인 해석을 할 수 있는 것이 복소수이다.

복소수(complex number)는 간단한 교류회로의 계산방법에 사용되는 삼각함수와 같이 널리 이용되고 있다. 복소수를 이용해서 정현파 교류를 복소수로 대표시키면 복잡한 교류회로도 직류회로의 해석처럼 대수적 방법으로 쉽게 계산할 수 있다. 이와 같이 교류회로의 계산에 복소수를 사용하는 해석 방법을 기호법이라 한다. 삼각함수는 순시치 계산에 이용되고 있는데 대해 복소수는 정상상태의 기호식 해법으로서 이용되고 있다.

본 장에서는 기호법에 의한 교류회로의 해석에 대해 고찰하고자 한다.

8.1 복소수의 기초

그 자신을 2승하는 것에 의하여 −1로 되는 것을 j로 쓰고, 이것을 허수단위라 하고, 1개의 실수 y와 j를 곱한 것. 즉, jy를 허수라 한다. j를 수식으로 정의하면

$$j=\sqrt{-1},\ j^2=-1 \tag{8-1}$$

이다. 복소수를 평면상의 점으로 표시하려면 그림 8-1과 같이 수평선을 x축, 수직선을 y축으로 잡고 양축상에 같은 단위의 길이를 택한 직각좌표에 복소수를

기하학적으로 나타낼 수 있으며, 그림 8-1에 표시한 평면을 복소평면이라 한다.

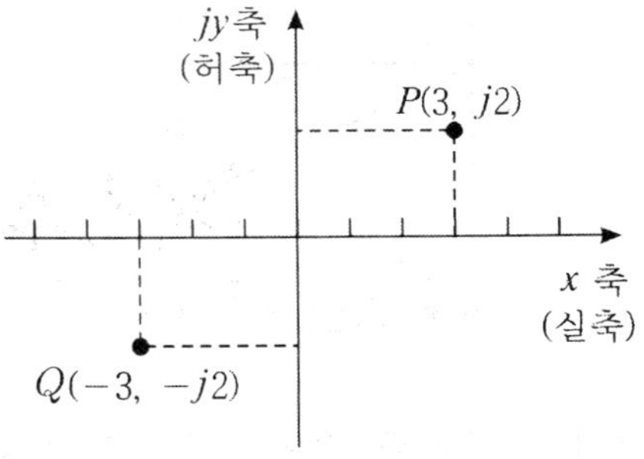

•• 그림 8-1 ••

그림 8-1과 같이, 이 평면상의 1점의 좌표는 그림과 같이 1개의 실수와 1개의 허수가 조합된 것이다. 따라서, 1개의 실수와 1개의 허수의 합으로 구성된다. 복소수를 $\dot{Z}$라고 하면

$$\dot{Z} = x + jy \tag{8-2}$$

로 표시된다.

여기서, 실수 x는 복소수 $\dot{Z}$의 실수부(real part), 실수 y는 복소수 $\dot{Z}$의 허수부(imaginary part)라 한다.

8.2 공액 복소수와 허수 j의 작용

어떤 복소수의 허수부의 부호를 바꾼 것을 **공액 복소수**라 하며 복소수 $\dot{Z}$의 공액 복소수는 보통 $\overline{\dot{Z}}$로 표시한다.

식 (8-2)의 공액 복소수는

$$\overline{\dot{Z}} = x - jy \tag{8-3}$$

로 표시된다.

식 (8-2)와 식 (8-3)을 벡터로 표시하면 그림 8-2와 같다.

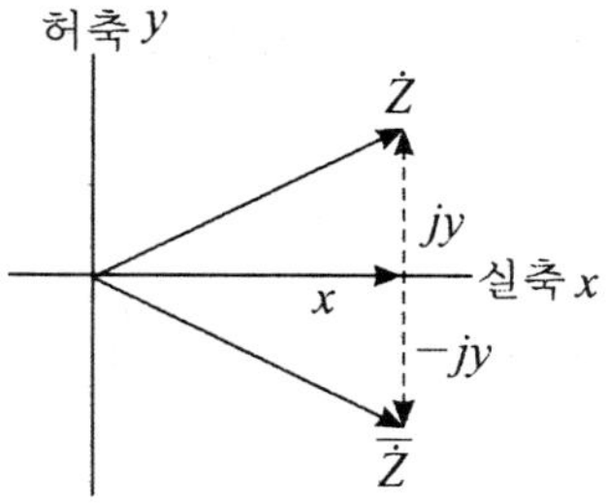

•• 그림 8-2 ••

허수 j와 복소수의 관계는 다음과 같이 된다. 이제 $\dot{Z}=x+jy$에 j를 곱해서 그 벡터를 $\dot{Z}_1$으로 하면 $\dot{Z}_1=j(x+jy)=-y+jx$가 된다. 이것을 그림으로 나타내면 그림 8-3 (a)처럼 된다.

$\dot{Z}$와 Z_1의 절대값은 공히 $\sqrt{x^2+y^2}$과 같고, $\dot{Z}$를 좌측 방향으로 $\frac{\pi}{2}$[rad]만큼 회전한 것이 된다. 즉 벡터에 j를 곱하면 그 벡터는 좌로 $\frac{\pi}{2}$[rad]만큼 회전한다.

또 $Z=x+jy$를 j로 나눈다. 즉 나눈다는 것은 $\frac{1}{j}=-j$를 곱하면 된다. 이것을 $\dot{Z}_2$라 하면 $\dot{Z}_2=-j(x+jy)=y-jx$, 즉 벡터에 $-j$를 곱하면 그 벡터는 그림 8-3 (b)처럼 우측으로 $\frac{\pi}{2}$[rad]만큼 회전한다.

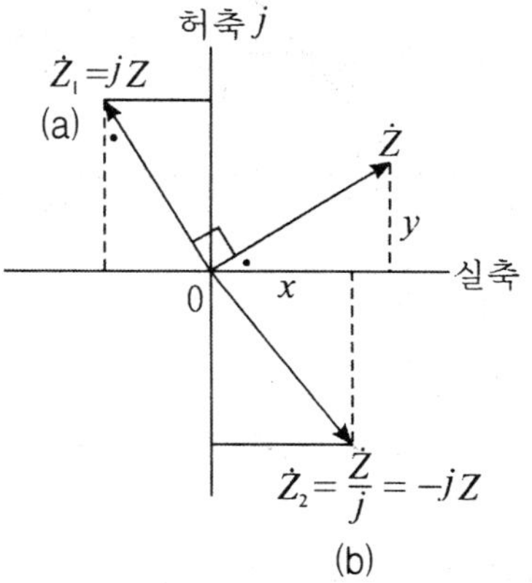

•• 그림 8-3 ••

예제 다음 복소수의 공액 복소수를 구하시오.

① $\dot{Z}=-4+j3$　　　② $\dot{Y}=5-j6$

풀이 공액 복소수는 허수부의 부호가 반대이므로

① $\overline{\dot{Z}}=-4-j3$

② $\overline{\dot{Y}}=5+j6$

8.3 복소수의 표시방법

8.3.1 직각 좌표형

그림 8-4와 같은 직각 좌표를 쓰는 것으로 횡축을 실수, 종축을 허수로 보고 이것을 실수측 및 허수측이라 말하며, 이 평면을 **복소평면**이라고 한다. 복소평면 내의 한 점 P는 1개의 복소수로 표시되고, 다음과 같이 나타낸다.

$$\dot{Z}=x+jy \tag{8-4}$$

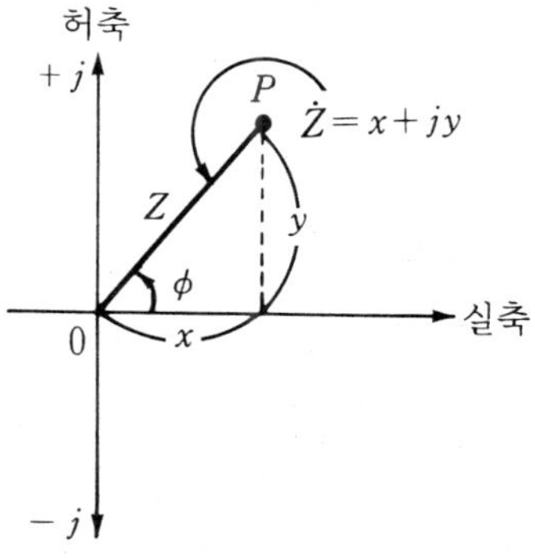

•• 그림 8-4 ••

이 표현을 복소수의 직각 좌표 표시라고 한다.

그림 8-4에서 절대값 Z 및 편각 또는 위상각 θ는 다음과 같다.

$$\left.\begin{aligned} Z &= \sqrt{x^2+y^2} \\ \theta &= \tan^{-1}\frac{y}{x} \end{aligned}\right\} \qquad (8\text{-}5)$$

8.3.2 삼각함수형

복소수 $\dot{Z}=x+jy$를 삼각함수, 곧 cos, sin으로 표시해 보자. 그림 8-4에서 복소수 $\dot{Z}$의 실수부를 x, 허수부를 y, 편각을 θ, 그리고 절대값을 Z라고 하면

$$\left.\begin{aligned} x &= Z\cos\theta \\ y &= Z\sin\theta \end{aligned}\right\} \qquad (8\text{-}6)$$

이므로 $\dot{Z}=x+jy$에 식 (8-6)을 대입하여 정리하면

$$\dot{Z}=x+jy=Z\cos\theta+jZ\sin\theta=Z(\cos\theta+j\sin\theta) \qquad (8\text{-}7)$$

단, $Z=\sqrt{x^2+y^2}$, $\theta=\tan^{-1}\dfrac{y}{x}$

와 같이 된다. 이와 같이 표시하는 것을 **삼각함수형**이라 한다.

예제 어드미턴스 $\dot{Y}=4\sqrt{3}+j4$를 삼각함수형으로 고치시오.

풀이 식 (8-5)에 의해서

$$Y=\sqrt{4(\sqrt{3})^2+4^2}=\sqrt{48+16}=8$$

$$\theta=\tan^{-1}\frac{4}{4\sqrt{3}}=\tan^{-1}\frac{1}{\sqrt{3}}=\frac{\pi}{6}$$

$$\therefore\ \dot{Y}=8\left(\cos\frac{\pi}{6}+j\sin\frac{\pi}{6}\right)$$

8.3.3 지수함수형

복소수 $\dot{Z}=x+jy=\cos\theta+j\sin\theta$를 지수함수 $Ze^{j\theta}$의 형으로 한 것이 **지수**

함수형이라 한다. 왜 지수함수로 표시되는지를 알아보자.

$\cos\theta$와 $j\sin\theta$를 급수 전개하면

$$\cos\theta = 1 - \frac{\theta^2}{2!} + \frac{\theta^4}{4!} - \frac{\theta^6}{6!} + \frac{\theta^8}{8!} - \cdots\cdots \tag{8-8}$$

$$j\sin\theta = j\theta - \frac{j\theta^3}{3!} + \frac{j\theta^5}{5!} - \frac{j\theta^7}{7!} + \cdots\cdots \tag{8-9}$$

가 된다.

한편 $e^{j\theta}$를 급수 전개하면

$$e^{j\theta} = 1 + j\theta - \frac{\theta^2}{2!} - \frac{j\theta^3}{3!} + \frac{\theta^4}{4!} + \frac{j\theta^5}{5!} - \cdots\cdots \tag{8-10}$$

가 된다. 지금 식 (8-8)과 식 (8-9)을 합하면 식 (8-10)을 얻을 수 있으므로 다음의 등식이 성립된다.

$$e^{j\theta} = \cos\theta + j\sin\theta \tag{8-11}$$

식 (8-11)을 **오일러(Euler)의 공식**이라고 한다.

식 (8-7)에 식 (8-11)의 관계를 이용하면

$$\dot{Z} = Z(\cos\theta + j\sin\theta) = Ze^{j\theta} \tag{8-12}$$

과 같이 표시된다. 이와 같이 표시하는 것을 **지수함수형**이라 한다.

8.3.4 극좌표형

지수함수 표시의 $Ze^{j\theta}$의 $e^{j\theta}$는 $\underline{/\theta}$로 표시할 수가 있다. 따라서 식 (8-12)는

$$\dot{Z} = Ze^{j\theta} = Z\underline{/\theta} \tag{8-13}$$

와 같이 표시된다. 이와 같이 표시하는 것을 **극좌표형**이라 한다.

예제 교류 전압 $\dot{V}$가 $\dot{V}=10\sqrt{3}+j10$[V]일 때 극좌표로 고쳐라.

풀이 $V=\sqrt{(10\sqrt{3})^2+(10)^2}=20$[V]

$$\theta=\tan^{-1}\frac{10}{10\sqrt{3}}=\tan^{-1}\frac{1}{\sqrt{3}}=\frac{\pi}{6}$$

$$\therefore\ V=20\angle\frac{\pi}{6}$$

예제 복소수 $\dot{Z}=\sqrt{2}\angle\frac{\pi}{4}$를 직각좌표형으로 표시하여라.

풀이 $\dot{Z}=Z\angle\theta=Z(\cos\theta+j\sin\theta)=Z\cos\theta+j\sin\theta$에 의해서

$$\dot{Z}=\sqrt{2}\left(\cos\frac{\pi}{4}+j\sin\frac{\pi}{4}\right)=\sqrt{2}\left(\frac{1}{\sqrt{2}}+j\frac{1}{\sqrt{2}}\right)=1+j$$

8.4 복소수의 연산

8.4.1 복소수의 합

두 복소수 $\dot{Z}_1$, $\dot{Z}_2$가

$$\dot{Z}_1=x_1+jy_1,\ \dot{Z}_2=x_2+jy_2 \tag{8-14}$$

일 때 두 복소수의 합은 실수부는 실수부끼리, 허수부는 허수부끼리 합하면 된다. 즉

$$\dot{Z}=\dot{Z}_1+\dot{Z}_2=(x_1+x_2)+j(y_1+y_2)$$

이다.

예제 $\dot{Z}_1=2+j11$[Ω], $\dot{Z}_2=4-j3$[Ω]의 직렬회로에 교류 전압 100[V]를 가할 때 합성 임피던스 $\dot{Z}$[Ω]를 구하여라.

풀이 $\dot{Z} = \dot{Z}_1 + \dot{Z}_2 = (2 + j11) + (4 - j3) = (2+4) + j(11-3)$

$= 6 + j8[\Omega]$

8.4.2 복소수의 차

두 복소수의 차도 같은 방법으로 실수부는 실수부끼리, 허수부는 허수부끼리의 차를 구하면 된다. 즉

$$\dot{Z} = \dot{Z}_1 - \dot{Z}_2 = (x_1 - x_2) + j(y_1 - y_2)$$

이다.

8.4.3 복소수의 곱

두 개의 복소수를 각각

$$\dot{Z}_1 = x_1 + jy_1 = Z_1 e^{j\theta_1}, \quad \dot{Z}_2 = x_2 + jy_2 = Z_2 e^{j\theta_2} \tag{8-15}$$

단, $Z_1 = \sqrt{x_1^2 + y_1^2}, \quad \theta_1 = \tan^{-1}\dfrac{y_1}{x_1}$

$Z_2 = \sqrt{x_2^2 + y_2^2}, \quad \theta_2 = \tan^{-1}\dfrac{y_2}{x_2}$

라고 하면 두 복소수의 곱은

$$\dot{Z} = \dot{Z}_1 \times \dot{Z}_2 = Z_1 e^{j\theta_1} Z_2 e^{j\theta_2} = Z_1 Z_2 e^{j(\theta_1 + \theta_2)} = Z_1 Z_2 \underline{/\theta_1 + \theta_2} \tag{8-16}$$

이 된다. 이상의 결과로부터 두 복소수의 곱은 각 복소수의 절대값의 곱을 절대값으로 하고, 각 복소수의 편각의 합을 편각으로 하는 복소수가 된다.

예제 $\dot{I}_1 = 5\underline{/\frac{\pi}{6}}$ 와 $\dot{I}_2 = 4\left(\cos\frac{\pi}{3} + j\sin\frac{\pi}{3}\right)$ 로 표시되는 두 벡터의 곱 $\dot{I}$[A]를

구하여라.

풀이 $\dot{I}_2 = 4\left(\cos\frac{\pi}{3} + j\sin\frac{\pi}{3}\right) = 4\angle\frac{\pi}{3}$ 이므로

$\dot{I} = \dot{I}_1 \times \dot{I}_2 = 5\angle\frac{\pi}{6} \times 4\angle\frac{\pi}{3} = 20\angle\frac{\pi}{6}+\frac{\pi}{3} = 20\angle\frac{\pi}{2}$

8.4.4 복소수의 나눗셈

식 (8-15)에서 두 복소수의 나눗셈은

$$\dot{Z}_0 = \frac{\dot{Z}_1}{\dot{Z}_2} = \frac{Z_1 e^{j\theta_1}}{Z_2 e^{j\theta_2}} = \frac{Z_1}{Z_2} e^{j(\theta_1 - \theta_2)} = \frac{Z_1}{Z_2}\angle\theta_1 - \theta_2$$

가 된다. 이상의 결과로부터 두 복소수의 몫은 각 복소수의 절대값의 몫을 절대값으로 하고 각 복소수의 편각의 차를 편각으로 하는 복소수가 된다.

예제 어떤 회로에 $\dot{V} = 100\angle\frac{\pi}{3}$인 전압을 가할 때 $\dot{I} = 40\angle\frac{\pi}{6}$[A]의 전류가 흘렀다. 이 회로의 임피던스를 구하여라.

풀이 임피던스 $\dot{Z} = \frac{\dot{V}}{\dot{I}}$에서

$$\dot{Z} = \frac{100\angle\frac{\pi}{3}}{40\angle\frac{\pi}{6}} = 2.5\angle\frac{\pi}{6}\,[\Omega]$$

예제 두 복소수 $\dot{A} = 10 + j10$, $\dot{B} = 30\angle -120°$일 때 $\frac{\dot{B}}{\dot{A}}$를 극좌표형으로 표시하여라.

풀이 $\dot{A} = 10 + j10 = \sqrt{10^2 + 10^2}\angle\tan^{-1}1 = 10\sqrt{2}\angle\frac{\pi}{4}$

$$\therefore \frac{\dot{B}}{\dot{A}} = \frac{30\angle -\frac{2}{3}\pi}{10\sqrt{2}\angle\frac{\pi}{4}} = \frac{3}{\sqrt{2}}\angle -\frac{11}{12}\pi$$

8.5 복소수와 정현파와의 관계

정현파 교류의 순시전류 i는

$$i=\sqrt{2}I\sin(\omega t+\theta)[\mathrm{V}] \tag{8-17}$$

으로 표시된다. 단 i는 순시값, I는 실효값이다.

예를 들어 $I=6$, $\theta=\dfrac{\pi}{2}$라 하면 그림 8-5와 같이 표시된다.

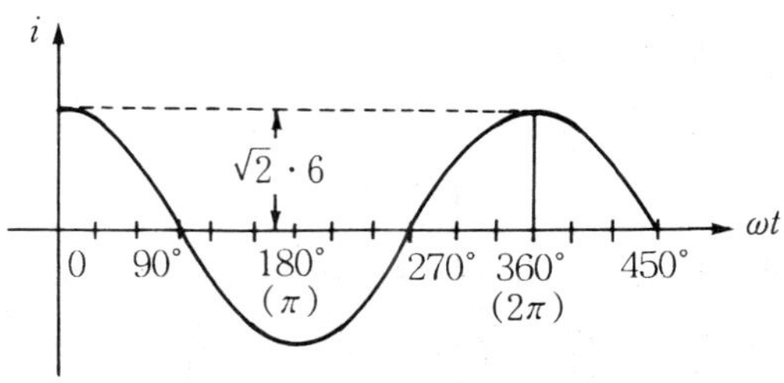

•• 그림 8-5 ••

식 (8-17)의 삼각함수의 식을 복소수의 극좌표 표시에 대응시켜서 변환하면 다음과 같이 된다.

$$\dot{I}=6\angle\frac{\pi}{2} \tag{8-18}$$

식 (8-18)에서 6은 정현파 교류의 실효값을 $\dfrac{\pi}{2}$는 편각을 나타낸다. 일반적으로 정현파 교류에서는 최대값보다는 실효값이 흔히 사용되므로 벡터의 크기도 실효값과 같이 취하는 것이 보통이다.

8.6 복소 임피던스

전류의 흐름을 막는 소자가 저항뿐인 직류회로에서는 $I=\dfrac{V}{R}$라는 옴의 법칙이 적용된다. 그러나 교류 전류의 흐름을 막는 임피던스(impedance, Z)를 갖는 교류회로의 해석에서는 이와 비슷한 형태의 식

$$\dot{I}=\frac{\dot{V}}{\dot{Z}} \tag{8-19}$$

을 사용한다. 여기서 $\dot{I}$는 복소전류, $\dot{V}$는 복소전압, $\dot{Z}$는 복소 임피던스이다.

식 (8-19)을 교류회로의 옴의 법칙이라 한다.

따라서 정현파 교류의 전압, 전류가 복소수로 표시되는 것처럼 임피던스 $\dot{Z}$도 복소수로 표시할 수 있다. 이와 같이 크기와 방향을 가진 임피던스 $\dot{Z}$를 복소 임피던스 또는 벡터 임피던스라고 한다.

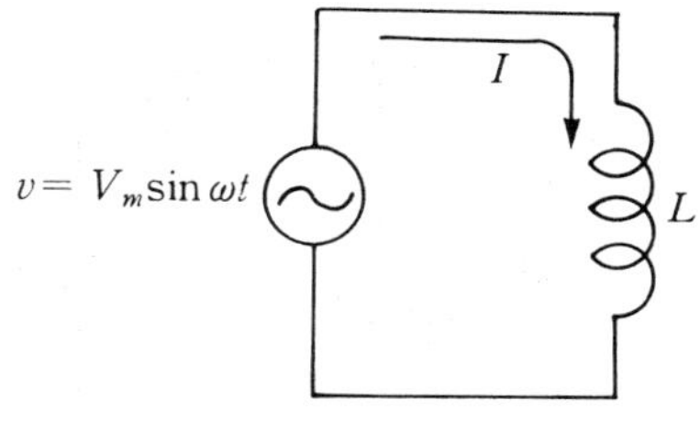

•• 그림 8-6 ••

그림 8-6과 같이 인덕턴스 L[H]만의 회로에 전류 I를 흘리면 코일에 생기는 전압의 위상은 전류보다 $\frac{\pi}{2}$[rad]만큼 앞서고 이 때 전압의 크기는 ωLI가 된다. 즉

$$\dot{V}=\omega LI\angle\frac{\pi}{2} \tag{8-20}$$

따라서 코일만인 회로의 복소 임피던스 $\dot{Z}$는 식 (8-19)에 의해서

$$\dot{Z}=\frac{\dot{V}}{\dot{I}}=\frac{\omega LI\angle\frac{\pi}{2}}{I}=\omega L\angle\frac{\pi}{2}=j\omega L \tag{8-21}$$

또한 그림 8-7과 같은 커패시턴스 C만의 회로에 I라는 전류를 흘리면 콘덴서

에 생기는 전압의 위상은 전류보다 $\frac{\pi}{2}$[rad]만큼 뒤져, 전압의 크기는 $\frac{1}{\omega C}I$가 된다. 즉

$$\dot{V}=\frac{1}{\omega C}I\angle -\frac{\pi}{2} \tag{8-22}$$

따라서 콘덴서 C만의 회로의 복소 임피던스는

$$\dot{Z}=\frac{\dot{V}}{\dot{I}}=\frac{\frac{1}{\omega C}I\angle -\frac{\pi}{2}}{I}=-j\frac{1}{\omega C} \tag{8-23}$$

이 된다.

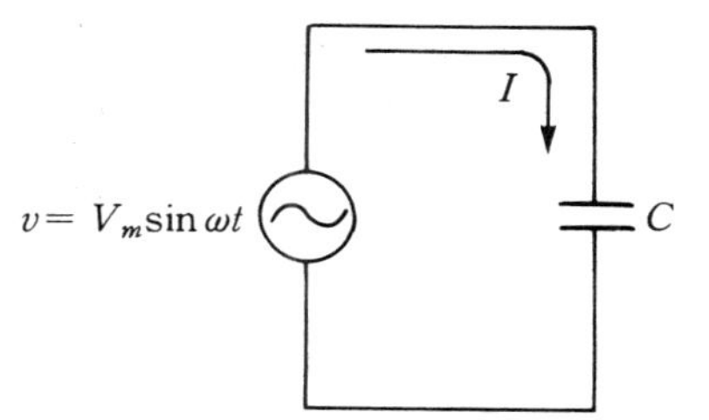

• • 그림 8-7 • •

예제 1[μF]인 콘덴서가 60[Hz]인 전원에 대해 갖는 복소 임피던스[Ω]의 값을 구하여라.

풀이 $\dot{Z}=-j\frac{1}{\omega C}=j\frac{1}{2\pi fc}$ 에서

$\therefore\ \dot{Z}=-j\frac{1}{2\times 3.14\times 60\times 1\times 10^{-6}}=-j2653[\Omega]$

이번에는 $R-L$ 직렬회로에 대하여 생각해 보기로 하자.

그림 8-8과 같은 $R-L$ 직렬회로에 $\dot{V}$인 전압을 가한 경우 $\dot{I}$[A]의 전류가 흐르는 경우 복소 임피던스 $\dot{Z}$를 구하여 보자.

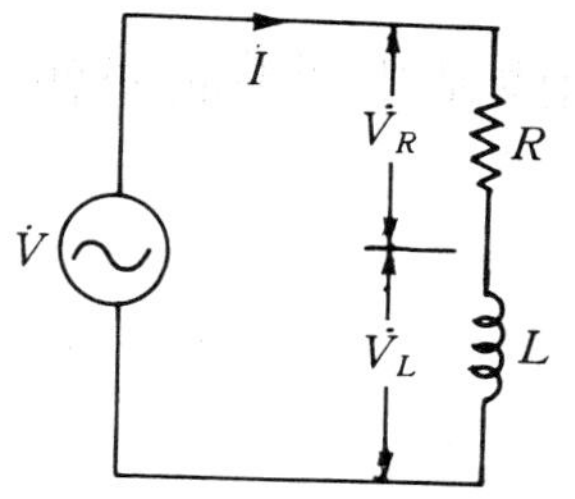

• • 그림 8-8 • •

이때 공급전압 $\dot{V}$는

$$\dot{V} = \dot{V}_R + \dot{V}_L = \dot{I}R + j\omega L\dot{I} = \dot{I}(R + j\omega L)$$

$$\dot{I} = \frac{\dot{V}}{R + j\omega L} = \frac{\dot{V}}{\dot{Z}} \qquad (8\text{-}24)$$

따라서 복소 임피던스 $\dot{Z}$는 식 (8-24)에서

$$\dot{Z} = R + j\omega L$$

이 된다.

예제 그림 8-8과 같은 R-L 직렬회로에서 $R = 40[\Omega]$, $\omega L = 30[\Omega]$인 회로에 전압을 $\dot{V} = 200\underline{/0°}[\text{V}]$를 가한 경우 복소 전류를 구하여라.

풀이 $\dot{Z} = R + j\omega L$에서

$\dot{Z} = 40 + j30[\Omega]$

∴ 식 (8-24)에 의해서

$$\dot{I} = \frac{200\underline{/0°}}{40 + j30} = \frac{200(40 - j30)}{(40 + j30)(40 - j30)} = \frac{8000 - j6000}{1600 + 900} = 3.2 - j2.4[\text{A}]$$

예제 어떤 회로에 $\dot{V} = 100 + j20[\text{V}]$인 전압을 가할 때 $4 + j3[\text{A}]$인 전류가 흘렀다. 이 회로의 복소 임피던스를 구하여라.

풀이 $\dot{Z} = \dfrac{\dot{V}}{\dot{I}}$ 에 의해서

$$\dot{Z} = \frac{100+j20}{4+j3} = \frac{(100+j20)(4-j3)}{(4+j3)(4-j3)} = \frac{460-j220}{25}$$

$$= 18.4 - j8.8[\Omega]$$

그림 8-9와 같은 $R-C$ 직렬회로에 대하여 교류 전압 $\dot{V}$를 인가하는 경우 전류 $\dot{I}$를 구하여 보자.

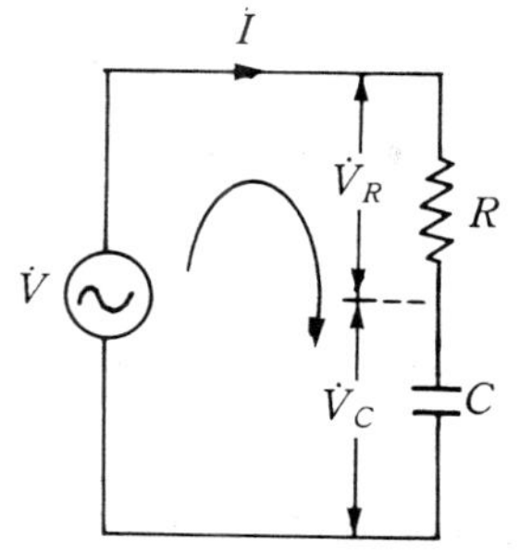

•• 그림 8-9 ••

공급전압 $\dot{V}$는

$$\dot{V} = \dot{V}_R + \dot{V}_C = R\dot{I} - j\frac{1}{\omega C}\dot{I} = \left(R - j\frac{1}{\omega C}\right)\dot{I}$$

$$\therefore\ \dot{I} = \frac{\dot{V}}{R - j\dfrac{1}{\omega C}} = \frac{\dot{V}}{\dot{Z}} \qquad (8\text{-}25)$$

이번에는 $R-L-C$ 직렬회로인 경우를 생각하여 보자.

그림 8-10과 같이 복소 전압 $\dot{V}$를 가하는 경우 전류 $\dot{I}$가 흐른다. 이 때 공급 전압 $\dot{V}$는

$$\dot{V} = \dot{V}_R + \dot{V}_L + \dot{V}_C = R\dot{I} + j\omega L\dot{I} - j\frac{1}{\omega C}\dot{I}$$

$$= \left\{R + j\left(\omega L - \frac{1}{\omega C}\right)\right\}\dot{I}$$

$$\therefore\ \dot{I} = \frac{\dot{V}}{R + j\left(\omega L - \dfrac{1}{\omega C}\right)} = \frac{\dot{V}}{R + jX} = \frac{\dot{V}}{Z} \qquad (8\text{-}26)$$

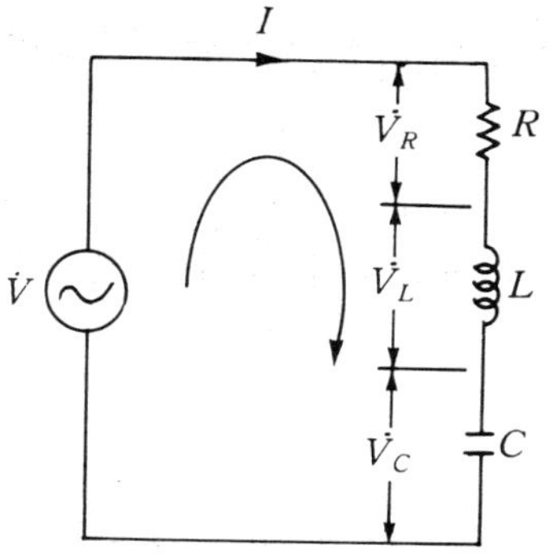

•• 그림 8-10 ••

예제 그림 8-10과 같은 회로에서 $R=4[\Omega]$, $\omega L=6[\Omega]$, $\dfrac{1}{\omega C}=3[\Omega]$인 R-L-C 직렬회로에 $V=10\angle 0°[\mathrm{V}]$의 전압을 가했을 때 회로의 복소 임피던스 및 복소전류를 구하여라.

풀이 복소 임피던스 $\dot{Z}=R+j\left(\omega L-\dfrac{1}{\omega C}\right)$에서

$\dot{Z}=4+j(6-3)=4+j3[\Omega]$

회로에 흐르는 복소전류 $\dot{I}=\dfrac{\dot{V}}{\dot{Z}}$에서

$$\dot{I}=\frac{\dot{V}}{\dot{Z}}=\frac{10\angle 0°}{(4+j3)}=\frac{10(4-j3)}{(4+j3)(4-j3)}=\frac{40-j30}{16+9}$$

$=1.6-j1.2[\mathrm{A}]$

예제 그림 8-11과 같은 회로에 주파수 f의 정현파 일정전압 $E[\mathrm{V}]$를 인가했을 때 전 전류를 최대로 하는 L의 값을 구하여라.

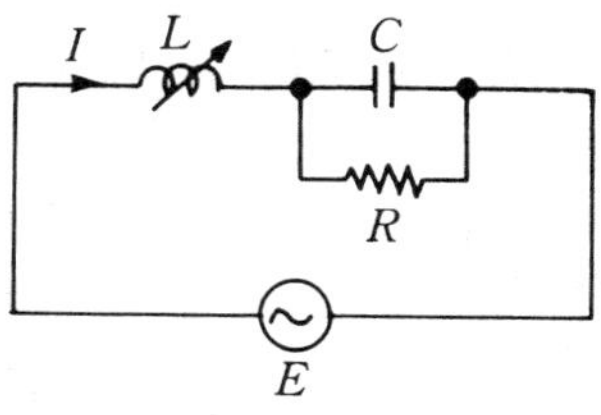

•• 그림 8-11 ••

풀이 합성 임피던스의 허수부가 0이 되면 전 전류는 최대가 된다.

$$\dot{Z}=j\omega L+\frac{\dfrac{R}{j\omega C}}{R+\dfrac{1}{j\omega C}}=j\omega L+\frac{R}{1+j\omega CR}=\frac{R}{1+(\omega CR)^2}+j\left\{\omega L-\frac{\omega CR^2}{1+(\omega CR)^2}\right\}$$

$$\therefore\ L=\frac{CR^2}{1+(\omega CR)^2}$$

연 습 문 제

1. 다음 복소수의 공액 복소수를 구하여라.

① $\dot{Z}=3a-jb$　　② $\dot{Y}=10\angle\frac{\pi}{6}$

[답] ① $\overline{\dot{Z}}=3a+jb$　② $\overline{\dot{Y}}=10\angle-\frac{\pi}{6}$

2. 두 복소수가 서로 같을 때 x, y, z값을 구하여라.

$\dot{V}_1=x+j\sqrt{2}$, $\dot{V}_2=-3-jy$

[답] $x=-3$, $y=-\sqrt{2}$

3. 교류전압 $\dot{V}$가 $\dot{V}=100\angle\frac{\pi}{6}$일 때 직각좌표형으로 고쳐라.

[답] $50\sqrt{3}+j50$ [V]

4. $x=\frac{1+j\sqrt{3}}{2}$, $y=\frac{1-j\sqrt{3}}{2}$ 일 때, $\frac{x^2}{y}+\frac{y^2}{x}$ 의 값을 구하여라.

[답] -2

5. 복소수 $\dot{I}_1=10\angle\tan^{-1}\frac{4}{3}$, $\dot{I}_2=10\angle\tan^{-1}\frac{3}{4}$ 일 때 $\dot{I}=\dot{I}_1+\dot{I}_2$는 얼마인가?

[답] $14+j14$ [A]

6. $V=100\sqrt{2}\sin\left(\omega t+\frac{\pi}{3}\right)$를 복소수로 표시하여라.

[답] $50+j50\sqrt{3}$

7. 그림 8-12와 같은 $R-L$ 직렬회로에 $\dot{V}=14+j38$[V]인 교류전압을 인가하였더니 $\dot{I}=6+j2$[A]의 전류가 흐른다. 이 회로의 저항[Ω]과 리액턴스[Ω]를 구하여라.

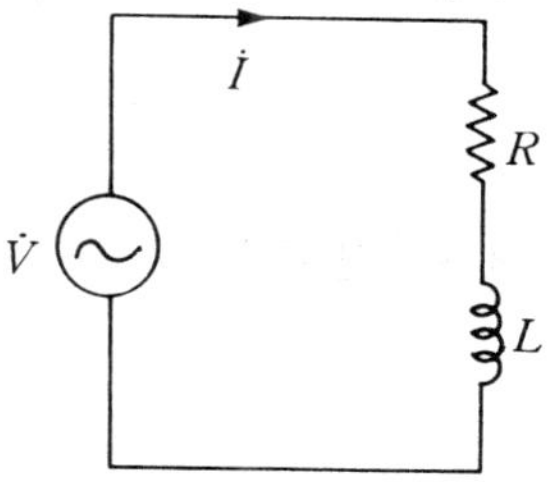

• • 그림 8-12 • •

[답] $R=4[\Omega]$, $X_L=5[\Omega]$

8. 그림 8-13과 같은 회로에서 $\dot{Z}_1$의 단자전압 $\dot{V}_1=\sqrt{3}+jy$, $\dot{Z}_2$의 단자전압 $\dot{V}_2=|V|\angle\frac{\pi}{6}$일 때, y 및 $|V|$의 값을 구하여라.

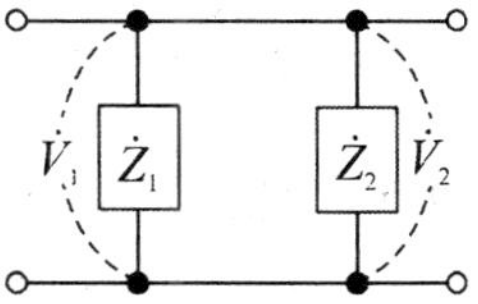

• • 그림 8-13 • •

[답] $y=1$, $|V|=2$

9. 그림 8-14와 같은 $R-C$ 병렬회로에서 합성 어드미턴스의 값을 구하여라.

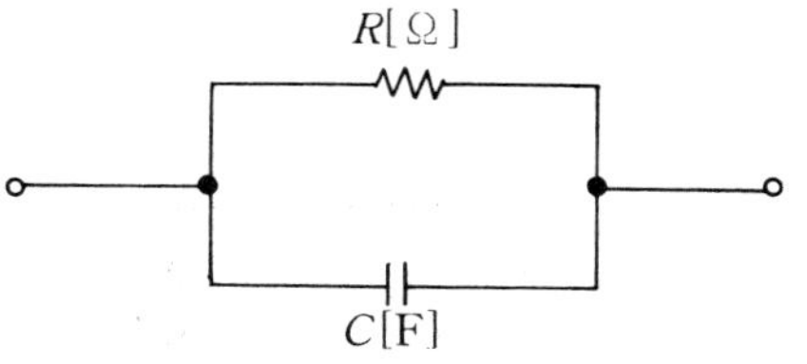

•• 그림 8-14 ••

[답] $\frac{1}{R}(1+j\omega CR)$

10. 그림 8-15와 같은 8[Ω]의 저항과 6[Ω]의 용량 리액턴스 직렬회로에 $\dot{E}=28-j4$[V]인 전압을 인가했을 때 흐르는 전류는 몇 [A]인가?

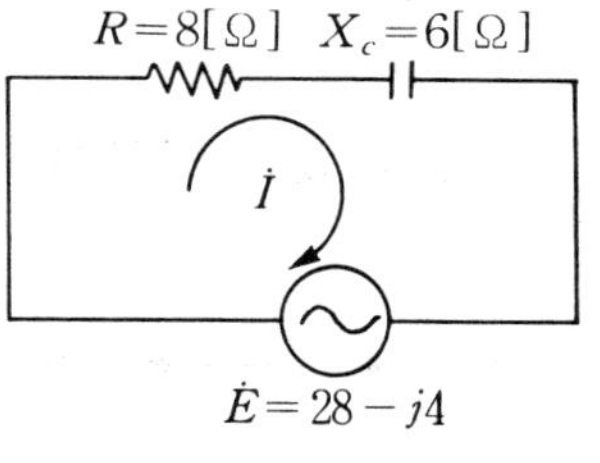

•• 그림 8-15 ••

[답] $\dot{I}=2.45+j1.34$[A]

11. 어떤 회로에 $\dot{V}=100+j20$[V]인 전압을 인가했을 때 $\dot{I}=8+j6$[A]인 전류가 흘렀다. 이 회로의 소비전력은 몇 [W]인가?(단, $P_a^*=\overline{\dot{V}}I=P-jP_r$)

[답] 소비전력=920[W]

제 9 장 미분법

지금까지 취급해 온 것은 비교적 간단한 변화에 대하여 논해 왔으나 전기·전자에 수반하는 현상은 복잡하다. 이 복잡한 현상을 취급하는 새로운 방법이 미분학이다. 미분학을 하나의 학문으로 체계화시킨 사람은 영국의 수학자 뉴턴(Newton, Issac)과 독일의 수학자 라이프니츠(Leibniz)이다.

뉴턴은 운동 또는 증가를 통해 오늘날의 도함수를 유도하였고, 라이프니츠는 접선의 기울기를 통해 도함수를 유도하였다.

본 장에서는 미분의 기초지식으로 극한의 개념을 제1절에서 알아보고, 제2절에서는 미분계수, 제3절에서는 도함수, 제4절에서는 여러 가지 함수의 미분법에 대하여 살펴보고, 마지막으로 미분의 응용에 대하여 설명하고자 한다.

9.1 함수의 극한

미분과 적분의 기본 개념인 극한에 관해 알아보기로 하자.

함수 $y=f(x)$에서 독립변수 x가 한없이 a에 가까워질 때 $(x \neq a)$ 함수값 y가 한없이 일정한 실수 b에 가까워지면 b를 $y=f(x)$의 극한값이라고 한다. 즉 x가 a에 한없이 가까워질 때의 함수 $f(x)$의 극한값은 b이다. 이것을 표시할 때 $x \to a$일 때 $f(x) \to b$ 또는 $\lim_{x \to a} f(x) = b$인 기호를 쓴다.

예를 들어 설명하면 전자를 한번 움직여 운동을 시키면 전자의 진폭은 시간의 결과에 따라 적어져서 나중에는 정지해 버린다. 여기서 시간을 무한대로 하면 진폭은 0으로 된다. 이 0을 극한값이라 한다.

가령

$$y=\frac{x}{2x+2} \tag{9-1}$$

의 식에서 x를 무한대로 하였을 때 y의 값을 구하면 x에 ∞를 대입하면 분모, 분자가 함께 ∞로 되어 이것으로 값을 구할 수가 없다.

그러므로 분모, 분자를 x로 나누면

$$y=\frac{\frac{x}{x}}{\frac{2x}{x}+\frac{2}{x}}=\frac{1}{2+\frac{2}{x}} \tag{9-2}$$

이 된다. 이 식에서 x를 ∞로 하면 분모는 2에 접근하여 y의 값은 $\frac{1}{2}$이 됨을 알 수 있다. 이상의 것을 기호로 표시하면 다음과 같다.

$$\lim_{x\to\infty}\frac{x}{2x+2}=\frac{1}{2} \tag{9-3}$$

윗 식은 지금까지의 등식과는 달리 어떤 값에 접근함을 표시한다. 일반적으로, 함수 $f(x)$에서 x가 a와 다른 값을 택하면서 한없이 a에 가까워질 때, $f(x)$의 값이 일정한 값 α에 한없이 가까워지는 경우, $f(x)$는 α에 수렴한다고 하고, 이 α를 $f(x)$의 **극한값**이라 한다.

예제 다음 극한값을 구하여라.

① $\lim_{x\to\infty}\frac{x^2-2x+3}{3x^2+1}$　　② $\lim_{x\to 0}\frac{x}{\sqrt{x+1}-1}$

풀이 ① x에 ∞를 대입하면 $\frac{\infty}{\infty}$꼴이 되므로 주어진 식의 분모, 분자를 x^2으로 나누어 극한을 구한다.

$$\lim_{x\to\infty}\frac{x^2-2x+3}{3x^2+1}=\lim_{x\to\infty}\frac{1-\dfrac{2}{x}+\dfrac{3}{x^2}}{3+\dfrac{1}{x^2}}=\frac{1}{3}$$

② x에 0을 대입하면 $\frac{0}{0}$의 꼴이 되므로 주어진 식을 변형하여 극한을 구한다.

$$\lim_{x\to 0}\frac{x}{\sqrt{x+1}-1}=\lim_{x\to 0}\frac{x(\sqrt{x+1}-1)}{(\sqrt{x+1}+1)(\sqrt{x+1}-1)}=\lim_{x\to 0}\frac{x(\sqrt{x+1}+1)}{(x+1)-1}$$

$$=\lim_{x\to 0}(\sqrt{x+1}+1)=2$$

예제 $F(s)=\dfrac{2(s+1)}{s^2+2s+5}$ 일 때 $f(t)$의 초기값을 구하여라.

풀이 초기값의 정리

$\lim_{t\to 0}f(t)=\lim_{s\to\infty}sF(s)$에 의해서

$$\lim_{t\to 0}f(t)=\lim_{s\to\infty}sF(s)=\lim_{s\to\infty}s\frac{2(s+1)}{s^2+2s+5}=\lim_{s\to\infty}\frac{2s^2+2s}{s^2+2s+5}=2$$

예제 $F(s)=\dfrac{10(s+1)}{s^3+2s^2+2s}$ 일 때 $f(t)$의 최종값을 구하여라.

풀이 최종값의 정리 $\lim_{t\to\infty}f(t)=\lim_{s\to 0}sF(s)$에 의해서

$$\lim_{t\to\infty}f(t)=\lim_{s\to 0}sF(s)=\lim_{s\to 0}s\frac{s(10s+10)}{(s^2+2s+2)}=\lim_{s\to 0}\frac{10s+10}{s^2+2s+2}=5$$

9.2 미분계수

함수 $f(x)$가 주어졌을 때 함수 $y=f(x)$에서 x의 값이 x_1에서 x_2까지 변할 때, 함수값은 $f(x_1)$에서 $f(x_2)$까지 변한다. 이 때

$$\frac{f(x_2)-f(x_1)}{x_2-x_1}$$

을 x가 x_1에서 x_2까지 변할 때의 함수 $f(x)$의 **평균변화율**(average of rate change)이라고 한다.

$$x_2 - x_1 = \Delta x$$
$$y_2 - y_1 = f(x_2) - f(x_1) = \Delta y$$

라 놓을 때, $\boldsymbol{\Delta x}$를 x의 **증분**(increment), $\boldsymbol{\Delta y}$를 y의 **증분**이라고 한다.

따라서 평균변화율은 다음과 같이 나타낼 수 있다.

$$\frac{\Delta y}{\Delta x} = \frac{f(x_2) - f(x_1)}{x_2 - x_1} = \frac{f(x_1 + \Delta x) - f(x_1)}{\Delta x} \tag{9-4}$$

그림 9-1에서 x가 x_1에서 x_2까지 변할 때의 평균변화율 $\frac{\Delta y}{\Delta x}$는 두점 A와 B를 지나는 직선의 기울기를 나타낸다.

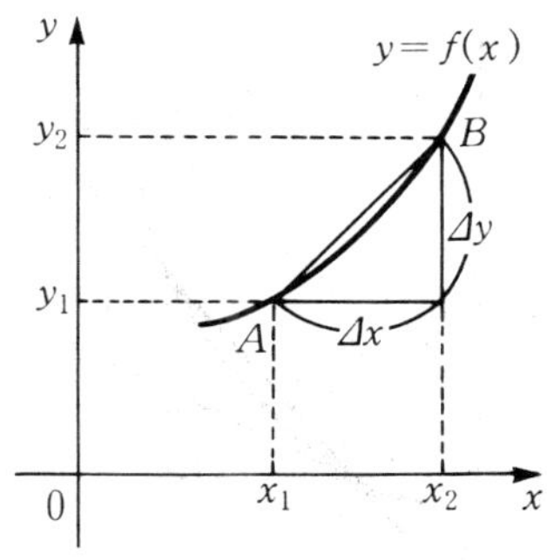

•• 그림 9-1 평균변화율 ••

예제 다음 함수에서 x가 1에서 3까지 변할 때, 평균변화율을 구하여라.

① $f(x) = x^2 - 2x$ ② $f(x) = x^3$

풀이 ① $\frac{\Delta y}{\Delta x} = \frac{f(3) - f(1)}{3 - 1} = \frac{(9-6)-(1-2)}{2} = \frac{3+1}{2} = 2$

② $\frac{\Delta y}{\Delta x} = \frac{f(3) - f(1)}{3 - 1} = \frac{27-1}{2} = \frac{26}{2} = 13$

평균변화율에서 $\Delta x \to 0$ 일 때의 극한값

$$\lim_{\Delta x \to 0} \frac{\Delta y}{\Delta x} = \lim_{\Delta x \to 0} \frac{f(x_1 + \Delta x) - f(x_1)}{\Delta x} \tag{9-5}$$

이 존재하면, 함수 $f(x)$는 $x = x_1$에서 미분가능(differentiable)하다라고 한다. 이 때의 극한값을 $x = x_1$에서의 미분계수(differential coefficient) 또는 순간변화율이라 하고, 이것을 기호 $f'(x_1)$으로 나타낸다.

특히, 함수 $f(x)$가 어떤 구간 안의 모든 점에서 미분계수를 가지면, 그 함수는 그 구간에서 미분가능하다라고 한다.

함수 $y = f(x)$에서 변수 x가 x_1에서 x_2까지 변할 때, 함수 $f(x)$의 평균변화율 $\frac{f(x_2) - f(x_1)}{x_2 - x_1}$은 그림 9-2와 같이 $y = f(x)$ 위에 두점 $P(x_1, f(x_1))$, $Q(x_2, f(x_2))$를 잇는 직선의 기울기를 나타낸다.

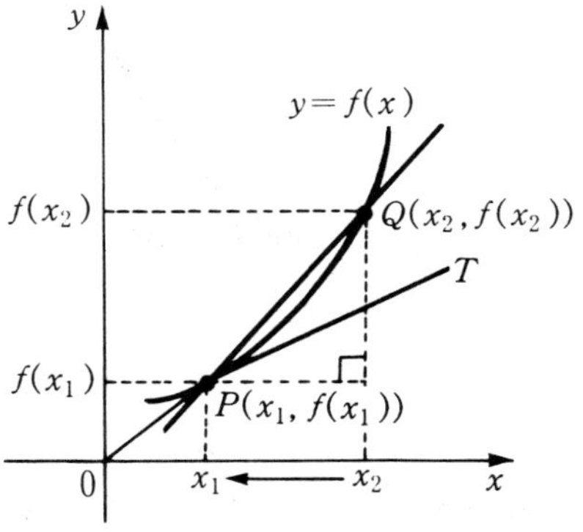

• • 그림 9-2 • •

x_2가 x축 위에서 x_1에 한없이 가까워지면, 점 Q는 곡선을 따라 점 P에 한없이 가까워진다.

이 때, 직선 PQ는 직선 PT에 한없이 가까이 간다.

이 직선 PT를 곡선 $y = f(x)$ 위의 점 P에서의 접선(tangential line)이라 하고, 점 P를 그 접점이라고 한다.

예제 $f(x)=x^2$의 $x=1$에서의 미분계수를 구하여라.

풀이 $$f'(1)=\lim_{\Delta x\to 0}\frac{f(1+\Delta x)-f(1)}{\Delta x}=\lim_{\Delta x\to 0}\frac{(1+\Delta x)^2-1}{\Delta x}=\lim_{\Delta x\to 0}\frac{2\Delta x+\Delta x^2}{\Delta x}$$
$$=\lim_{\Delta x\to 0}(2+\Delta x)=2$$

함수 $y=f(x)$가 $x=a$에서 미분가능하면 $y=f(x)$는 $x=a$에서 연속이다.

즉, 함수 $y=f(x)$가 $x=a$에서 미분가능할 때는

$$\lim_{\Delta x\to 0}\frac{f(a+\Delta x)-f(a)}{\Delta x}=f'(a) \tag{9-6}$$

가 유한인 일정한 값이므로

$$\lim_{\Delta x\to 0}\{f(a+\Delta x)-f(a)\}=\lim_{\Delta x\to 0}\frac{f(a+\Delta x)-f(a)}{\Delta x}\cdot\Delta x=f'(a)\cdot 0=0$$

에서

$$\lim_{\Delta x\to 0}f(a+\Delta x)=f(a) \tag{9-7}$$

따라서, 함수 $y=f(x)$는 $x=a$에서 연속이다.

함수 $y=f(x)$의 $x=x_1$에서의 미분계수

$$f'(x_1)=\lim_{x_2\to x_1}\frac{f(x_2)-f(x_1)}{x_2-x_1} \tag{9-8}$$

은 점 $P(x_1, f(x_1))$에서의 접선 PT의 기울기를 나타낸다.

일반적으로, 함수 $y=f(x)$의 $x=a$에서의 미분계수 $\boldsymbol{f'(a)}$는 곡선 $y=f(x)$ 위의 점 $(a, f(a))$에서의 접선의 기울기를 나타낸다.

곡선 $y=f(x)$ 위의 점 $P(a, f(a))$에서의 접선이 x축의 양의 방향과 이루는 각의 크기를 θ라 하면, 다음이 성립한다.

$$f'(a)=\tan\theta \tag{9-9}$$

$f'(a)$는 $P(a, f(a))$에서의 접선의 기울기이다. 점 $P(a, f(a))$에서의 접선에 수직인 직선을 **법선**(normal line)이라 한다. 이에 대한 것을 그림 9-3에 나타내었다. 그러므로 P에서의 법선의 기울기는 $-\dfrac{1}{f'(a)}$이다.

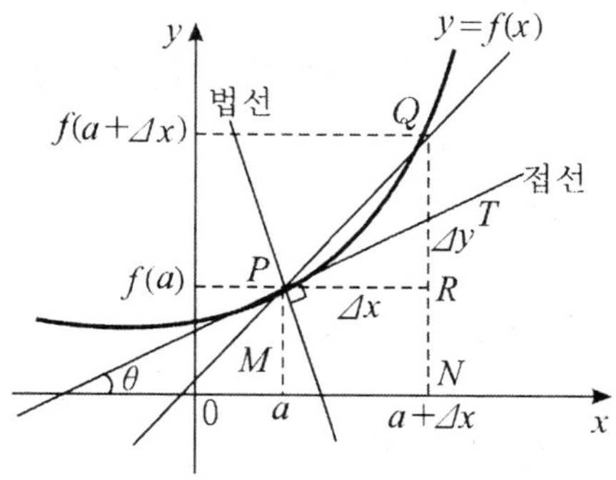

•• 그림 9-3 ••

예제 포물선 $f(x)=x^2+1$ 위의 x좌표가 2인 점에서의 접선의 기울기를 구하여라.

풀이 $f(x)=x^2+1$ 위의 x좌표가 $x=a$인 점에서의 접선의 기울기는 $f'(a)$이므로

$$f'(2)=\lim_{\Delta x\to 0}\frac{f(2+\Delta x)-f(2)}{\Delta x}=\lim_{\Delta x\to 0}\frac{\{((2+\Delta x)^2+1)-(2^2+1)\}}{\Delta x}$$

$$=\lim_{\Delta x\to 0}\frac{4\Delta x+\Delta x^2}{\Delta x}=\lim_{\Delta x\to 0}(4+\Delta x)=4$$

9.3 도함수

9.3.1 도함수의 정의

함수 $y=f(x)$에서 미분 가능한 점 x에 대하여 그 점에서의 미분계수 $f'(x)$를 대응시켜 유도된 함수를 $y=f(x)$의 도함수(derivative)라고 하고 y', $f'(x)$,

$\frac{dy}{dx}$, $\frac{d}{dx}f(x)$ … 등으로 나타낸다. 즉

$$f'(x)=\frac{dy}{dx}=\lim_{\Delta x\to 0}\frac{f(x+\Delta x)-f(x)}{\Delta x} \tag{9-10}$$

함수 $y=f(x)$에서 도함수 $f'(x)$를 구하는 것을 함수 $f(x)$를 x에 대하여 미분한다(differentiate)라 하고, 그 계산법을 미분법이라고 한다.

예제 함수 $f(x)=x^2$의 도함수를 구하여라.

풀이 $f'(x)=\lim_{\Delta x\to 0}\frac{f(x+\Delta x)-f(x)}{\Delta x}=\lim_{\Delta x\to 0}\frac{(x+\Delta x)^2-x^2}{\Delta x}$

$$=\lim_{\Delta x\to 0}\frac{x^2+2x\Delta x+\Delta x^2-x^2}{\Delta x}=\lim_{\Delta x\to 0}(2x+\Delta x)=2x$$

9.3.2 미분법에 관한 기본공식

지금까지는 함수 $y=f(x)$의 도함수를 구하는데 있어 도함수의 정의에 따라서 구했으나, 그와 같은 계산은 때로는 매우 복잡하고 난해하며 심지어 불가능한 경우도 있다. 따라서 이절에서는 도함수의 정의를 이용하여 미분공식을 설명하고자 한다.

(1) 상수의 미분

$y=c$ (c는 상수)일 때, $y'=0$이다. (9-11)

예 $y=5$에서 $y'=0$

(2) 상수배의 미분

$y=kf(x)$ (k는 상수)일 때, $y'=kf'(x)$ (9-12)

예 $y=6x-1$에서 $y'=6$

(3) 멱함수의 미분

$y = x^n$ (n은 자연수)일 때, $y' = nx^{n-1}$이다. (9-13)

예 $y = x^3$에서 $y' = 3x^2$

(4) 합의 도함수의 미분

$y = f(x) + g(x)$일 때, $y' = f'(x) + g'(x)$ (9-14)

예 $y = 4x^3 + 7x$에서 $y' = 12x^2 + 7$

(5) 곱의 도함수

$y = f(x) \cdot g(x)$일 때, $y' = f'(x) \cdot g(x) + f(x) \cdot g'(x)$ (9-15)

예제 $y = (5x+3)(3x-1)$ 을 미분하여라.

풀이 $y' = f'(x) \cdot g(x) + f(x) \cdot g'(x)$에서

$y' = (5x+3)'(3x-1) + (5x+3)(3x-1)'$

$= 5(3x-1) + 3(5x+3) = 30x + 4$

(6) 몫의 도함수

$y = \dfrac{f(x)}{g(x)}$ $[g(x) \neq 0]$일 때, $y' = \dfrac{f'(x)g(x) - f(x)g'(x)}{g(x)^2}$ (9-16)

예제 $y = \dfrac{x-1}{x+1}$ 의 도함수를 구하여라.

풀이 $y' = \dfrac{(x-1)'(x+1) - (x-1)(x+1)'}{(x+1)^2} = \dfrac{1 \cdot (x+1) - (x-1) \cdot 1}{(x+1)^2} = \dfrac{2}{(x+1)^2}$

(7) 합성함수의 미분

$$\left.\begin{array}{l} y=f(z) \\ z=g(x) \end{array}\right\} \quad y=f\{g(x)\}\text{일 때,}$$

$$y'=\frac{dy}{dx}=\frac{dy}{dz}\cdot\frac{dz}{dx}=f'(z)g'(x) \tag{9-17}$$

예제 $y=(5x^2-3x-1)^5$를 미분하여라.

풀이 $5x^2-3x-1=z$라고 두면, $y=z^5$으로 된다. 식 (9-17)에 의하여 $y'=\frac{dy}{dx}=\frac{dy}{dz}\cdot\frac{dz}{dx}$이다.

$\frac{dy}{dz}=5z^4$이고, $\frac{dz}{dx}=10x-3$이므로

$$y'=\frac{dy}{dx}=\frac{dy}{dz}\cdot\frac{dz}{dx}=5z^4\cdot(10x-3)=5(5x^2-3x-1)^4(10x-3)$$

(8) 역함수의 도함수

$$x=g(y)\text{일 때, }\frac{dy}{dx}=\frac{1}{\frac{dx}{dy}}=\frac{1}{g'(y)} \tag{9-18}$$

예제 함수 $x=ay^2+by+c$의 도함수를 구하여라.

풀이 $\frac{dx}{dy}=2ay+b$

$$\therefore\ \frac{dy}{dx}=\frac{1}{\frac{dx}{dy}}=\frac{1}{2ay+b}$$

예제 다음 각 함수의 도함수를 구하여라.

① $y=5x^2-2x+3$ ② $y=(x^3-2x)(3x^2+1)$

③ $y=\dfrac{2x+3}{x^2+1}$　　　　④ $y=\dfrac{1}{x^3}$

⑤ $y=\sqrt{1-x^2}$　　　　⑥ $x^2+y^2=4$

풀이 ① $y'=(5x^2)'-(2x)'+(3)'=10x-2$

② $y'=(x^3-2x)'(3x^2+1)+(x^3-2x)(3x^2+1)'$

$=(3x^2-2)(3x^2+1)+(x^3-2x)6x=15x^4-15x^2-2$

③ $y'=\dfrac{(2x+3)'(x^2+1)-(2x+3)(x^2+1)'}{(x^2+1)^2}=\dfrac{2(x^2+1)-(2x+3)\cdot 2x}{(x^2+1)^2}$

$=-\dfrac{2(x^2+3x-1)}{(x^2+1)^2}$

④ $y'=\left(\dfrac{1}{x^3}\right)'=(x^{-3})'=-3x^{-3-1}=-3x^{-4}=-\dfrac{3}{x^4}$

⑤ $z=1-x^2$, $y=\sqrt{z}$ 로 놓으면

$\dfrac{dy}{dz}=\dfrac{1}{2}z^{\frac{1}{2}-1}=\dfrac{1}{2\sqrt{z}}=\dfrac{1}{2\sqrt{1-x^2}}$, $\dfrac{dz}{dx}=-2x$ 이므로

$\therefore\ \dfrac{dy}{dx}=\dfrac{dy}{dz}\cdot\dfrac{dz}{dx}=\dfrac{-x}{\sqrt{1-x^2}}$

⑥ $x^2+y^2=4$ 의 양변을 x로 미분하면

$2x+2y\dfrac{dy}{dx}=0$　　$\therefore\ \dfrac{dy}{dx}=-\dfrac{x}{y}$

예제 그림 9-4와 같은 RLC 직렬회로에 일정주파수를 갖인 전압을 가한다. R만을 가변으로 했을 때 R이 어떤 값을 취할 때 소비전력이 최대가 되는가?

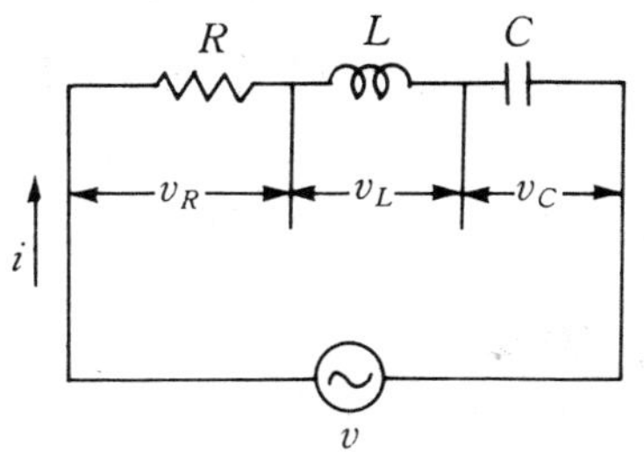

•• 그림 9-4 ••

풀이 회로의 전류 $I=\dfrac{E}{Z}=\dfrac{E}{\sqrt{R^2+X^2}}$

여기서 Z는 회로의 전체 임피던스 $Z=\sqrt{R^2+\left(\omega L-\dfrac{1}{\omega C}\right)^2}=\sqrt{R^2+X^2}$

저항 R에 소비되는 전력 P는

$$P=I^2R=\frac{E^2}{R^2+X^2}R=\frac{E^2}{\dfrac{R^2+X^2}{R}}$$

전력 P가 최대가 되려면 윗 식에서 분모가 최소가 되어야 하므로

윗 식의 분모를 y라 하고 y를 R로 미분하면

$$\frac{dy}{dR}=\frac{d}{dR}\left\{\frac{R^2+X^2}{R}\right\}=\frac{2R(R)-(R^2+X^2)}{R^2}=\frac{R^2-X^2}{R^2}=0$$

$$\therefore\ R^2-X^2=0 \qquad \therefore\ R=X=\omega L-\frac{1}{\omega C}$$

예제 인덕턴스 $L=1\,[\mathrm{H}]$인 코일에 $i(t)=10e^{-2t}$인 전류를 인가할 때 t에서의 L의 단자전압 $v(t)$를 구하여라.

풀이 $v(t)=L\dfrac{di}{dt}$ 에서

$$v(t)=L\frac{di}{dt}=(1)\frac{d(10e^{-2t})}{dt}=-20e^{-2t}[\mathrm{V}]$$

9.4 여러 가지 함수의 미분법

이 절에서는 대수함수가 아닌 초월함수(transcandental function)인 삼각함수, 역삼각함수, 지수함수, 로그함수, 쌍곡선함수 등의 도함수에 관하여 설명하고자 한다.

9.4.1 삼각함수의 미분

① $\displaystyle\lim_{x\to 0}\frac{\sin x}{x}=1$ (9-19)

예 $\lim_{\theta \to 0} \frac{\sin 2\theta}{\theta} = \lim_{\theta \to 0} 2 \cdot \frac{\sin 2\theta}{2\theta} = 2 \lim_{x \to 0} \frac{\sin x}{x} = 2 \cdot 1 = 2$

② $\lim_{x \to 0} \frac{\tan x}{x} = 1$ (9-20)

③ $y = \sin x$일 때, $y' = \cos x$ (9-21)

④ $y = \cos x$일 때, $y' = -\sin x$ (9-22)

⑤ $y = \tan x$일 때, $y' = \sec^2 x$ (9-23)

⑥ $y = \cot x$일 때, $y' = -\operatorname{cosec}^2 x$ (9-24)

⑦ $y = \sec x$일 때, $y' = \sec x \cdot \tan x$ (9-25)

⑧ $y = \operatorname{cosec} x$일 때, $y' = -\operatorname{cosec} x \cdot \cot x$ (9-26)

⑨ $y = \sin nx$일 때, $y' = n\cos nx$ (9-27)

예제 그림 9-5와 같은 자기 인덕턴스 L[H]의 코일에 $i = I_m \sin \omega t$[A]의 전류가 흐르고 있다. 이 코일 양단전압 e를 구하여라.

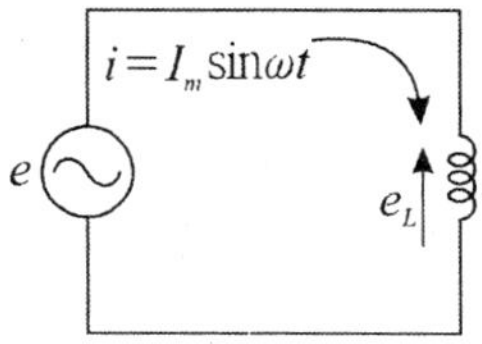

•• 그림 9-5 ••

풀이 코일 양단 전압 e는, $e = L\frac{di}{dt}$ 로 표시되므로

$$e = L\frac{di}{dt} = L(I_m \sin \omega t) = \omega L I_m \cos \omega t \text{[V]}$$

예제 그림 9-6과 같은 회로에서 정전용량이 0.1[μF]인 콘덴서에 $v = 2\sin(200\pi t)$의 전압을 인가했을 때 $t = 0$에서의 전류[mA]를 구하여라.

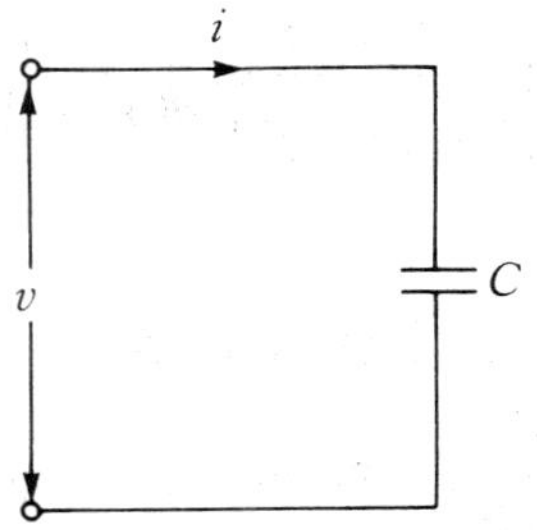

•• 그림 9-6 ••

풀이 $i = C\frac{dv}{dt}$ 에서

$$i = C\frac{dv}{dt} = 0.1\times10^{-6}\times\frac{d}{dt}(2\sin 200\pi t)$$
$$= 4\pi\times10^{-5}\cos(200\pi t)[\mathrm{A}]$$

여기서, $t=0$ 이므로

$$i = 12.56\times10^{-5}\times1 = 0.1256\times10^{-3}$$
$$= 0.1256[\mathrm{mA}]$$

예제 다음 각 함수를 미분하여라.

① $y = 2\sin(3x^2-4)$ ② $y = \cos^3 x$

풀이 ① $z = 3x^2 - 4$ 로 놓으면 $y = 2\sin z$ 이므로

$$y' = \frac{dy}{dx} = \frac{dz}{dy}\cdot\frac{dz}{dx} = 2\cos z\cdot 6x = 12x\cos(3x^2-4)$$

② $z = \cos x$ 로 놓으면 $y = z^3$ 이므로

$$y' = \frac{dy}{dx} = \frac{dy}{dz}\cdot\frac{dz}{dx} = 3z^2(-\sin x) = -3\cos^2 x\sin x$$

위에서 보인 바와 같이 어떤 함수를 Z라 놓고 공식을 사용하여 도함수를 구하는 것은 식이 복잡하게 된다. 여기서 다음과 같이 생각하면 편리하다.

① $y = (x^2-3x+2)^5$을 미분할 때 식 (9-13)에서 x^2-3x+2 를 x로 놓고 $5(x^2-3x+2)^4$을 만들고 이것에 x^2-3x+2 를 미분한 것을 곱한다. 즉

$$\frac{d(x^2-3x+2)^5}{dx} = 5(x^2-3x+2)^4 \frac{d(x^2-3x+2)}{dx} = 5(x^2-3x+2)^4(2x-3)$$

② $y=\sqrt{\sin x}$를 미분할 때는 우선 $\sin x$를 식 (9-13)에서 X와 같이 생각하고 이 공식을 적용하여 $\frac{1}{2\sqrt{\sin x}}$을 만들고 이것에 $\sin x$를 미분한 것을 곱한다. 즉

$$\frac{d(\sqrt{\sin x})}{dx} = \frac{1}{2\sqrt{\sin x}} \times \frac{d(\sin x)}{dx} = \frac{\cos x}{2\sqrt{\sin x}}$$

예제 다음 각 함수들을 미분하여라.

① $y=\sin(2x+1)$

② $y=x \cdot \sin 2x$

③ $y=\sin^3 x$

④ $y=\cos\sqrt{x^2+1}$

⑤ $y=\cot\frac{3}{x}$

⑥ $y=\tan 3x^2$

⑦ $y=\sec(5x+2)$

풀이 ① $y'=\cos(2x+1)\cdot(2x+1)'=2\cos(2x+1)$

② $y'=(x)'\sin 2x+(\sin 2x)'x=\sin 2x+2x\ \cos 2x$

③ $y'=3\sin^2 x(\sin x)'=3\sin^2 x\cdot\cos x$

④ $y'=-\sin\sqrt{x^2+1}\,(\sqrt{x^2+1})'=-\sin\sqrt{x^2+1}\frac{2x}{2\sqrt{x^2+1}}$

$$=-\frac{x}{\sqrt{x^2+1}}\sin\sqrt{x^2+1}$$

⑤ $y'=-\mathrm{cosec}^2\frac{3}{x}(3x^{-1})'=\frac{3}{x^2}\mathrm{cosec}^2\frac{3}{x}$

⑥ $y'=\sec^2 3x^2\cdot(3x^2)'=6x\sec^2 3x^2$

⑦ $y'=\sec(5x+2)\cdot\tan(5x+2)\cdot(5x+2)'=5\sec(5x+2)\tan(5x+2)$

예제 그림 9-7과 같은 R-C 직렬회로에서 $t=0$인 순간에 스위치 s를 닫은 후

t초 후의 전기량 q[C]는 $q=CE(1-e^{-\frac{1}{RC}t})$로 주어진다. 이 회로에 흐르는 전류를 구하여라.

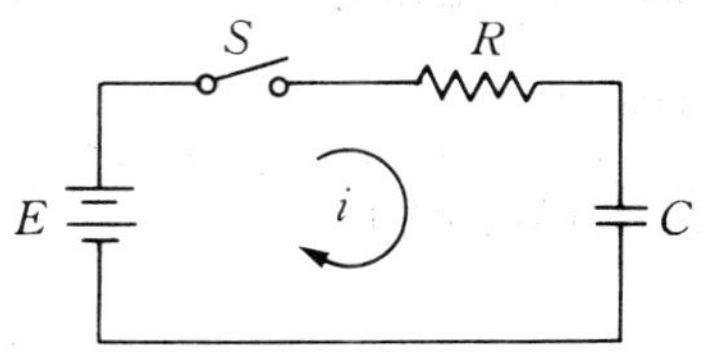

•• 그림 9-7 ••

풀이 전류 i[A]는, $i=\frac{dq}{dt}$ [A]가 된다.

$$\therefore\ i=\frac{dq}{dt}=\frac{d}{dt}\left\{CE-CEe^{-\frac{1}{RC}t}\right\}$$

$$=-CE\cdot\left(-\frac{1}{RC}\right)e^{-\frac{1}{RC}t}=\frac{E}{R}e^{-\frac{1}{RC}t}\text{[A]}$$

예제 그림 9-8과 같은 $R-L$ 직렬로 접속한 회로에 교류전원을 연결하였을 때 회로에 흐르는 전류가 $i=I_m\sin\omega t$[A]라고 한다. 이때, 회로의 전 전압강하를 구하여라.

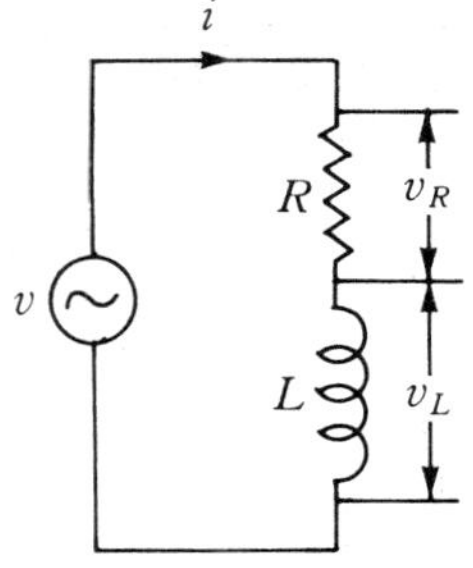

•• 그림 9-8 $R-L$ 직렬 회로 ••

풀이 R, L의 전압강하를 각각 v_R, v_L라고 하면

$$v_R=Ri=RI_m\sin\omega t$$

$$v_L = L\frac{di}{dt} = L\frac{d(I_m \sin \omega t)}{dt} = \omega L I_m \cos \omega t$$

$\therefore$ 전 전압강하 v는

$$v = v_R + v_L = RI_m \sin \omega t + \omega L I_m \cos \omega t$$

$$= I_m\{R \sin \omega t + \omega L \cos \omega t\}$$

$$= I_m \sqrt{R^2 + (\omega L)^2} \sin(\omega t + \varphi)[\mathrm{V}]$$

단, $\varphi = \tan^{-1}\frac{\omega L}{R}$

9.4.2 역삼각함수의 미분

함수 f가 역함수를 갖는다면 그 치역의 각 원소에 대하여 단 하나의 정의역의 원소가 존재하게 된다. 그런데 sine함수는 주기 함수이므로 $[-1, 1]$의 각 y에 대하여 $\sin x = y$를 만족하는 x가 무수히 많이 존재한다. 따라서 sine함수는 역함수를 갖지 않지만 그의 정의역을 적당히 제한해서 역함수를 정의할 수 있다.

sine함수를 구간 $\left[-\frac{\pi}{2}, \frac{\pi}{2}\right]$로 제한하면 그 구간에서 연속이고 증가하므로 역함수를 갖게 된다. 이 때 정의역을 $\left[-\frac{\pi}{2}, \frac{\pi}{2}\right]$로 제한한 sine함수를 sine으로 표시하고 구간 $\left[-\frac{\pi}{2}, \frac{\pi}{2}\right]$를 sine함수의 **주치구간**(interval of principal values)이라고 한다.

즉 함수 sine은

$$y = \sin x, \left(-\frac{1}{2}\pi \leq x \leq \frac{1}{2}\pi\right)$$

로 정의된 함수이다. 또 함수 sine의 역함수를 $\sin^{-1}$ 또는 Arcsine으로 표시하고 **역정현함수**(inverse sine function)라 한다. 즉 $\sin^{-1}$은 대응규칙

$$y = \sin^{-1} x \Leftrightarrow x = \sin y \tag{9-28}$$

로 정의된 함수로서, $\sin^{-1}$의 정의역은 $[-1,\ 1]$이고, 치역은 $\left[-\frac{1}{2}\pi,\ \frac{1}{2}\pi\right]$이다.

역 sine함수 $\sin^{-1}$의 그래프는 sin e함수의 그래프를 직선 $y=x$에 관하여 대칭이 되도록 그려서 얻을 수 있다.

역삼각함수의 그래프를 그림 9-9에 나타내었다.

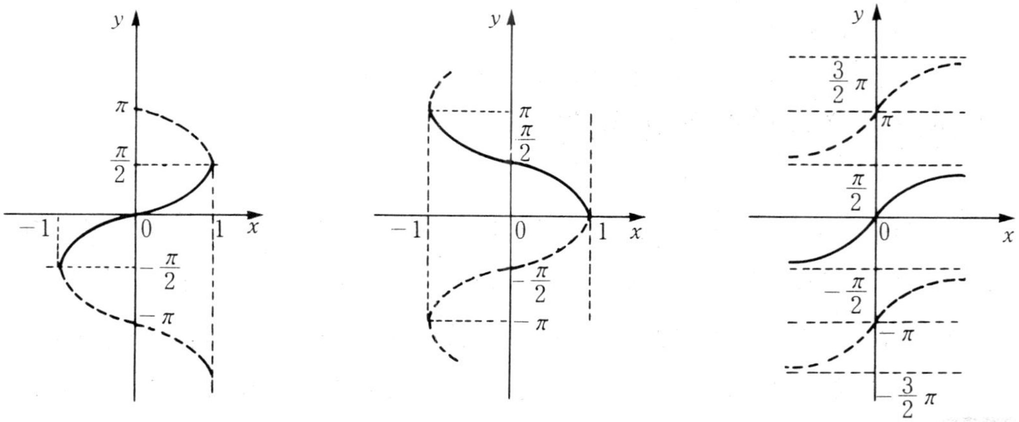

(a) $y=\sin^{-1}x$ (b) $y=\cos^{-1}x$ (c) $y=\tan^{-1}x$

•• 그림 9-9 ••

① $\boldsymbol{y=\sin^{-1}x}$일 때, $\boldsymbol{y'=\frac{1}{\sqrt{1-x^2}}}$ (단, $-1<x<1$) (9-29)

② $\boldsymbol{y=\cos^{-1}x}$일 때, $\boldsymbol{y'=-\frac{1}{\sqrt{1-x^2}}}$ (단, $-1<x<1$) (9-30)

③ $\boldsymbol{y=\tan^{-1}x}$일 때, $\boldsymbol{y'=\frac{1}{1+x^2}}$ (단, $-\infty<x<\infty$) (9-31)

④ $\boldsymbol{y=\cot^{-1}x}$일 때, $\boldsymbol{y'=-\frac{1}{1+x^2}}$ (9-32)

⑤ $\boldsymbol{y=\sec^{-1}x}$일 때, $\boldsymbol{y'=\frac{1}{x\sqrt{x^2-1}}}$ (9-33)

⑥ $\boldsymbol{y=\mathrm{cosec}^{-1}}$일 때, $\boldsymbol{y'=-\frac{1}{x\sqrt{x^2-1}}}$ (9-34)

증명 ① $y=\sin^{-1}x$의 미분

변형하면 $x=\sin y$, $\dfrac{dx}{dy}=\cos y=\sqrt{1-x^2}$

$-\dfrac{\pi}{2}<y<\dfrac{\pi}{2}$ 이므로 $\cos y>0$ $\therefore \cos y=\sqrt{1-x^2}$

$$\therefore \frac{dy}{dx}=\frac{1}{\dfrac{dx}{dy}}=\frac{1}{\sqrt{1-x^2}}$$

② $y=\cos^{-1}x$의 미분

위에서와 같은 방법에 의하여

$x=\cos y$, $\dfrac{dx}{dy}=-\sin y=-\sqrt{1-x^2}$

$0<y<\pi$이므로 $\sin y>0$ $\therefore \sin y=\sqrt{1-x^2}$

$$\therefore \frac{dy}{dx}=\frac{-1}{\sqrt{1-x^2}}$$

예제 다음 각 함수들을 미분하여라.

① $y=\sin^{-1}3x$ ② $y=\sin^{-1}\dfrac{2}{x}$

③ $y=\cos^{-1}\dfrac{3}{x}$ ④ $\tan^{-1}\sqrt{1+x^2}$

⑤ $y=\sec^{-1}x^2$ ⑥ $y=2\cot^{-1}(\sin x)$

풀이 ① $y'=\dfrac{(3x)'}{\sqrt{1-(3x)^2}}=\dfrac{3}{\sqrt{1-9x^2}}$

② $y'=\dfrac{\left(\dfrac{2}{x}\right)'}{\sqrt{1-\left(\dfrac{2}{x}\right)^2}}=\dfrac{-2x^{-2}}{\sqrt{1-\dfrac{4}{x^2}}}=\dfrac{-2}{x\sqrt{x^2-4}}$ $(x>0)$

③ $y'=\dfrac{\left(\dfrac{3}{x}\right)'}{\sqrt{1-\left(\dfrac{3}{x}\right)^2}}=\dfrac{3x^{-2}}{\sqrt{1-\dfrac{9}{x^2}}}=\dfrac{3}{x\sqrt{x^2-9}}$ $(x>0)$

④ $y'=\dfrac{1}{1+\sqrt{(1+x^2)^2}}(\sqrt{1+x^2})'=\dfrac{1}{2+x^2}\dfrac{x}{\sqrt{1+x^2}}=\dfrac{x}{(2+x^2)\sqrt{1+x^2}}$

⑤ $y' = \frac{1}{x^2\sqrt{x^4-1}}(x^2)' = \frac{2x}{x^2\sqrt{x^4-1}} = \frac{2}{x\sqrt{x^4-1}}$

⑥ $y' = -2\frac{(\sin x)'}{1+(\sin x)^2} = -\frac{2\cos x}{1+\sin^2 x}$

9.4.3 지수함수, 로그함수의 미분

① $\lim_{x\to\infty}(1+x)^{\frac{1}{x}} = e$ (9-35)

② $y = a^x$일 때, $y' = a^x \ln a$(단, $a \neq 0$, $a > 0$) (9-36)

③ $y = \log_a x$일 때, $y' = \frac{1}{x}\log_a e = \frac{1}{x \ln a}$ (9-37)

④ $y = e^x$일 때, $y' = e^x$ (9-38)

⑤ $y = \ln x$일 때, $y' = \frac{1}{x}$ (9-39)

증명 $y = a^x$와 $y = e^x$의 미분

지수함수 $y = a^x$(단, $a > 0, a \neq 1$)의 도함수를 로그함수의 도함수를 이용하여 구하여 보자.

함수 $y = a^x$의 양변에 대하여 자연로그를 취하면,

$\ln y = \ln a^x$ 즉, $\ln y = x \ln a$

이 식의 양변을 x에 관하여 미분하면

$$\frac{y'}{y} = \ln a$$

따라서, $y' = y \ln a = a^x \ln a$

특히, a를 자연로그의 밑 e로 바꾼 그림 9-10의 지수함수 $y = e^x$일 때는 $\log e = 1$이므로, 그 도함수는 $y' = e^x$이 된다.

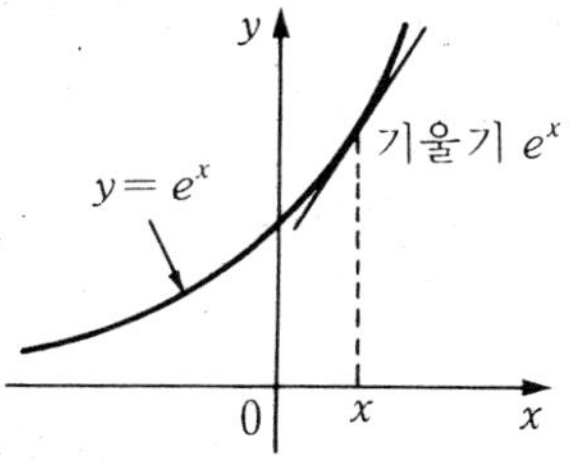

•• 그림 9-10 ••

예제 다음 각 함수들을 미분하여라.

① $y=e^{2x-1}$

② $y=3^{x^2+1}$

③ $y=\ln\sqrt{x^2+a^2}$

④ $y=\ln\dfrac{x}{1+x}$

⑤ $y=\log_2(3x-1)^3$

⑥ $y=3^x\ln x$

풀이 ① $y'=e^{2x-1}(2x-1)'=2e^{2x-1}$

② $y'=3^{x^2+1}\ln3(x^2+1)'=2x\cdot3^{x^2+1}\ln3$

③ $y'=\dfrac{1}{\sqrt{x^2+a^2}}(\sqrt{x^2+a^2})'=\dfrac{1}{\sqrt{x^2+a^2}}\dfrac{x}{\sqrt{x^2+a^2}}=\dfrac{x}{x^2+a^2}$

④ $y=\ln\dfrac{x}{1+x}=\ln x-\ln(1+x)$

$\therefore y'=\dfrac{1}{x}-\dfrac{1}{1+x}=\dfrac{1}{x(1+x)}$

⑤ $y'=\dfrac{1}{(3x-1)^3}\log_2 e\{(3x-1)^3\}'=\dfrac{1}{(3x-1)^3}\dfrac{1}{\ln2}\cdot3(3x-1)^2\cdot3$

$=\dfrac{9}{(3x-1)\ln2}$

⑥ $y'=(3^x)'\ln x+3^x(\ln x)'$

$=3^x\ln3\cdot\ln x+3^x\dfrac{1}{x}=3^x\left\{(\ln3)(\ln x)+\dfrac{1}{x}\right\}$

9.4.4 쌍곡선함수의 미분

다음과 같이 정의되는 함수를 쌍곡선함수(hyperbolic function)라 하고 $\sinh x$,

cosh x, tanh x, coth x, sech$x$, cosech$x$로 나타내며 hyperbolic sin x, hyperbolic cos x, hyperbolic tan x, … 등으로 읽는다.

쌍곡선함수를 지수함수로 표시하면 다음과 같다.

① $\sinh x = \dfrac{e^x - e^{-x}}{2}$ ② $\cosh x = \dfrac{e^x + e^{-x}}{2}$

③ $\tanh x = \dfrac{\sinh x}{\cosh x} = \dfrac{e^x - e^{-x}}{e^x + e^{-x}}$ ④ $\coth x = \dfrac{1}{\tanh x} = \dfrac{e^x + e^{-x}}{e^x - e^{-x}}$

⑤ $\mathrm{sech}\, x = \dfrac{1}{\cosh x} = \dfrac{2}{e^x + e^{-x}}$ ⑥ $\mathrm{cosech}\, x = \dfrac{1}{\sinh x} = \dfrac{2}{e^x - e^{-x}}$

두 함수 $y = \sinh x$와 $y = \cosh x$의 그래프는 $y = e^x$와 $y = e^{-x}$의 그래프를 결합하여서 그릴 수 있다. 그림 9-11에 여러 가지 쌍곡선함수의 그래프를 나타내었다.

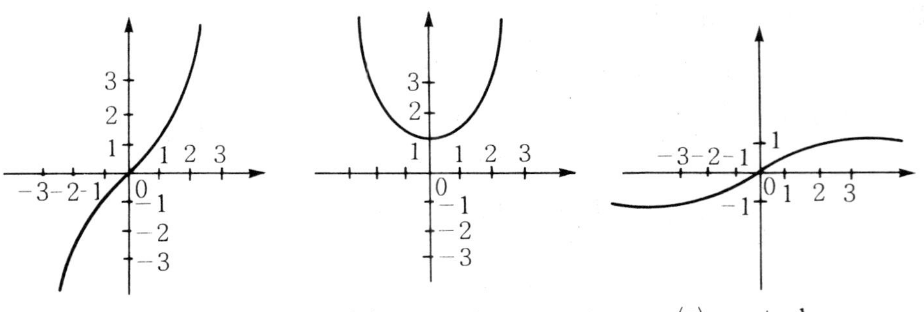

(a) $y = \sinh x$ (b) $y = \cosh x$ (c) $y = \tanh x$

•• 그림 9-11 ••

쌍곡선에 관한 공식을 표시하면 다음과 같다.

① $\sinh(-x) = -\sinh x$, $\cosh(-x) = \cosh x$

② $\cosh^2 x - \sinh^2 x = 1$

③ $\sinh(x+y) = \sinh x \cdot \cosh y + \cosh x \cdot \sinh y$

④ $\cosh(x+y) = \cosh x \cdot \cosh y + \sinh x \cdot \sinh y$

⑤ $\sinh 2x = 2 \sinh x \cosh x$

⑥ $\cosh 2x = \cosh^2 x + \sinh^2 x$

쌍곡선함수의 미분공식을 표시하면 다음과 같다.

① $y = \sinh x$일 때, $y' = \cosh x$

② $y = \cosh x$일 때, $y' = \sinh x$

③ $y = \tanh x$일 때, $y' = \mathrm{sech}^2 x$

④ $y = \coth x$일 때, $y' = -\mathrm{cosech}^2 x$

⑤ $y = \mathrm{sech}\, x$일 때, $y' = -\mathrm{sech}\, x \tanh x$

⑥ $y = \mathrm{cosech}\, x$일 때, $y' = -\mathrm{cosech}\, x \coth x$

증명 ① $y = \sinh x$의 미분

$$y' = (\sinh x)' = \left(\frac{e^x - e^{-x}}{2}\right)' = \frac{e^x + e^{-x}}{2} = \cosh x$$

② $y = \tanh x$의 미분

$$y' = (\tanh x)' = \left(\frac{e^x - e^{-x}}{e^x + e^{-x}}\right)' = \frac{(e^x + e^{-x})^2 - (e^x - e^{-x})^2}{(e^x + e^{-x})^2}$$

$$= \frac{4}{(e^x + e^{-x})^2} = \left(\frac{2}{e^x + e^{-x}}\right)^2 = \mathrm{sech}^2 x$$

9.5 미분의 응용

9.5.1 접선 및 법선의 방정식

앞에서 배운 바와 같이, 미분가능한 함수 $y = f(x)$의 $x = x_1$에서의 미분계수 $f'(x_1)$는 곡선 $y = f(x)$ 위의 점 $P(x_1, y_1)$에서의 접선의 기울기를 나타낸다. 따라서, 다음 방정식을 얻는다.

곡선 $y=f(x)$ 위에 점 (x_1, y_1)에서의 접선의 방정식은 $y-y_1=f'(x_1)(x-x_1)$ 또 곡선 $y=f(x)$ 위의 점 P에서의 접선 PT와 수직으로 만나는 직선 PN을 이 곡선의 점 P에서의 법선(normal line)이라 하고, 곡선 $y=f(x)$ 위의 한 점 $P(x_1, x_2)$에서의 이 곡선에 법선의 방정식은

$$y-y_1=-\frac{1}{f'(x)}(x-x_1) \tag{9-40}$$

예제 곡선 $y=\sqrt{x}$ 위의 점 (4, 2)에서의 접선의 방정식을 구하여라.

풀이 $y'=\frac{1}{2\sqrt{x}}$ 이므로 점 (4, 2)에서의 접선의 기울기는 $\frac{1}{2\sqrt{4}}=\frac{1}{4}$,
따라서 접선 방정식의 공식에 대입하면 접선의 방정식은

$$y-2=\frac{1}{4}(x-4)$$

$$\therefore y=\frac{1}{4}x+1$$

인 방정식을 얻는다.

예제 그림 9-12의 점 $A(1,0)$에서 곡선 $y=e^{x-1}$에 그은 접선의 방정식을 구하여라.

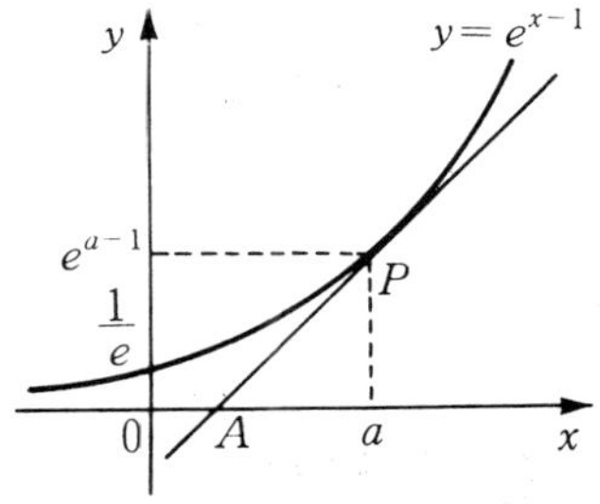

• • 그림 9-12 • •

풀이 접점을 $P(a, e^{a-1})$라 하면 접선의 기울기는 $f'(a)=e^{a-1}$
따라서, 접선 AP의 방정식은

$$y - e^{a-1} = e^{a-1}(1-a) \qquad ①$$

이 접선 ①은 $A(1,0)$을 지나므로

$$-e^{a-1} = e^{a-1}(1-a)$$

여기서 $a=2$이므로 접점은 $(2, e)$

따라서, 구하는 접선의 방정식은 식 ①에서

$$y - e^{2-1} = e^{2-1}(x-2)$$

$$\therefore\ y = ex - e$$

예제 그림 9-13과 같은 곡선 $y=x^2$의 점 $P(2,4)$에 대한 법선의 방정식을 구하여라.

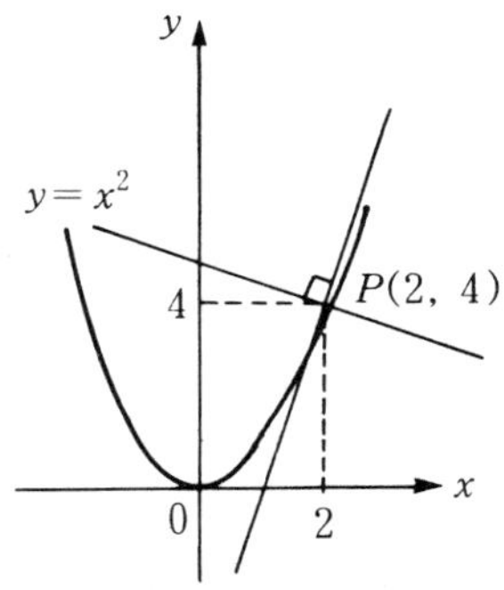

•• 그림 9-13 ••

풀이 $y' = 2x$이므로 점 $P(2,4)$에서의 접선의 기울기는 $2\times2=4$

따라서, 법선의 방정식의 공식에 대입하면

$$y - 4 = -\frac{1}{4}(x-2)$$

$$\therefore\ y = -\frac{1}{4}x + \frac{9}{2}$$

인 방정식을 얻는다.

9.5.2 함수의 극대와 극소

앞에서 공부한 함수 $f(x) = x^3 - 6x^2 + 9x + 1$은 $x=1$, $x=3$에서 $f'(x)=0$이

되고, 또 그 함수는 $x=1$의 전후에서 증가 상태에서 감소 상태로, $x=3$의 전후에서 감소 상태에서 증가 상태로 변하고 있음을 알았다.

일반적으로, 그림 9-14에서와 같이 함수 $f(x)$가 $x=a$에서 연속이고 x가 증가하면서 $x=a$를 지날 때, $f(x)$가 증가 상태에서 감소 상태로 변하면, $f(x)$는 $x=a$에서 **극대**가 된다고 하고, $f(a)$를 **극대값**이라고 한다.

한편 그림 9-15에서와 같이 x가 증가하면서 $x=a$를 지날 때, $f(x)$가 감소 상태에서 증가 상태로 변하면, $f(x)$는 $x=a$에서 **극소**가 된다고 하고, $f(a)$를 **극소값**이라고 한다. 극대값과 극소값을 통틀어 **극값**이라고 한다.

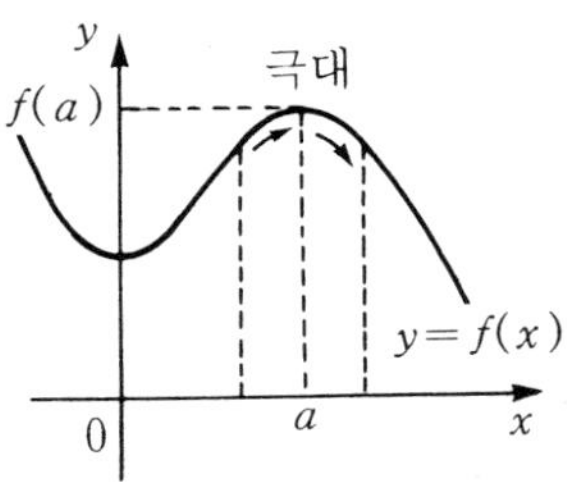

•• 그림 9-14 ••

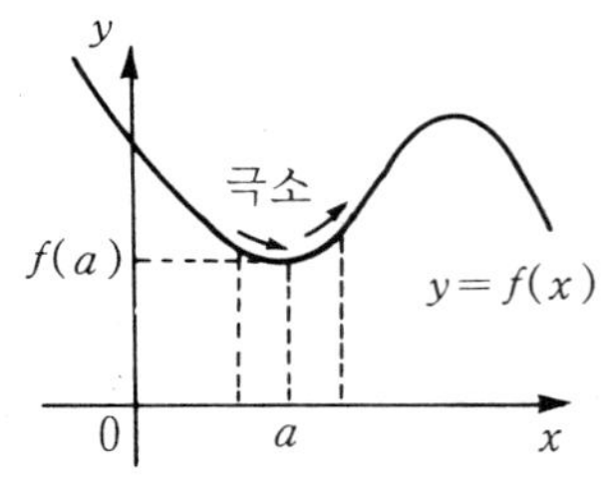

•• 그림 9-15 ••

다항 함수는 연속함수이므로 폐구간 $[a, b]$에서 최대값과 최소값을 갖는다. 최대값과 최소값을 구하는 방법은 다음과 같다.

① 구간 $[a, b]$에 포함되는 극대값, 극소값을 구한다.

② 함수의 경계값(양단점에서의 함수값) $f(a)$, $f(b)$를 구한다.

③ ①과 ②에서 구한 값 중에서 가장 큰 값이 최대값이고, 가장 작은 값이 최소값이다.

예제 합이 10이 되는 두 수로서 그 각각의 제곱의 합이 최소가 되는 두 수를 구하여라.

풀이 x, $10-x$를 두 수라 하고 그 제곱의 합을 y라 하자.

문제의 뜻에 따라 방정식을 세우면 다음과 같다.

$$y = x^2 + (10 - x)^2 = 2x^2 - 20x + 100$$

$$\therefore y' = 4x - 20 = 0, \qquad y'' = 4 > 0$$

이므로, $x = 5$에서 극소이며 최소가 된다. 따라서, 다른 수는 $10 - x = 5$

∴ 두 수는 5와 5이다.

예제 기전력 E[V], 내부저항 r[Ω]인 축전지 3개를 직렬로 접속한 회로에 그림 9-16과 같이 부하저항 R을 연결하여 그 소비전력을 최대로 하도록 하기 위한 조건을 구하여라.

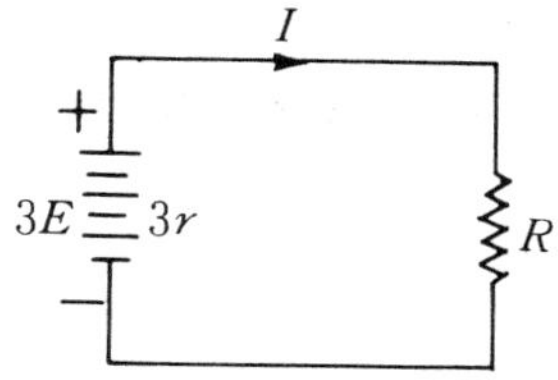

•• 그림 9-16 ••

풀이 전원의 기전력을 $3E$라 하면 이 때 회로에 흐르는 전류 I는 다음과 같다.

$$I = \frac{3E}{3r + R}$$

따라서 소비전력 P는

$$P = I^2 R = \left(\frac{3E}{3r + R}\right)^2 R = \frac{E^2}{\dfrac{(3r + R)^2}{9R}}$$

윗 식에서 소비전력 P를 최대로 하려면, 분모가 최소가 되면 된다. 즉, $P' = \dfrac{dP}{dR} = 0$일 때, 최대전력이 공급된다.

$$P' = \frac{2(3r + R)9R - 9(3r + R)^2}{(9R)^2} = 0,$$

$$54rR + 18R^2 - 81r^2 - 54rR - 9R^2 = 0$$

$$9R^2 - 81r^2 = 0$$

$$\therefore R = 3r$$

예제 그림 9-17과 같은 교류회로에서 저항 R을 변화시킬 때, 저항에서 소비되는 최대전력을 구하여라. 단, $V=200$[V], $C=15[\mu\text{F}]$, $f=60$[Hz]이다.

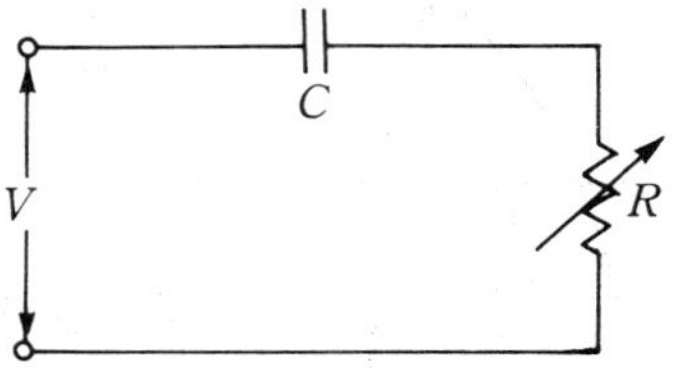

•• 그림 9-17 ••

풀이 회로에 흐르는 전류를 I, 소비전력을 P라고 하면,

$I=\dfrac{V}{\sqrt{R^2+\left(\dfrac{1}{\omega C}\right)^2}}$ 이므로,

$$P=I^2R=\frac{V^2R}{R^2+\left(\dfrac{1}{\omega C}\right)^2}=\frac{V^2}{R+\dfrac{1}{R}\left(\dfrac{1}{\omega C}\right)^2}$$

따라서, P가 최대가 되려면 분모가 최소가 되면 된다. 즉,

$$P'=\frac{dP}{dR}=1-\frac{1}{R^2}\left(\frac{1}{\omega C}\right)^2=0, \qquad \therefore R=\frac{1}{\omega C}$$

그러므로 소비되는 최대전력 $P_{\max}$ 은

$$P_{\max}=\frac{V^2}{\left(\dfrac{1}{\omega C}\right)+\omega C\left(\dfrac{1}{\omega C}\right)^2}=\frac{1}{2}\omega CV^2$$

$$=\frac{1}{2}\times 2\times\pi\times 60\times 15\times 10^{-6}\times(200)^2=113$$

예제 ① $f(x)=\dfrac{1}{5}x^5-x^4+x^3+2$의 극값을 구하고 그래프의 개형을 그리시오.

② $y=\dfrac{x}{1+x^2}$의 그래프를 그리시오.

풀이 ① $f'(x)=x^4-4x^3+3x^2=0$에서

$x^2(x^2-4x+3)=0$

$x^2(x-1)(x-3)=0$

$\therefore\ x=0,\ 1,\ 3$(극값)

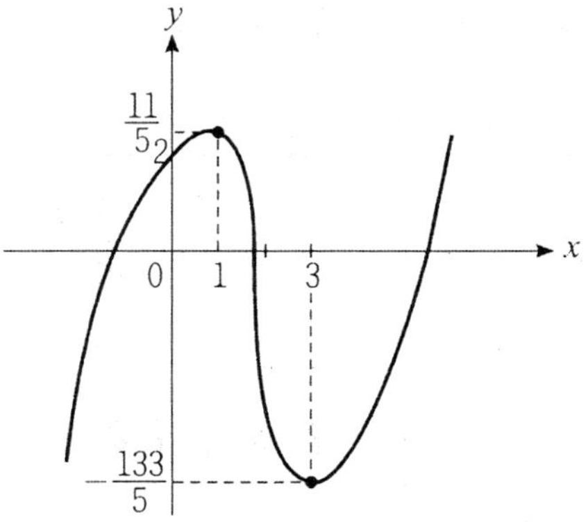

x	$\cdots$	0	$\cdots$	1	$\cdots$	3	$\cdots$
$f'(x)$	+	0	+	0	−	0	+
$f(x)$	↗	2	↗	$\frac{11}{5}$	↘	$-\frac{133}{5}$	↗
		변곡점		극대		극소	

· $\left(3,\ -\frac{133}{5}\right)$: 극소값

· $\left(1,\ \frac{11}{5}\right)$: 극대값

② $y' = \frac{(1+x^2)-x\cdot 2x}{(1+x^2)^2} = \frac{1+x^2-2x^2}{(1+x^2)^2} = \frac{1-x^2}{(1+x^2)^2} = \frac{(1+x)(1-x)}{(1+x^2)^2}$

$y'=0$에서 $x=1,\ -1$(극값)

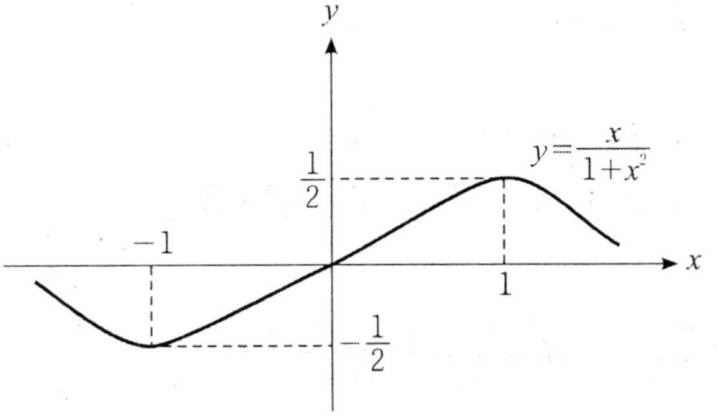

x	$\cdots$	-1	$\cdots$	1	$\cdots$
$f'(x)$	$-$	0	$+$	0	$-$
$f(x)$	↘	$-\frac{1}{2}$	↗	$\frac{1}{2}$	↘
		극소		극대	

· $(1,\ \frac{1}{2})$: 극대값

· $(-1,\ -\frac{1}{2})$: 극소값

9.5.3 속도와 가속도

수직선상을 운동하는 점 P가 있다고 하자. 시각 t일 때의 점 P의 좌표를 x라 하면, t를 x에 대응시키는 관계는 함수가 된다. 이것을

$$x = f(t) \tag{9-41}$$

라 하자. 시각이 t에서 $t+\Delta t$까지 변할 때, 물체의 위치를 각각 P, Q라 하고 그림 9-18과 같이 P, Q의 좌표를 각각 x, $x+\Delta x$라 하면, $\frac{\Delta x}{\Delta t}$는 시각 t와 $t+\Delta t$ 사이의 그 물체의 평균속도(mean velocity)이다. 이 때

$$v = \lim_{\Delta t \to 0} \frac{\Delta x}{\Delta t} = \frac{dx}{dt} = f'(t) \tag{9-42}$$

를 시각 t에서의 물체의 속도(velocity)라 한다.

바꾸어 말하면 속도는 이동거리의 시간에 대한 변화율이다.

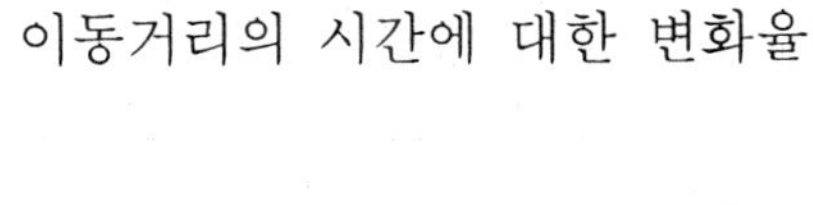

• • 그림 9-18 • •

같은 방법으로, 시각 Δt사이에 그 물체가 P에서 Q까지 가는 동안의 속도의

변화를 Δv라 하면

$$a = \lim_{\Delta t \to 0} \frac{\Delta v}{\Delta t} = \frac{dv}{dt} = \frac{d^2x}{dt^2} \tag{9-43}$$

를 시각 t에서의 그 물체의 **가속도**(acceleration)라고 한다.

가속도 a	적분 ⇄ 미분	속도 v	적분 ⇄ 미분	거리 l

●● 그림 9-19 ●●

예제 원점을 출발하여 수직선상을 운동하는 점 P의 시각 t에서의 좌표 x가

$$x = t^3 + 3t$$

로 주었을 때 시각 t에서의 가속도 a를 구하여라.

풀이 $v = \dfrac{dx}{dt} = 3t^2 + 3$이므로

$\therefore$ 가속도 $a = \dfrac{dv}{dt} = \dfrac{d}{dt}(3t^2 + 3) = 6t$

예제 지면에서 처음 속도 24.5[m/sec]로 똑바로 위로 던진 물체가 있다. 이 물체의 t초[sec]후의 높이를 x[m]라 하면 x와 t의 관계식은 $x = 24.5t - 4.9t^2$이다. 최고점에 도달하기까지는 몇 초[sec]나 걸리겠는가?

풀이 $x = 24.5t - 4.9t^2$에서

$v = \dfrac{dx}{dt} = 24.5 - 9.8t$

최고점에 도달하면 $v = 0$이므로

$v = 24.5 - 9.8t = 0$, $24.5 = 9.8t$

$\therefore t = 2.5$[sec]

연 습 문 제

1. 주어진 회로에서 어느 가지 전류 $i(t)$를 라플라스 변환하였더니 $I(s)=\dfrac{2s+5}{s(s+1)(s+2)}$로 주어졌다. $t=\infty$에서 전류 $i(\infty)$를 구하여라.

[답] 2.5

2. 그림 9-20과 같은 2개의 저항을 접속하여 R_2가 무한대에 가까워 질 때의 합성저항의 극한치를 구하여라.

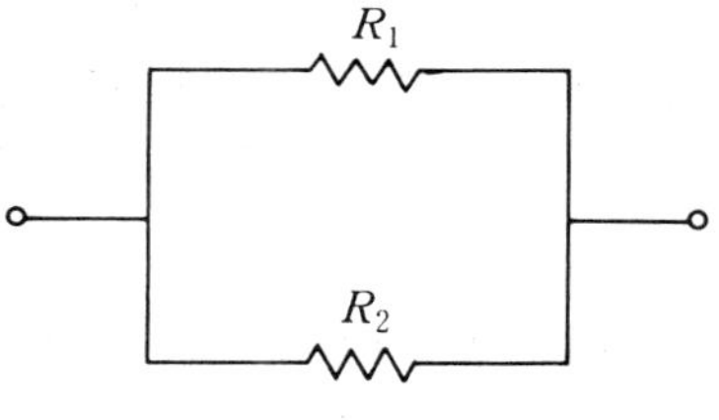

•• 그림 9-20 ••

[답] R_1

3. 곡선 $y=\sqrt{x}$ 위의 점 (4, 2)에서의 접선 및 법선의 방정식을 구하여라.

[답] $x-4y+4=0$

$4x+y-18=0$

4. 그림 9-21과 같은 $L=30\,[\text{mH}]$인 코일에 흐르는 전류를 20[mA/ms]의 비율로 증가시킬 때 코일양단에 나타나는 전압의 크기를 구하여라.

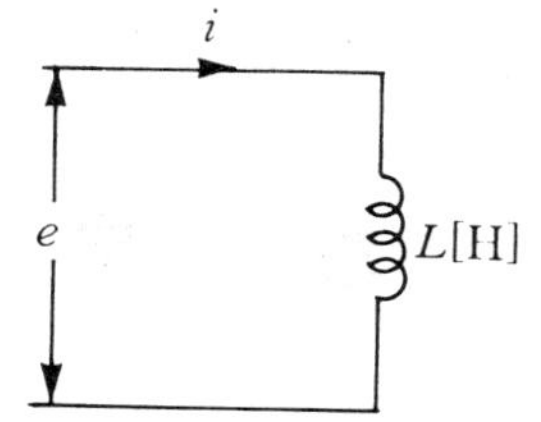

• • 그림 9-21 • •

[답] $e=0.6$[V]

5. 다음 각 함수의 도함수를 구하여라.

① $y=2x^2-7x+3$　　② $y=\dfrac{x}{x^2+1}$

③ $y=\dfrac{1+2\sqrt{x}}{x}$　　④ $y=x^x$

[답] ① $y'=4x-7$　　② $y'=\dfrac{1-x^2}{(x^2+1)^2}$

③ $y'=-\dfrac{1}{x^2}-\dfrac{1}{x\sqrt{x}}$　　④ $y'=x^x(1+\ln x)$

6. 그림 9-22와 같은 회로에서 $t=0$ 인 순간에 스위치 S를 닫은 후 t초 후의 전기량 q[C]는 $q=CE(1-e^{-\frac{1}{RC}t})$[C]로 주어진다. 이 회로의 전류를 구하여라.

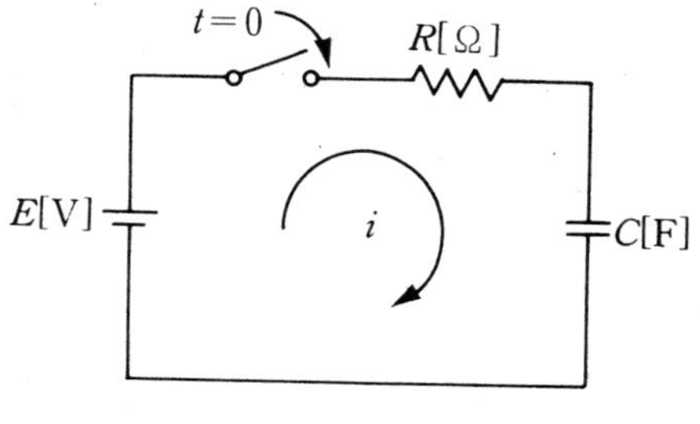

• • 그림 9-22 • •

[답] $\dfrac{E}{R}e^{-\frac{1}{RC}t}$[A]

7. 인덕턴스 $L=2[\mathrm{H}]$ 코일에 $i(t)=20e^{-2t}[\mathrm{A}]$의 전류가 흐를 때 L의 단자전압을 구하여라.

[답] $v_L=-80e^{-2t}$

8. 최대치 100[V], 주파수 60[Hz], $t=0$ 에서의 순간치가 50[V]이고, 그 순간에 있어서 $\frac{de}{dt}>0$인 교류전압을 구하여 그림으로 표시하여라.

[답] $e=100\sin\left(377t+\frac{\pi}{6}\right)[\mathrm{V}]$

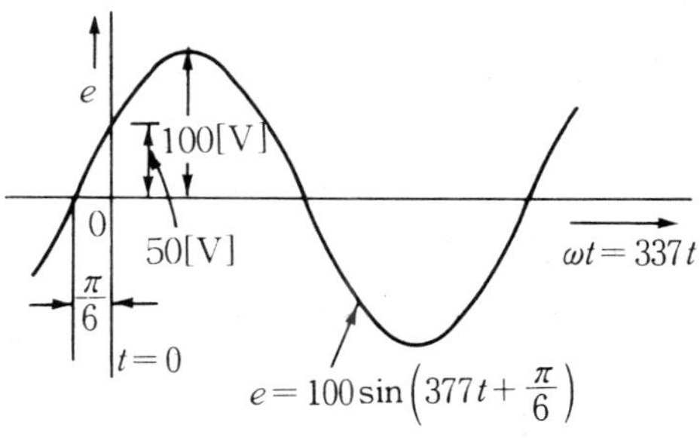

9. 정전용량 $C[\mathrm{F}]$의 회로에 기전력 $e=E_m\sin\omega t[\mathrm{V}]$를 가할 때 흐르는 전류 i [A]를 구하여라.

[답] $i=\omega CE_m\sin(\omega t+90^\circ)$

10. 다음 각 함수들을 미분하여라.

① $y=\sin(x^2+x+2)$　　② $y=\ln\frac{x}{1+x}$

③ $y=\cos^{-1}(\sin x)$　　④ $y=2\cot^{-1}(\sin x)$

[답] ① $(2x+1)\cdot\cos(x^2+x+2)$　　② $\frac{1}{x(1+x)}$

③ -1　　④ $-\frac{2\cos x}{1+\sin^2 x}$

11. 그림 9-23과 같은 회로가 정상상태로 있을 때 S를 닫은 후 인덕턴스 L의 전위차 $v_L(t)$를 구하여라.

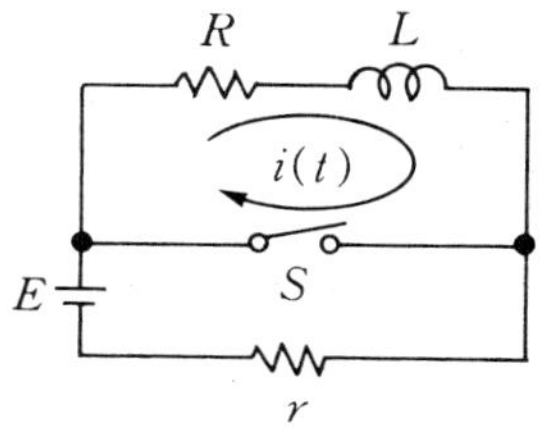

•• 그림 9-23 ••

[답] $v_L(t) = L\frac{di(t)}{dt} = L\frac{d}{dt}\left\{\frac{E}{R+r}e^{-\frac{R}{L}t}\right\} = -\frac{RE}{R+r}e^{-\frac{R}{L}t}$

12. 전위함수 V와 전하밀도 ρ[C/m³]사이에는 다음과 같은 푸아송의 방정식이 성립한다.

$$\nabla^2 V = \frac{\partial^2 V}{\partial x^2} + \frac{\partial^2 V}{\partial y^2} + \frac{\partial^2 V}{\partial z^2} = -\frac{\rho}{\varepsilon_0}$$

지금 전위함수 $V = 2xy^2 + x^2yz^2$[V]일 때 점 (1, 0, 0)[m]의 공간 전하밀도 [C/m³]를 구하여라.

[답] $\rho = -4\varepsilon_0$[C/m³]

제 10 장 적분법

적분은 전기·전자·통신공학의 모든 분야에 많이 이용되고 있다. 예를 들면 교류의 평균치, 실효치의 계산, 왜형파의 고주파 분석 및 전계, 자계의 계산외에 과도현상의 계산 등에 널리 이용되고 있다. 적분학은 변화율에 대한 정보를 가지고 그 함수를 정의할 수 있는 문제를 다루는 수학의 한 분야이다. 적분법이 미분법의 역연산으로 관련을 맺게 된 것은 뉴턴과 라이프니츠에 이르러서이다.

적분기호 $\int$은 Sum의 머리글자 S의 변형으로써 적분 또는 인테그랄(integral)이라 읽는다. 이 기호는 라이프니츠가 처음으로 사용하였다.

본 장에서는 적분에 대한 기본적인 이해를 제1절의 부정적분을 통하여 알아보고, 제2절에서는 치환적분법, 제3절에서는 부분적분법을 제4절에서는 구간이 정해진 경우의 적분인 정적분에 대하여 살펴보고 마지막으로 정적분의 응용에 대하여 설명하고자 한다.

10.1 부정적분의 정의와 기본공식

$f(x)$라는 함수를 적분해서 그 결과를 구한다는 것은 어떤 함수를 미분하면 $f(x)$가 되는 함수를 구하는 것이다.

지금 함수 $f(x)$가 $F(x)$의 도함수라 하자.

즉, $F'(x)=f(x)$라 할 때, $F(x)$를 $f(x)$의 원시함수(primitive function) 또

는 부정적분(indefinite integral) 또는 간단히 **적분**이라 한다.

일반적으로, 함수 $F(x)$가 함수 $f(x)$의 부정적분이면, 임의의 상수 c에 대하여

$$\{F(x)+c\}' = F'(x) = f(x) \tag{10-1}$$

이므로 $F(x)+c$도 $f(x)$의 한 원시함수라 할 수 있다.

이때 $F(x)+c$도 $f(x)$의 부정적분이다. 이것을 기호로서

$$\int f(x)dx = F(x)+c \tag{10-2}$$

로 나타낸다. 함수 $f(x)$의 부정적분을 구하는 것을 $f(x)$를 적분한다고 한다. 이때, c를 적분상수(integral constant), $f(x)$를 피적분함수(integrand) 그리고 x를 적분변수(integral variable)라고 하며 $f(x)$의 원시함수 $F(x)$를 구하는 것을 $f(x)$를 적분한다(integrate)라고 한다. 적분은 미분의 역산이므로 미분공식은 적분공식에 자연스럽게 적용된다.

부정적분을 구하는 것은 미분의 공식을 역으로 이용하면 된다.

실수 n에 대하여 $(x^{n+1})' = (n+1)x^n$이므로 $\left(\dfrac{x^{n+1}}{n+1}\right)' = x^n$이다.

그림 10-1은 미분과 적분의 관계에 관해 메커트로닉스에서 자주 사용되는 운동의 법칙을 예로 해서 나타낸 것이다.

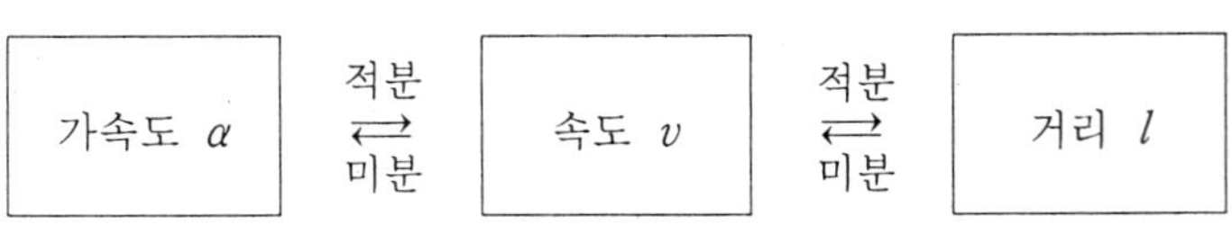

•• 그림 10-1 ••

(1) 기본공식

임의의 상수 k와 c에 대하여

① $\int k\,dx = kx + c$

② $\int kf(x)\,dx = k\int f(x)\,dx$

③ $\int x^n dx = \frac{x^{n+1}}{n+1} + c \quad (n \neq -1)$

④ $\int \frac{1}{x}\,dx = \ln|x| + c$

⑤ $\int \{f(x) \pm g(x)\}dx = \int f(x)\,dx \pm \int g(x)\,dx$ (복호동순)

예제 다음 부정적분을 구하여라.

① $\int 3dx$

② $\int (2x^3 - 5x^2 + 3x)dx$

③ $\int x^2 dx$

④ $\int \frac{(\sqrt{x}-1)^2}{x}\,dx$

⑤ $\int (2x-4)\,dx$

⑥ $\int (x+1)(x^2-x+1)\,dx$

풀이 ① $\int 3dx = 3x + c$

② $\int (2x^3 - 5x^2 + 3x)dx = \int 2x^3 dx - \int 5x^2 dx + \int 3x dx$

$$= 2\int x^3 dx - 5\int x^2 dx + 3\int x dx$$

$$= 2\left(\frac{x^4}{4} + c_1\right) - 5\left(\frac{x^3}{3} + c_2\right) + 3\left(\frac{x^2}{2} + c_3\right)$$

$$= \frac{x^4}{2} - \frac{5}{3}x^3 + \frac{3}{2}x^2 + (2c_1 - 5c_2 + 3c_3)$$

$$= \frac{x^4}{2} - \frac{5}{3}x^3 + \frac{3}{2}x^2 + c \text{ (여기서 } c = (2c_1 - 5c_2 + 3c_3))$$

③ $\int x^2 dx = \frac{1}{(2+1)}x^{2+1} + c = \frac{1}{3}x^3 + c$

④ $\int \frac{(\sqrt{x}-1)^2}{x}\,dx = \int \frac{x - 2\sqrt{x} + 1}{x}\,dx = \int \left(1 - \frac{2}{\sqrt{x}} + \frac{1}{x}\right)dx$

$$= \int dx - 2\int x^{-\frac{1}{2}} dx + \int \frac{1}{x}\,dx = x - 4\sqrt{x} + \ln|x| + c$$

⑤ $\int(2x-4)dx=\int 2xdx-\int 4dx=2\int xdx-4\int dx=x^2-4x+c$

⑥ $\int(x+1)(x^2-x+1)dx=\int(x^3+1)dx=\int x^3dx+\int 1dx=\frac{1}{4}x^4+x+c$

예제 점 (1, −2)를 지나는 곡선 $y=f(x)$ 위의 점 $(x, f(x))$에서의 접선의 기울기가 $2x-1$일 때, 이 곡선의 방정식을 구하여라.

풀이 기울기 $f'(x)=2x-1$ 이므로

$$f(x)=\int(2x-1)dx=x^2-x+c$$

이 곡선은 점(1, −2)를 지나므로

$$-2=f(1)=1-1+c \quad \therefore c=-2$$

따라서, $f(x)=x^2-x-2$

예제 $i(t)=3t^2+4t$[A]로 표시되는 전류가 도선 중을 흘렀다. 이 때 통과한 전기량을 구하여라.

풀이 $q=\int i(t)dt$에서

$$q=\int(3t^2+4t)dt=\int 3t^2dt+\int 4tdt=t^3+2t^2+c\text{[C]}$$

(2) 지수함수와 삼각함수의 적분공식

① $\int e^x dx=e^x+c$

② $\int e^{ax}dx=\frac{1}{a}e^{ax}+c$

③ $\int a^x dx=\frac{a^x}{\ln a}+c \ (a>0, \ a\neq 1)$

④ $\int \sin mx dx=-\frac{1}{m}\cos mx+c \ (m\neq 0)$

⑤ $\int \cos mx dx = \frac{1}{m} \sin mx + c$

⑥ $\int \tan x dx = \ln |\sec x| + c$

⑦ $\int \sec^2 mx dx = \frac{1}{m} \tan mx + c$

⑧ $\int \operatorname{cosec}^2 mx dx = -\frac{1}{m} \cot mx + c$

예제 다음의 함수를 적분하라.

① $\int e^{x+3} dx$　　② $\int 3^x dx$

③ $\int \sin^2 x dx$　　④ $\int \cos \frac{3}{2} x dx$

⑤ $\int \sec^2 3x dx$　　⑥ $\int \sin 5x \cdot \cos 3x dx$

풀이 ① $\int e^{x+3} dx = \int e^3 e^x dx = e^3 \int e^x dx = e^3 e^x + c = e^{x+3} + c$

② $\int 3^x dx = \frac{3^x}{\ln 3} + c$

③ $\int \sin^2 x dx = \int \frac{1}{2}(1 - \cos 2x) dx = \frac{1}{2} \int dx - \frac{1}{2} \int \cos 2x dx$

$$= \frac{1}{2} x - \frac{1}{4} \sin 2x + c = \frac{1}{2}\left(x - \frac{\sin 2x}{2}\right) + c$$

④ $\int \cos \frac{3}{2} x dx = \frac{2}{3} \sin \frac{3}{2} x + c$

⑤ $\int \sec^2 3x dx = \frac{1}{3} \tan 3x + c$

⑥ $\sin \alpha \cdot \cos \beta = \frac{1}{2}\{\sin(\alpha + \beta) + \sin(\alpha - \beta)\}$공식을 이용하면

$\sin 5x \cdot \cos 3x = \frac{1}{2}(\sin 8x + \sin 2x)$로 되므로

$$\int \sin 5x \cdot \cos 3x dx = \int \frac{1}{2}(\sin 8x + \sin 2x) dx$$

$$= \frac{1}{2} \cdot \left[\frac{1}{8}(-\cos 8x) + \frac{1}{2}(-\cos 2x)\right] + c$$

$$=-\frac{1}{16}\cos 8x-\frac{1}{4}\cos 2x+c$$

(3) 역삼각함수가 되는 적분공식

① $\displaystyle\int\frac{dx}{\sqrt{a^2-x^2}}=\sin^{-1}\frac{x}{a}+c\ (a>0)$

② $\displaystyle\int\frac{dx}{x^2+a^2}=\frac{1}{a}\tan^{-1}\frac{x}{a}+c$

③ $\displaystyle\int\frac{dx}{\sqrt{x^2\pm a^2}}=\ln|x+\sqrt{x^2\pm a^2}|+c$

예제 다음의 함수를 적분하라.

① $\displaystyle\int\frac{1}{\sqrt{16-x^2}}dx$　　② $\displaystyle\int\frac{1}{x^2+1}dx$　　③ $\displaystyle\int\frac{1}{\sqrt{x+9}}dx$

풀이 ① $\displaystyle\int\frac{1}{\sqrt{16-x^2}}dx=\int\frac{1}{\sqrt{4^2-x^2}}dx=\sin^{-1}\frac{x}{4}+c$

② $\displaystyle\int\frac{1}{x^2+1}dx=\frac{1}{1}\tan^{-1}x+c=\tan^{-1}x+c$

③ $\displaystyle\int\frac{1}{\sqrt{x^2+9}}dx=\int\frac{1}{\sqrt{x^2+3^2}}dx=\ln|x|+\sqrt{x^2+9}+c$

10.2 치환적분법

수학적인 문제를 풀이함에 있어 적분의 기본공식을 그대로 사용하여 직접 적분할 수 없을 때 적분변수를 적당히 바꾸어 주면 적분을 쉽게 할 수 있는 경우가 많이 있다.

일반적으로, 함수 $f(x)$의 부정적분 $F(x)=\int f(x)dx$에서 x를 t의 함수 $x=g(t)$로 놓으면, $F(x)=F\{g(t)\}$는 t에 관한 함수이다.

$$\frac{dF(x)}{dt} = \frac{dF(x)}{dx} \cdot \frac{dx}{dt} = f(x) \cdot \frac{dx}{dt} = f\{g(t)\} \cdot g'(t) \qquad (10\text{-}3)$$

이 적분법을 x를 $g(t)$로 치환하는 치환적분법(integration by substitution)이라고 한다.

10.2.1 치환적분법의 공식

① $\int f(x)dx$에서 $x = g(t)$로 치환하면

$$\int f(x)dx = \int f\{g(t)\}g'(t)dt \qquad (10\text{-}4)$$

② $f(x)dx = F(x) + c$이면

$$\int f(ax+b)dx = \frac{1}{a}F(ax+b) + c \ (a \neq 0) \qquad (10\text{-}5)$$

③ $n \neq -1$ 이면 $\int \{f(x)\}^n f'(x)dx = \frac{1}{n+1}\{f(x)\}^{n+1} + c$

$n = -1$ 이면 $\int \frac{f'(x)}{f(x)}dx = \ln|f(x)| + c$ (10-6)

예제 다음 부정적분을 치환적분법으로 구하여라.

① $\int (2x+3)^3 dx$ ② $\int \cos(2x+7)dx$

③ $\int e^{5-5x}dx$ ④ $\int x^2(2x^3+1)^4 dx$

⑤ $\int 3\sin^2 x \cos x dx$ ⑥ $\int \frac{7x}{\sqrt{1-x^2}}dx$

⑦ $\int \frac{x}{\sqrt[3]{x^2-3}}dx$ ⑧ $\int \frac{\cos x}{2+\sin x}dx$

⑨ $\int \tan x dx$ ⑩ $\int \frac{x}{1+x^2}dx$

풀이 ① $2x+3=t$로 놓으면, $x=\frac{t-3}{2}$ 이고 $\frac{dx}{dt}=\frac{1}{2}$ 이므로

$$\int(2x+3)^3dx=\int t^3\frac{dx}{dt}dt=\int t^3\cdot\frac{1}{2}dt=\frac{1}{8}t^4+c$$

$$=\frac{1}{8}(2x+3)^4+c$$

② $2x+7=t$, $\frac{dx}{dt}=\frac{1}{2}$ 이므로

$$\int\cos(2x+7)dx=\int\cos t\frac{dx}{dt}dt=\int\frac{1}{2}\cos t dt=\frac{1}{2}\sin t+c$$

$$=\frac{1}{2}\sin(2x+7)+c$$

③ $5-5x=t$, $\frac{dx}{dt}=-\frac{1}{5}$ 이므로

$$\int e^{5-5x}dx=\int e^t\frac{dx}{dt}dt=\int e^t\left(-\frac{1}{5}\right)dt=-\frac{1}{5}e^t+c$$

$$=-\frac{1}{5}e^{5-5x}+c$$

④ $2x^3+1=t$, $\frac{dt}{dx}=6x^2$ 이므로

$$\int x^2(2x^3+1)^4dx=\frac{1}{6}\int(2x^3+1)^4(6x^2)dx=\frac{1}{6}\int t^4dt=\frac{1}{6}\cdot\frac{1}{5}t^5+c$$

$$=\frac{1}{30}(2x^3+1)^5+c$$

⑤ $\sin x=t$, $\frac{dt}{dx}=\cos x$ $\therefore dx=\frac{dt}{\cos x}$ 이므로

$$\int 3\sin^2x\cos xdx=\int 3t^2\cos x\frac{dt}{\cos x}=\int 3t^2dt$$

$$=3\cdot\frac{1}{2+1}t^3+c=t^3+c=\sin^3x+c$$

⑥ $x^2=t$, $\frac{dt}{dx}=2x$ $\therefore dx=\frac{dt}{2x}$ 이므로

$$\int\frac{7x}{\sqrt{1-x^2}}dx=\int\frac{7x}{\sqrt{1-t}}\cdot\frac{dt}{2x}=\int\frac{7}{2}\cdot\frac{dt}{\sqrt{1-t}}$$

$$=\int\frac{7}{2}(1-t)^{-\frac{1}{2}}dt$$

지금, $(1-t)=s$로 두면 $\frac{ds}{dt}=-1$ $\therefore dt=-ds$이므로

$$= \int \frac{7}{2} s^{-\frac{1}{2}}(-ds) = \int \left(-\frac{7}{2}\right) s^{-\frac{1}{2}} ds = (-7) s^{\frac{1}{2}} + c$$

$$= (-7)(1-t)^{\frac{1}{2}} + c = -7\sqrt{1-t} + c = -7\sqrt{1-x^2} + c$$

⑦ $x^2 - 3 = t, \quad \frac{dt}{dx} = 2x \quad \therefore 2xdx = dt$이므로

$$\int \frac{x}{\sqrt[3]{x^2-3}} dx = \frac{1}{2} \int \frac{1}{\sqrt[3]{x^2-3}} \cdot 2xdx$$

$$= \frac{1}{2} \int t^{-\frac{1}{3}} dt = \frac{3}{4} \sqrt[3]{(x^2-3)^2} + c$$

⑧ $2 + \sin x = t, \quad \cos x dx = dt$

$$\int \frac{\cos x}{2 + \sin x} dx = \int \frac{dt}{t} = \ln|t| + c = \ln|2 + \sin x| + c$$

⑨ $\int \tan x dx = \int \frac{\sin x}{\cos x} dx = -\int \frac{-\sin x}{\cos x} dx$

$$= -\int \frac{(\cos x)'}{\cos x} dx = -\ln|\cos x| + c$$

⑩ $1 + x^2 = t, \ 2xdx = dt, \ xdx = \frac{1}{2} dt$이므로

$$\int \frac{x}{1+x^2} dx = \frac{1}{2} \int \frac{1}{t} dt = \frac{1}{2} \ln|t| + c = \frac{1}{2} \ln|1 + x^2| + c$$

예제 다음 함수의 적분공식을 치환적분을 이용하여 증명하여라.

$$\int \frac{1}{x^2 + a^2} dx = \frac{1}{a} \tan^{-1} \frac{x}{a}$$

풀이 $\frac{1}{x^2 + a^2} = \frac{1}{a^2\left\{1 + \left(\frac{x}{a}\right)^2\right\}}$ 이라 변형하고

$\frac{x}{a} = t$라 놓고 $dx = adt$로 치환하여 적분하면

$$\therefore \int \frac{1}{x^2 + a^2} dx = \frac{1}{a^2} \int \frac{1}{1+t^2} adt = \frac{1}{a} \int \frac{1}{1+t^2} dt$$

$$= \frac{1}{a} \tan^{-1} t + c = \frac{1}{a} \tan^{-1} \frac{x}{a} + c$$

예제 다음 부정적분을 치환적분법을 이용하여 구하여라.

$$\int \frac{x}{\sqrt{2x-x^2}}\,dx$$

풀이 $2x-x^2=1-(x-1)^2$이므로 $x-1=\sin\theta$로 치환하면 그림 10-2를 이용하여 쉽게 답을 얻을 수 있다.

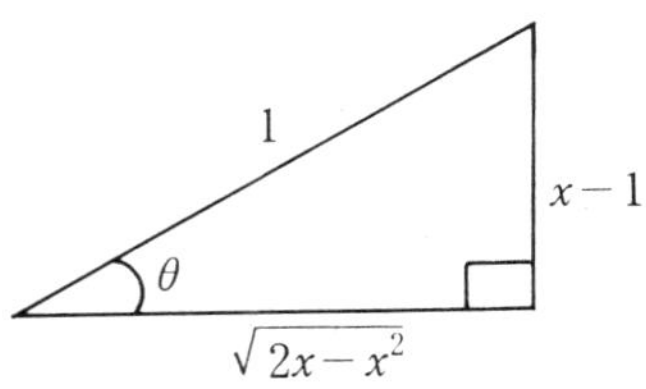

•• 그림 10-2 ••

$\cos\theta=\sqrt{2x-x^2}$, $dx=\cos\theta d\theta$이므로

$$\int \frac{x}{\sqrt{2x-x^2}}\,dx=\int \frac{\sin\theta+1}{\cos\theta}\cos\theta d\theta=-\cos\theta+\theta+c$$

$$=-\sqrt{2x-x^2}+\sin^{-1}(x-1)+c$$

예제 그림 10-3과 같은 R-L 직렬회로에서 $t=0$인 순간에 스위치 s를 닫아서 직류기전력 E[V]를 인가한 경우 t초 후의 전류 i를 구하여라.

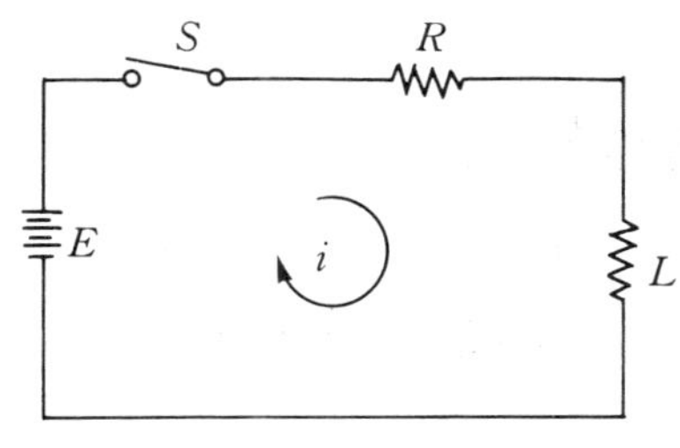

•• 그림 10-3 ••

풀이 회로에 흐르는 전류 i를 그림과 같이 가정하면 키르히호프의 전압법칙에 의하여 다음과 같은 방정식이 된다.

$$E = L\frac{di}{dt} + Ri \quad \therefore \frac{di}{E-Ri} = \frac{1}{L}dt$$

양변을 각각 적분하면

$$\int \frac{di}{E-Ri} = \int \frac{1}{L}dt$$

여기에서 $E-Ri=x$로 놓으면 좌변의 적분에 치환적분법을 적용하면

$$\frac{dx}{di} = -R \quad \therefore di = -\frac{1}{R}dx$$

$$\int \frac{di}{E-Ri} = \int \frac{1}{x}\cdot\left(-\frac{1}{R}\right)dx = -\frac{1}{R}\int \frac{1}{x}dx = -\frac{1}{R}\ln x + c_1$$

$$= -\frac{1}{R}\ln(E-Ri) + c_1$$

또, $\int \frac{1}{L}dt = \frac{1}{L}\int dt = \frac{t}{L} + c_2$

$$\therefore -\frac{1}{R}\ln(E-Ri) + c_1 = \frac{t}{L} + c_2$$

$$\ln(E-Ri) = -\frac{R}{L}t + c_3$$

$$\therefore E-Ri = e^{-\frac{R}{L}t + c_3} = e^{-\frac{R}{L}t}\cdot e^{c_3} = ke^{-\frac{R}{L}t}$$

초기조건 $t=0$에서 $i=0$이므로

$$E - R\times 0 = k\times 1 \quad \therefore E = k$$

$$\therefore E-Ri = Ee^{-\frac{R}{L}t} \quad \therefore i = \frac{E}{R}(1-e^{-\frac{R}{L}t})[\mathrm{A}]$$

10.3 부분적분법

부분적분법(integration by parts)이란 곱의 미분을 이항해서 공식화한 것으로 어려운 적분을 쉽게 적분되는 식을 사용하여 적분하는 방법이다.

함수 $u=u(x)$, $v=v(x)$가 각각 미분 가능한 x의 함수일 때, 양자의 곱 $u\cdot v$를 x에 관하여 미분하면

$$\frac{d}{dx}(uv) = u\frac{dv}{dx} + v\frac{du}{dx} \qquad (10\text{-}7)$$

이다. 따라서 위 식을 이항하여 정리하면

$$u\frac{dv}{dx} = \frac{d}{dx}(uv) - v\frac{du}{dx} \tag{10-8}$$

로 되므로, 위 식의 양변을 x에 관해서 적분하면

$$\int u\frac{dv}{dx}\,dx = \int \frac{d}{dx}(uv)dx - \int v\frac{du}{dx}\,dx \tag{10-9}$$

가 된다. 즉

$$\int u\frac{dv}{dx}\,dx = uv - \int v\frac{du}{dx}\,dx \tag{10-10}$$

이다. 결국

$$\int \boldsymbol{uv'\,dx = uv - \int u'\,vdx} \tag{10-11}$$

를 얻는다.

이 때 x의 함수 u와 v에 대해서 먼저 어느 함수를 택하느냐에 따라 적분의 난이도가 정해진다.

예제 다음 부정적분을 부분적분법을 이용하여 구하여라.

① $\int x\cos x dx$ ② $\int 3xe^x dx$

③ $\int x\sin x dx$ ④ $\int \ln x dx$

⑤ $\int x\ln x dx$ ⑥ $\int e^x\cos x dx$

⑦ $\int x^2\cos x dx$ ⑧ $\int e^{-x}\sin 2x dx$

⑨ $\int x^3\ln x dx$ ⑩ $\int x^2 e^x dx$

풀이 ① $u=x$, $v'=\cos x$로 두면

$u'=1$, $v=\sin x+c$이나 여기서 적분상수 c는 무의미하다.

$$\int x\cos x dx = x\sin x - \int \sin x dx = x\sin x + \cos x + c$$

② $u=3x$, $v'=e^x$로 두면

$u'=3$, $v=\int e^x dx = e^x + c$이므로

따라서 구하는 적분은

$$\int 3xe^x dx = 3xe^x - \int 3e^x dx = 3xe^x - 3e^x + c = 3e^x(x-1)+c$$

③ $u=x$, $v'=\sin x$로 두면

$u'=1$, $v=\int \sin x dx = -\cos x + c$이므로

따라서 구하는 적분은

$$\int x\sin x dx = x(-\cos x) + \int 1\cdot\cos x dx = -x\cos x + \sin x + c$$

④ $\int \ln x dx$, $u=\ln x$, $v'=1$ 로 두면

$u'=\frac{1}{x}$, $v=x$이므로

따라서 구하는 적분은

$$\int \ln x dx = x\ln x - \int \frac{1}{x}\cdot x dx = x\ln x - x = x(\ln x - 1)+c$$

⑤ $u=\ln x$, $v'=x$로 두면

$u'=\frac{1}{x}$, $v=\frac{1}{2}x^2$이므로

$$\int x\ln x dx = \ln x\cdot\frac{1}{2}x^2 - \int\frac{1}{x}\cdot\frac{1}{2}x^2 dx = \frac{1}{2}x^2\cdot\ln x - \frac{1}{2}\int x dx$$

$$= \frac{1}{2}x^2\ln x - \frac{1}{4}x^2 + c$$

⑥ $u=\cos x$, $v'=e^x$로 두면

$u'=-\sin x$, $v=e^x+c$이므로

$$I=\int e^x\cdot\cos x dx = e^x\cos x + \int e^x\sin x dx$$

$\int e^x\sin x dx$에 대하여

$u=\sin x$, $v'=e^x$로 놓고 다시 한번 부분적분을 쓴다.

$$\int e^x \sin x dx = e^x \sin x - \int e^x \cos x dx$$

$$I = e^x \cos x + e^x \sin x - \int e^x \cos x dx$$

$I = e^x(\cos x + \sin x) - I$ 이므로

$2I = e^x(\cos x + \sin x) + c$

따라서 구하는 적분은

$$I = \int e^x \cos x dx = \frac{1}{2} e^x(\cos x + \sin x) + c$$

⑦ $u=x^2$, $v'=\cos x$로 두면

$u'=2x$, $v=\sin x + c$ 이므로

$$\int x^2 \cos x dx = x^2 \sin x - \int 2x \sin x dx$$

따라서, 구하는 적분은 윗 식에서 두번째 항 $\int 2x \sin x$를 다시 한번 부분적분을 쓴다.

$u=2x$, $v'=\sin x$로 두면

$u'=2$, $v=-\cos x + c'$ 이므로

$$\int 2x \sin x dx = -2x \cos x - \int (-2\cos x) dx = -2x \cos x + 2\sin x$$

따라서, 전체적으로 구하는 적분은

$$\int x^2 \cos x dx = x^2 \sin x + 2x \cos x - 2\sin x$$

$$= (x^2 - 2)\sin x + 2x \cos x + c$$

⑧ $u=\sin 2x$, $v'=e^{-x}$로 두면

$u'=2\cos 2x$, $v=-e^{-x}+c$이므로

$$I = \int e^{-x} \sin 2x dx = -e^{-x} \sin 2x + 2\int e^{-x} \cos 2x dx$$

윗 식에서 두번째 항 $\int e^{-x} \cos 2x dx$를 다시 한번 부분적분을 쓴다.

$u=\cos 2x$, $v'=e^{-x}$로 두면

$u'=-2\sin 2x$, $v=-e^{-x}+c'$ 이므로

$$2\int e^{-x} \cos 2x dx = -2e^{-x} \cos 2x - 4\int e^{-x} \sin 2x dx$$

따라서, 전체적으로 구하는 적분은

$I=\int e^{-x}\sin 2x dx=-e^{-x}\sin 2x-2e^{-x}\cos 2x-4I$ 이므로

$5I=-e^{-x}\sin 2x-2e^{-x}\cos 2x$

$\therefore I=\int e^{-x}\sin 2x=-\frac{1}{5}e^{-x}(\sin 2x+2\cos 2x)+c$

⑨ $u=\ln x,\ v'=x^3$ 으로 두면

$u'=\frac{1}{x},\ v=\frac{1}{4}x^4+c$ 이므로

$$\int x^3\ln x dx=\frac{1}{4}x^4\ln x-\frac{1}{4}\int\frac{1}{x}x^4 dx$$

$$=\frac{1}{4}x^4\ln x-\frac{1}{16}x^4+c$$

⑩ $u=x^2,\ v=e^x$ 로 두면

$u'=2x,\ v'=e^x$ 이므로

$\int x^2e^xdx=x^2e^x-2\int e^xdx,\ \int xe^xdx$ 에 대하여 $u=x,\ v'=e^x$ 로 두고 다시한번 부분적분을 쓰면

$$\int x^2e^xdx=x^2e^x-2(xe^x-\int e^xdx)=x^2e^x-2xe^x+2e^x+c$$

예제 부분적분법을 이용하여 다음 공식을 증명하여라.

$$\int\sqrt{a^2-x^2}dx=\frac{1}{2}\left(x\sqrt{a^2-x^2}+a^2\sin^{-1}\frac{x}{a}\right)+c$$

풀이 $u=\sqrt{a^2-x^2},\ v'=1$ 로 두면

$u'=\frac{-x}{\sqrt{a^2-x^2}},\ v=x+c$ 이므로

$$\int\sqrt{a^2-x^2}dx=x\sqrt{a^2-x^2}-\int x\frac{-x}{\sqrt{a^2-x^2}}dx$$

$$=x\sqrt{a^2-x^2}-\int\frac{(a^2-x^2)-a^2}{\sqrt{a^2-x^2}}dx$$

$$=x\sqrt{a^2-x^2}-\int\frac{a^2-x^2}{\sqrt{a^2-x^2}}dx+\int\frac{a^2}{\sqrt{a^2-x^2}}dx$$

$$=x\sqrt{a^2-x^2}-\int\sqrt{a^2-x^2}dx+a^2\int\frac{1}{\sqrt{a^2-x^2}}dx$$

$$\therefore 2\int\sqrt{a^2-x^2}dx=x\sqrt{a^2-x^2}+a^2\int\frac{1}{\sqrt{a^2-x^2}}dx$$

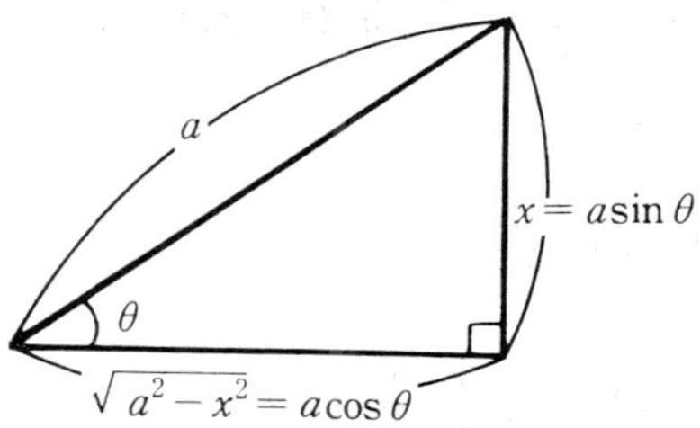

•• 그림 10-4 직각삼각형 ••

여기에서 그림 10-4와 같은 직각삼각형을 이용해서 윗 식의 제2항을 변형하면 $x=a\sin\theta$로 놓으면 $dx=a\cos\theta d\theta$가 되므로

$$\int\frac{dx}{\sqrt{a^2-x^2}}=\int\frac{dx}{\sqrt{a^2-a^2\sin^2\theta}}=\int\frac{a\cos\theta d\theta}{a\sqrt{1-\sin^2\theta}}$$

$$=\int\frac{\cos\theta}{\sqrt{\cos^2\theta}}d\theta=\int d\theta=\theta$$

여기서 $\sin\theta=\frac{x}{a}$ $\quad\therefore\ \theta=\sin^{-1}\frac{x}{a}$

$$\therefore 2\int\sqrt{a^2-x^2}dx=x\sqrt{a^2-x^2}+a^2\sin^{-1}\frac{x}{a}$$

따라서, 전체적으로 구하는 적분은

$$\int\sqrt{a^2-x^2}dx=\frac{1}{2}\left(x\sqrt{a^2-x^2}+a^2\sin^{-1}\frac{x}{a}\right)+c$$

10.4 정적분

정적분(definite integral)은 부정적분에서 얻은 함수를 어떤 특정한 범위에 걸쳐 적분을 구하는 것이다. 적분의 개념은 원래 구적 문제에서부터 시작한 것이다. 구적문제라 함은 평면도형의 면적, 곡면의 표면적, 입체의 체적 등을 구하는 문제를 의미한다.

한편 부정적분에는 적분구간이 없는 반면 정적분에는 구간이 있어서 구간내의 함수가 차지하는 부분을 합하는 의미가 있다.

10.4.1 정적분의 정의

함수 $y=f(x)$는 폐구간 $[a, b]$에서 연속이고, $f(x)\geqq 0$이라 할 때, 폐구간 $[a, b]$를 n등분한 분점을 차례로 $a=x_0$, x_1, $x_2, \cdots$, x_{n-1}, $x_n=b$라고 하고, $\dfrac{b-a}{n}=\varDelta x$라 하자.

그림 10-5와 같이 n개의 직사각형의 넓이의 합을 S_n이라 하면

$$S_n=f(x_1)\varDelta x+f(x_2)\varDelta x+\cdots+f(x_n)\varDelta_x=\sum_{k=1}^{n} f(x_k)\varDelta x \tag{10-12}$$

여기 $n\to\infty$일 때 S_n은 곡선 $y=f(x)$와 직선 $x=a$, $x=b$ 및 x축으로 둘러싸인 도형의 넓이 S에 한없이 가까워진다. 즉

$$S=\lim_{n\to\infty} S_n=\lim_{n\to\infty}\sum_{k=1}^{n} f(x_k)\varDelta x \tag{10-13}$$

이 극한값을 $f(x)$의 a에서 b까지의 정적분이라 하고 기호

$$\int_a^b f(x)dx \tag{10-14}$$

로 나타낸다. 즉,

$$S_n=\lim_{n\to\infty}\sum_{k=1}^{n} f(x_k)\varDelta x=\int_a^b f(x)dx\ (\text{단, } \varDelta x=\frac{b-a}{n}) \tag{10-15}$$

이 때, 함수 $f(x)$를 피적분 함수, a와 b를 적분한계, a를 하한, b를 상한이라 하고 정적분의 값을 구하는 것을 $f(x)$를 a에서 b까지 정적분한다고 한다.

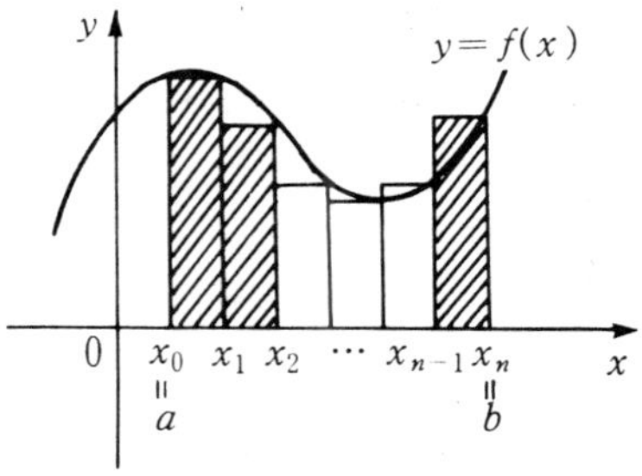

• • 그림 10-5 • •

10.4.2 정적분의 기본 정리

(1) 적분과 미분과의 관계

함수 $f(x)$가 구간 $[a, b]$에서 연속이고 $a \leqq x \leqq b$일 때

$$\frac{d}{dx}\int_a^x f(x)dt = f(x) \tag{10-16}$$

(2) 부정적분과 정적분 사이의 관계

위의 적분과 미분과의 관계를 이용하여 정적분과 부정적분 사이의 관계를 알아보자.

$S(x)=\int_a^x f(t)\,dt$를 미분하면 $S'(x)=f(x)$이므로 $S(x)$는 $f(x)$의 부정적분이다.

따라서 $f(x)$의 부정적분의 하나를 $F(x)$라 하면

$$S(x)=\int_a^x f(t)dt=F(x)+C \ \ (C\text{는 적분상수}) \tag{10-17}$$

그런데 $x=a$로 놓으면 $S(a)=0$이므로 식 (10-17)에서

$$F(a)+C=0 \quad \text{즉, } C=-F(a)$$

그러므로

$$\int_a^x f(t)dt = F(x) - F(a) \qquad (10\text{-}18)$$

여기서 $x = b$이면

$$\int_a^b f(t)dt = F(b) - F(a) \qquad (10\text{-}19)$$

식 (10-19)의 우변 $F(b) - F(a)$를 $\Big[F(x)\Big]_a^b$로 나타낸다.

따라서, $F'(x) = f(x)$일 때 정적분

$$\boldsymbol{\int_a^b f(x)dx = \Big[F(x)\Big]_a^b = F(b) - F(a)} \qquad (10\text{-}20)$$

예제 다음 정적분을 구하여라.

① $\int_1^3 x^2 dx$ ② $\int_{-1}^3 x(x-2)dx$

③ $\int_{-1}^1 (-2x+1)dx$ ④ $\int_0^a e^x dx$

⑤ $\int_1^2 \frac{1}{x(x+1)} dx$

풀이 ① $\int_1^3 x^2 dx = \left[\frac{1}{3}x^3\right]_1^3 = 9 - \frac{1}{3} = \frac{26}{3}$

② $\int_{-1}^3 x(x-2)\,dx = \int_{-1}^3 (x^2-2x)dx = \left[\frac{x^3}{3} - x^2\right]_{-1}^3 = \frac{27}{3} - 9 - \left(-\frac{1}{3} - 1\right) = \frac{4}{3}$

③ $\int_{-1}^1 (-2x+1)dx = \Big[-x^2+x\Big]_{-1}^1 = -1+1-(-1-1) = 2$

④ $\int_0^a e^x dx = [e^x]_0^a = e^a - e^0 = e^a - 1$

⑤ $\int_1^2 \frac{1}{x(x+1)} dx = \int\left(\frac{1}{x} - \frac{1}{x+1}\right)dx = \Big[\ln|x| - \ln|x+1|\Big]_1^2 = 2\ln 2 - \ln 3$

10.4.3 정적분의 계산

부정적분의 공식을 이용하여, 정적분의 공식도 쉽게 유도된다.

함수 $f(x)$, $g(x)$의 부정적분의 하나를 각각 $F(x)$, $G(x)$라고 하면 상수 k에 대하여

$$\int_a^b kf(x)dx = \Big[kF(x)\Big]_a^b = kF(b) - kF(a)$$

$$= k\{F(b) - F(a)\} = k\Big[F(x)\Big]_a^b = k\int_a^b f(x)dx \qquad (10\text{-}21)$$

$$\int_a^b \{f(x) + g(x)\}dx = \Big[F(x) + G(x)\Big]_a^b$$

$$= \{F(b) + G(b)\} - \{F(a) + G(a)\}$$

$$= \{F(b) - F(a)\} + \{G(b) - G(a)\}$$

$$= \Big[F(x)\Big]_a^b + \Big[G(x)\Big]_a^b = \int_a^b f(x)dx + \int_a^b g(x)dx \qquad (10\text{-}22)$$

한편,

$$\int_a^b f(x)dx = \Big[F(x)\Big]_a^b = F(b) - F(a)$$

$$= \{F(c) - F(a)\} + \{F(b) - F(c)\}$$

$$= \Big[F(x)\Big]_a^c + \Big[F(x)\Big]_c^b = \int_a^c f(x)dx + \int_c^b f(x)dx \qquad (10\text{-}23)$$

따라서, 정적분에는 다음과 같은 성질이 있다.

① $\int_a^b kf(x)dx = k\int_a^b f(x)dx$ (단, k는 상수)

② $\int_a^b \{f(x) \pm g(x)\}dx = \int_a^b f(x)dx \pm \int_a^b g(x)dx$ (복호동순)

③ $\int_a^b f(x)dx = \int_a^c f(x)dx + \int_c^b f(x)dx$

예제 다음 정적분의 값을 구하여라.

① $\int_0^{\frac{\pi}{2}} \cos x\,dx$ ② $\int_1^5 \frac{dx}{x}$

③ $\int_0^{-1}(3x-1)dx$ ④ $\int_1^{-2}(x-2)(x+4)dx$

⑤ $\int_0^{\frac{\pi}{2}}(\sin x+\cos x)dx$ ⑥ $\int_0^{\frac{\pi}{4}}\tan^2 x\,dx$

⑦ $\int_{-2}^{2}(x-1)(x^2+x+1)dx$ ⑧ $\int_0^{\pi}(2\sin x+\cos x)dx$

풀이 ① $\int_0^{\frac{\pi}{2}}\cos x dx=[\sin x]_0^{\frac{\pi}{2}}=\sin\frac{\pi}{2}-\sin 0=1-0=1$

② $\int_1^5\frac{dx}{x}=[\ln x]_1^5=\ln 5-\ln 1=\ln 5-0=\ln 5$

③ $\int_0^1(3x-1)dx=\int_0^1 3x-\int_0^1 1dx=\left[\frac{3}{2}x^2\right]_0^1-[x]_0^1=\frac{3}{2}\times 1-1=\frac{1}{2}$

④ $\int_{-2}^1(x-2)(x+4)dx=\int_{-2}^1(x^2+2x-8)dx=\left[\frac{1}{3}x^3+x^2-8x\right]_{-2}^1$

$$=\left(\frac{1}{3}+1-8\right)-\left(-\frac{8}{3}+4+16\right)=-24$$

⑤ $\int_0^{\frac{\pi}{2}}(\sin x+\cos x)dx=[-\cos x+\sin x]_0^{\frac{\pi}{2}}=\left(-\cos\frac{\pi}{2}+\sin\frac{\pi}{2}\right)-$

$(-\cos 0+\sin 0)=1+1=2$

⑥ $\int_0^{\frac{\pi}{4}}\tan^2 xdx=\int_0^{\frac{\pi}{4}}(\sec^2 x-1)dx=[\tan x]_0^{\frac{\pi}{4}}-[x]_0^{\frac{\pi}{4}}$

$$=\left(\tan\frac{\pi}{4}-\tan 0\right)-\left(\frac{\pi}{4}\right)=1-\frac{\pi}{4}$$

⑦ $\int_{-2}^2(x-1)(x^2+x+1)dx=\int_{-2}^2(x^3-1)dx=\left[\frac{1}{4}x^4-x\right]_{-2}^2$

$$=\left(\frac{1}{4}\cdot 2^4-2\right)-\left\{\frac{1}{4}(-2)^4-(-2)\right\}=-4$$

⑧ $\int_0^{\pi}(2\sin x+\cos x)dx=2\int_0^{\pi}\sin x+\int_0^{\pi}\cos xdx$

$$=2[-\cos x]_0^{\pi}+[\sin x]_0^{\pi}$$

$$=2\{(-\cos\pi)-(-\cos 0)\}+(\sin\pi-\sin 0)$$
$$=2\{-(-1)-(-1)\}+(0-0)=4$$

예제 다음 등식을 만족시키는 함수 $f(x)$와 상수 a의 값을 구하여라.

$$\int_a^x f(t)dt=x^2-3x-4$$

풀이 $s(x)=\int_a^x f(t)dt=x^2-3x-4$라 놓으면

$s'(x)=f(x)=2x-3$

$s(a)=a^2-3a-4=0$에서

$a=4$ 또는 $a=-1$

예제 그림 10-6과 같은 정현파교류 $i=I_m\sin\omega t$[A]의 실효치를 구하여라.

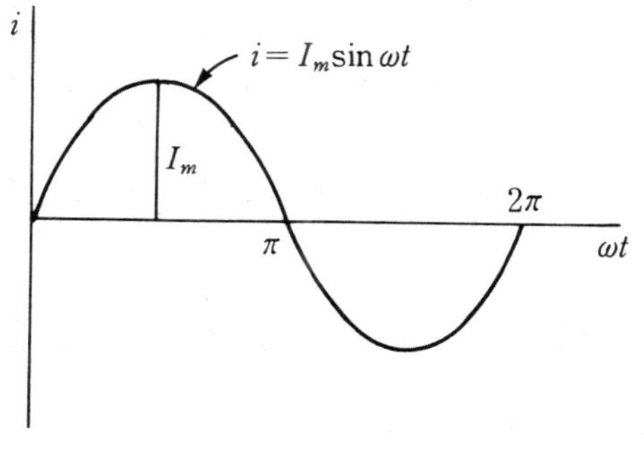

•• 그림 10-6 ••

풀이 실효치의 정의 $I=\sqrt{\frac{1}{2\pi}\int_0^{2\pi} i^2 d\theta}$에 의하여

여기서 $\omega t=\theta$

$$I=\sqrt{\frac{1}{2\pi}\int_0^{2\pi} I_m{}^2\sin^2 d\theta}=\sqrt{\frac{I_m{}^2}{2\pi}\int_0^{2\pi}\frac{1}{2}(1-\cos 2\theta)d\theta}$$
$$=\sqrt{\frac{I_m{}^2}{4\pi}\left[\theta-\frac{1}{2}\sin 2\theta\right]_0^{2\pi}}=\sqrt{\frac{I_m{}^2}{4\pi}[2\pi]}=\frac{I_m}{\sqrt{2}}\text{ [A]}$$

(1) 정적분의 치환적분법

정적분의 치환적분법의 공식은 다음과 같다.

$x=g(t)$로 놓을 때, $a=g(\alpha)$, $b=g(\beta)$이면,

$$\int_a^b f(x)=\int_\alpha^\beta f\{g(t)\}g'(t)dt \tag{10-24}$$

이다.

예제 다음 정적분을 치환적분법에 의해 구하여라.

① $\int_0^1 (2x-1)^3 dx$ ② $\int_0^{\frac{\pi}{2}} (1-\cos^2 x)\sin x dx$

③ $\int_0^{\frac{1}{2}} \frac{x}{\sqrt{1-x^2}} dx$ ④ $\int_0^{\frac{\pi}{2}} \frac{\cos x}{1+\sin x} dx$

⑤ $\int_0^{\frac{\pi}{2}} \frac{\cos x}{9+\sin^2 x} dx$ ⑥ $\int_0^1 \frac{2x+2}{x^2+2x+3} dx$

풀이 ① $2x-1=t$로 놓으면, $dx=\frac{1}{2}dt$

$x=0$일 때 $t=-1$, $x=1$일 때 $t=1$이므로

$$\int_0^1 (2x-1)^3 dx=\int_{-1}^1 t^3\cdot\frac{1}{2}dt=\frac{1}{2}\left[\frac{1}{4}t^4\right]_{-1}^1=0$$

② $\cos x=t$로 놓으면, $-\sin x dx=dt$, $dx=-\frac{dt}{\sin x}$이고

$x=0$일 때 $t=1$, $x=\frac{\pi}{2}$일 때 $t=0$이므로

$$\int_0^{\frac{\pi}{2}} (1-\cos^2 x)\sin x dx=\int_1^0 (1-t^2)(-dt)=\int_0^1 (1-t^2)dt$$

$$=\left[t-\frac{1}{3}t^3\right]_0^1=1-\frac{1}{3}=\frac{2}{3}$$

③ $1-x^2=t$, $-2xdx=dt$, $dx=-\frac{1}{2x}dt$이고,

$x=0$ 일 때 $t=1$, $x=\frac{1}{2}$ 일 때 $t=\frac{3}{4}$ 이므로

$$\int_0^{\frac{1}{2}} \frac{x}{\sqrt{1-x^2}}dx = \int_1^{\frac{3}{4}} \frac{x}{\sqrt{t}}\left(-\frac{1}{2x}\right)dt = -\frac{1}{2}\int_1^{\frac{3}{4}} t^{-\frac{1}{2}}dt$$

$$= -\frac{1}{2}[2t^{\frac{1}{2}}]_1^{\frac{3}{4}} = -\frac{1}{2}(\sqrt{3}-2) = 1-\frac{\sqrt{3}}{2}$$

④ $1+\sin x = t$, $\cos x dx = dt$, $dx = \frac{1}{\cos x}dt$ 이고,

$x=0$ 일 때 $t=1$, $x=\frac{\pi}{2}$ 일 때 2이므로

$$\int_0^{\frac{\pi}{2}} \frac{\cos x}{1+\sin x}dx = \int_1^2 \frac{1}{t}dt = [\ln t]_1^2 = \ln 2 - \ln 1 = \ln 2$$

⑤ $\sin x = t$, $\cos x dx = dt$, $dx = \frac{1}{\cos x}dt$ 이고,

$x=0$ 일 때 $t=0$, $x=\frac{\pi}{2}$ 일 때 $t=1$ 이므로

$$\int_0^{\frac{\pi}{2}} \frac{\cos x}{9+\sin^2 x}dx = \int_0^1 \frac{dt}{9+t^2} = \int_0^t \frac{dt}{t^2+3^2}$$

$$= \left[\frac{1}{3}\tan^{-1}\frac{t}{3}\right]_0^1 = \frac{1}{3}\tan^{-1}\frac{1}{3} - \frac{1}{3}\tan^{-1}\frac{0}{3} = \frac{1}{3}\tan^{-1}\frac{1}{3}$$

⑥ $x^2+2x+3=t$, $(2x+2)dx = dt$ 이고,

$x=0$ 일 때 $t=3$, $x=1$ 일 때 $t=6$ 이므로

$$\int_0^1 \frac{2x+2}{x^2+2x+3}dx = \int_3^6 \frac{dt}{t} = [\ln t]_3^6 = \ln 6 - \ln 3 = \ln\frac{6}{3} = \ln 2$$

(2) 정적분의 부분적분법

부정적분의 부분적분법

$$\int uv'dx = uv - \int u'vdx \tag{10-25}$$

에서 다음과 같은 정적분의 부분적분법의 공식을 얻는다.

$$\int_a^b uv'dx = [uv]_a^b - \int_a^b u'vdx \tag{10-26}$$

예제 다음 정적분을 부분적분법에 의해 구하여라.

① $\int_0^{\frac{\pi}{2}} \theta \cdot \sin\theta d\theta$ ② $\int_0^{\frac{\pi}{2}} x\cos 2x dx$

풀이 ① $u=\theta$, $v'=\sin\theta$로 두면 $u'=1$, $v=-\cos\theta$이다.

따라서, 구하는 적분은

$$\int_0^{\frac{\pi}{2}} \theta \cdot \sin\theta d\theta = [(-\theta)\cdot\cos\theta]_0^{\frac{\pi}{2}} - \int_0^{\frac{\pi}{2}} 1\cdot(-\cos\theta)d\theta$$

$$=[(-\theta)\cdot\cos\theta+\sin\theta]_0^{\frac{\pi}{2}} = \left(-\frac{\pi}{2}\right)\cdot\cos\frac{\pi}{2}+\sin\frac{\pi}{2}-(-0\cdot\cos 0+\sin 0)=1$$

② $u=x$, $v'=\cos 2x$로 두면

$u'=1$, $v=\frac{1}{2}\sin 2x$이다.

따라서 구하는 적분은

$$\int_0^{\frac{\pi}{2}} x\cos 2x dx = \left[x\cdot\frac{1}{2}\sin 2x\right]_0^{\frac{\pi}{2}} - \int_0^{\frac{\pi}{2}} \frac{1}{2}\sin 2x dx$$

$$=0+\frac{1}{2}\left[\frac{1}{2}\cos 2x\right]_0^{\frac{\pi}{2}} = -\frac{1}{4}$$

예제 그림 10-7과 같은 단위램프함수의 라플라스 변환공식이 다음과 같음을 증명하여라.

$$\int_0^{\infty} te^{-st}dt = \frac{1}{s^2}$$

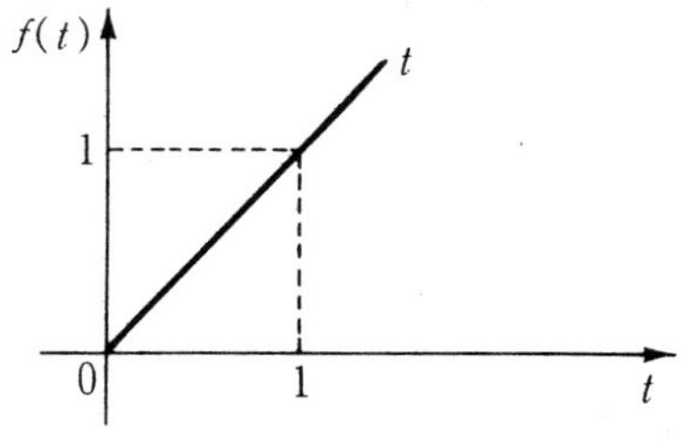

•• 그림 10-7 단위램프함수 ••

풀이 단위램프함수는 기울기가 1인 직선이다.

$f(t)=t\cdot u(t)$

이에 대한 라플라스 변환은

$\mathcal{L}[f(x)]=\int_0^\infty t\cdot e^{-st}dt=\int_0^\infty te^{-st}dt$

이다. 정적분의 부분적분법을 이용하여 푼다.

$u=t,\ v'=e^{-st}$로 놓으면

$u'=1,\ v=e^{-st}$이므로, 이것을 대입하여 정리하면 다음과 같다.

$$\int_0^\infty te^{-st}dt=\left[t\frac{e^{-st}}{-s}\right]_0^\infty-\int_0^\infty\frac{e^{-st}}{-s}dt$$

$$=0+\frac{1}{s}\left[-\frac{1}{s}e^{-st}\right]_0^\infty=\frac{1}{s^2}$$

예제 그림 10-8과 같은 톱니파 파형을 푸리에 급수로 전개하여라.

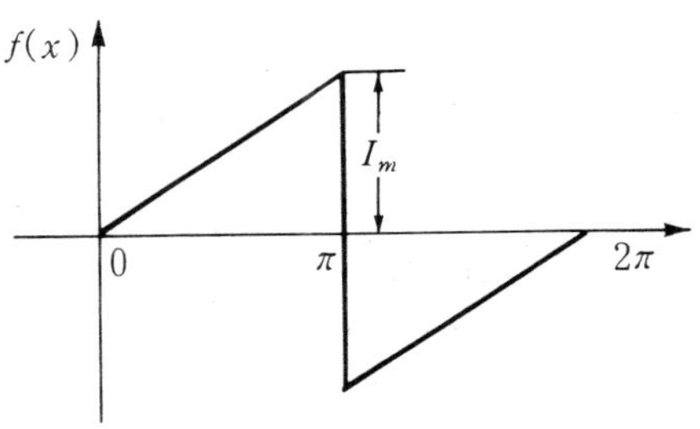

•• 그림 10-8 ••

풀이 정현대칭이므로 b_0, $b_n=0$이다. 따라서 정현항의 계수 a_n만이 존재한다.

$a_n=\frac{2}{\pi}\int_0^\pi f(x)\sin nxdx$에서 $0\leq x\leq\pi$에서 $f(x)=\frac{I_m}{\pi}x$이므로

$$a_n=\frac{2}{\pi}\int_0^\pi\frac{I_m}{\pi}x\sin nxdx=\frac{2I_m}{\pi^2}\int_0^\pi x\cdot\sin nxdx \qquad ①$$

$\int_0^\pi x\cdot\sin nxdx$를 정적분의 부분적분법을 구하면

$u=x,\ v'=\sin nx$로 두면

$u'=1,\ v=-\frac{1}{n}\cos nx$ 이다.

따라서 구하는 적분은

$$\int_0^{\pi} x\sin nx dx = \left[-\frac{x\cos nx}{n}\right]_0^{\pi} - \int_0^{\pi} -\frac{1}{n}\cos nx dx$$

$$= \left[-\frac{x\cos nx}{n} + \frac{\sin nx}{n^2}\right]_0^{\pi} \qquad ②$$

식 ②을 식 ①에 대입하여 정리하면

$$a_n = \frac{2I_m}{\pi^2}\int_0^{\pi} x\cdot\sin nx dx = \frac{2I_m}{\pi^2}\left[-\frac{x\cos nx}{n} + \frac{\sin nx}{n^2}\right]_0^{\pi}$$

$$= \frac{2I_m}{\pi}\left\{-\frac{(-1)^n}{n}\right\}$$

$$\therefore f(x) = \frac{2I_m}{\pi}\left\{\sin x - \frac{1}{2}\sin 2x + \frac{1}{3}\sin 3x - \frac{1}{4}\sin 4x + \cdots\right\}$$

10.5 정적분의 응용

정정분을 이용하여 곡선으로 둘러싸인 면적, 회전체의 체적, 관성능률, 평균값 등을 구해보자.

예제 그림 10-9와 같은 곡선 $y=\sin x$와 직선 $x=0$, $x=2\pi$, $y=0$ 으로 둘러싸인 도형의 넓이 S를 구하여라.

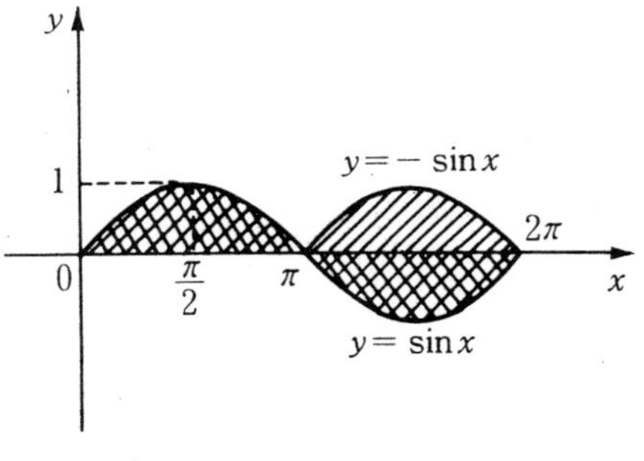

•• 그림 10-9 ••

풀이 $S=\int_0^{2\pi}|\sin x|dx=\int_0^{\pi}\sin x dx+\int_{\pi}^{2\pi}(-\sin x)dx$

$=[-\cos x]_0^{\pi}+[\cos x]_{\pi}^{2\pi}=\{-(-1)-(-1)\}+[1-(-1)]=4$

예제 그림 10-10과 같은 정현파 교류전압 $e=E_m\sin\omega t$의 평균값을 구하여라.

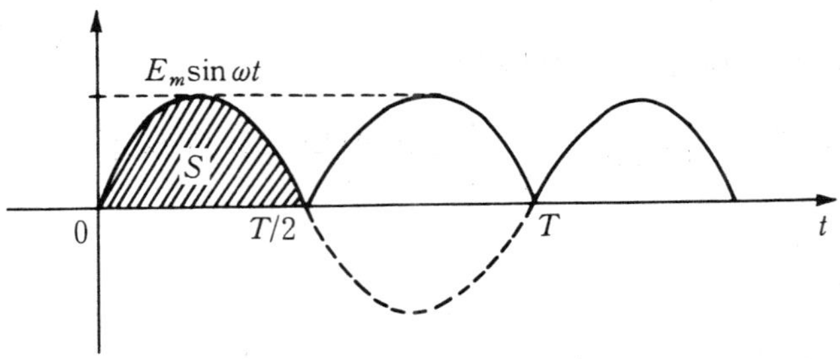

•• 그림 10-10 ••

풀이 정현파 교류의 평균값은 반파에 대한 평균값이므로

평균값 $E_{av}=\frac{1}{\frac{T}{2}}\int_0^{\frac{T}{2}}edt=\frac{1}{\frac{T}{2}}\int_0^{\frac{T}{2}}E_m\sin\omega tdt$

$=\frac{2}{T}\cdot\frac{E_m}{\omega}[-\cos\omega t]_0^{\frac{T}{2}}=\frac{E_m}{\pi}[-\cos\pi+\cos 0]$

$=\frac{2}{\pi}E_m$

여기서, $\omega=\frac{2\pi}{T}$ 이다.

예제 그림 10-11에서 구간 $[0, h]$에서 포물선 $y^2=x$를 x축 둘레로 회전해서 생기는 회전체의 체적을 구하여라.

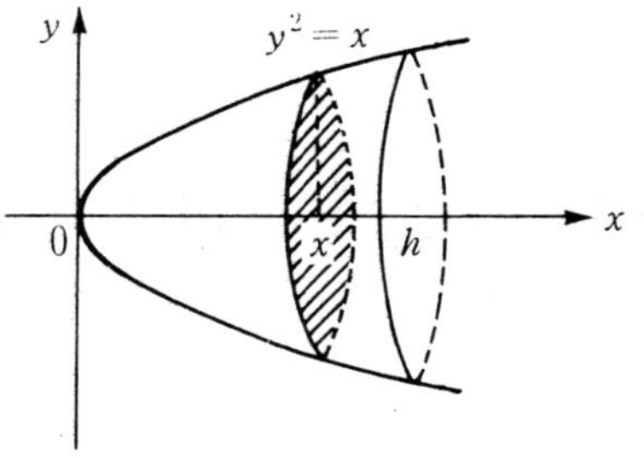

• • 그림 10-11 • •

풀이 체적 $V=\pi\int_a^b y^2dx=\pi\int_a^b\{f(x)\}^2dx$ 에서

구하는 체적 $V=\pi\int_0^h y^2dx=\pi\int_0^h xdx$

$$=\pi\left[\frac{1}{2}x^2\right]_0^h=\frac{\pi h^2}{2}$$

연 습 문 제

1. $\int f(x)dx = -x^2 + 3x + c$ 일 때 함수 $f(x)$를 구하여라.

[답] $f(x) = -2x + 3$

2. 점 (1, −2)를 지나는 곡선 $y = f(x)$ 위의 점 (x, y)에서의 접선의 기울기가 $2x - 1$ 일 때, 이 곡선의 방정식을 구하여라.

[답] $f(x) = x^2 - x - 2$

3. 다음 부정적분을 구하여라.

① $\int (2x-3)dx$ ② $\int x\sqrt{x}\,dx$

③ $\int 2\cos^2 x dx$ ④ $\int e^{x-1}dx$

⑤ $\int \sin 5x \cdot \cos 3x dx$ ⑥ $\int \frac{\cos x}{2+\sin x}dx$

[답] ① $x^2 - 3x + C$ ② $\frac{2}{5}x^{\frac{5}{2}} + C$

③ $x + \frac{1}{2}\sin 2x + C$ ④ $\frac{1}{e}e^x + C$

⑤ $-\frac{1}{16}\cos 8x - \frac{1}{4}\cos 2x + C$ ⑥ $\ln|2+\sin x| + C$

4. 다음 정적분을 구하여라.

① $\int_{-1}^{2} 3\,dx$ ② $\int_{-1}^{1}(2x^2 - 3x)\,dx$

③ $\int_{-1}^{1}|x|\,dx$ ④ $\int_{1}^{2}|2x-3|\,dx$

[답] ① 9　② $\frac{4}{3}$　③ 1　④ $\frac{1}{2}$

5. 정현파 교류전압 $v(t)=V_m \sin \omega t$의 실효값(root-mean-square)을 구하여라.

[답] $\frac{V_m}{\sqrt{2}}$

6. 그림 10-12와 같이 최대값이 10[A]인 삼각파의 평균값을 구하여라.

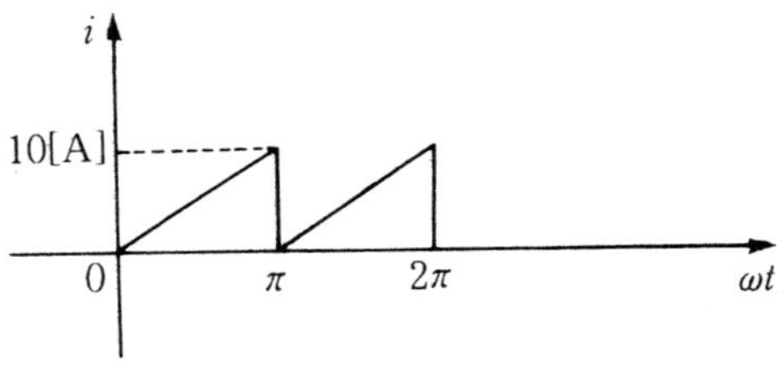

•• 그림 10-12 ••

[답] 5[A]

7. 그림 10-13과 같은 $i=I_m \sin \omega t$인 정현파 교류의 반파 정류파형의 실효값을 구하여라.

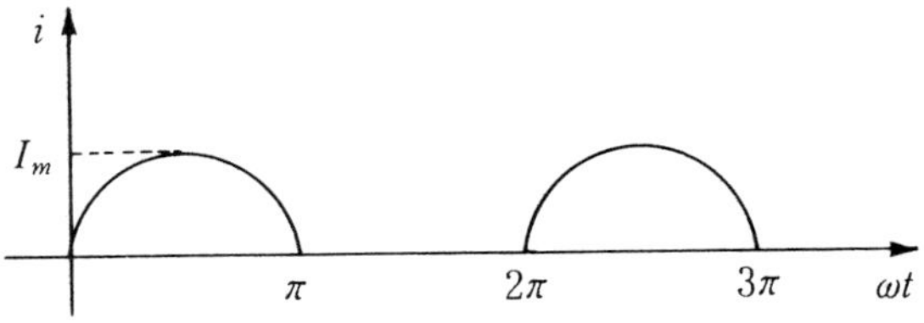

•• 그림 10-13 ••

[답] $\frac{I_m}{2}$

8. 그림 10-14와 같은 $R-C$ 직렬회로에 교류전원을 연결하였을 때 회로에 흐르는 전류가 $i=I_m \sin \omega t$라고 한다. 이때 회로의 전 전압강하를 구하여라.

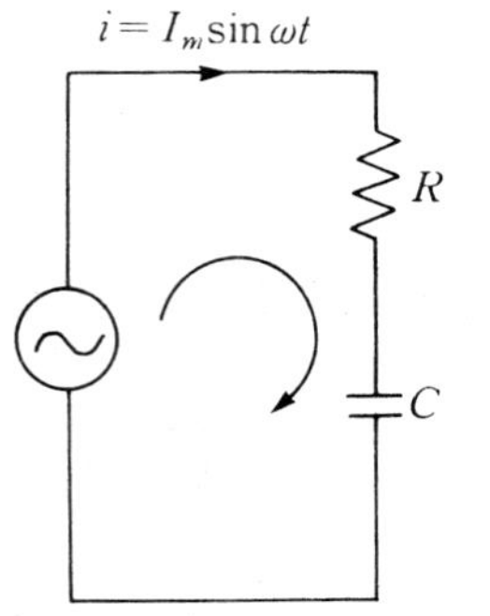

•• 그림 10-14 ••

[답] $I_m\sqrt{R^2+\left(\frac{1}{\omega C}\right)^2}\sin(\omega t-\varphi)$

단, $\rho=\tan^{-1}-\frac{\frac{1}{\omega C}}{R}$

제 11 장 푸리에 급수

전기 · 전자 · 통신회로에서 취급하고 있는 전압 · 전류는 보통 정현파를 다루고 있으나 실제의 파형은 정현파가 아닌 경우가 대단히 많다. 예를 들면 교류 발전기에서 나오는 전압은 가능한 한 정현파가 되도록 설계되지만 전기자 반작용과 기타영향으로 정현파형으로 부터 약간 일그러진다.

또한 변압기에 정현파 전압을 가할 때 철심의 자기포화 및 히스테리시스 현상에 의해 변압기의 여자전류가 정현파가 되지 않는다. 이외에도 정류의 경우 통신에 있어서의 신호파, 반도체소자의 비선형 특성 등에서는 여러 가지 현상에 의하여 여러 가지 모양의 일그러진 파가 발생한다. 이와 같은 파를 **비정현파** 또는 **왜형파**(distorted wave)라 한다. 이것들은 정현파에서의 일그러짐이 적을 때는 근사적으로 정현파로서 취급한다.

일그러짐이 현저할 때는 정현파로서 취급할 수 없다. 이와 같은 경우는 주기가 다른 다수의 정현파로 분해해서 취급한다.

이와 같은 무수의 삼각함수의 합인 급수를 **푸리에 급수**(Fourier Series)라 하는데 실제적인 교류현상에 없어서는 안되는 급수다.

여기서는 비정현 함수를 여러 개의 정현 함수의 합으로만 표시하는 푸리에 분석에 대해 알아보기로 한다.

11.1 주기함수와 비정현파

주기함수는 서로 정수배의 주파수를 갖는 정현 함수의 합으로 표시되는 함수이며, 또한 일정한 조건 아래서 여하한 파형의 주파수라도 이것을 상이한 주파수를 갖는 여러 개의 정현파의 합으로 표시할 수 있다.

함수 $f(t)$가 다음 식을 만족할 때

$$f(t)=f(t+T) \tag{11-1}$$

$f(t)$를 주기 T인 주기함수라 한다.

이와 같은 조건을 만족하는 몇 개의 함수를 그림 11-1에 표시하였다.

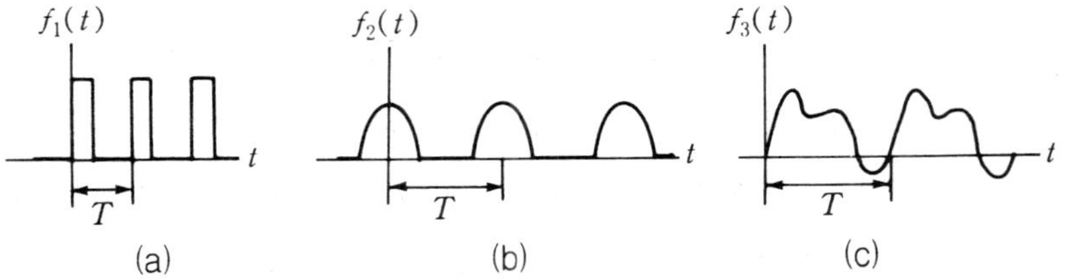

• • 그림 11-1 다양한 주기함수 • •

식 (11-1)에서 n이 정수라면 모든 t에 대하여

$$f(t)=f(t+nT) \tag{11-2}$$

가 되므로 T의 정수배인 $nT(n\neq 0)$도 역시 주기가 된다.

또 두 정현 함수 $f_1(t)=3\sin\omega t$, $f_2(t)=\sin 2\omega t$의 합으로 된 함수

$$f(t)=3\sin\omega t+\sin 2\omega t \tag{11-3}$$

는 주기가 $T=\dfrac{2\pi}{\omega}$인 주기 함수임을 알 수 있다. 그림 11-2에 $f_1(t)$, $f_2(t)$ 그리고 $f(t)$가 표시되어 있고 $f(t)$는 주기가 $\dfrac{2\pi}{\omega}$인 비정현파 임을 보여주고 있다.

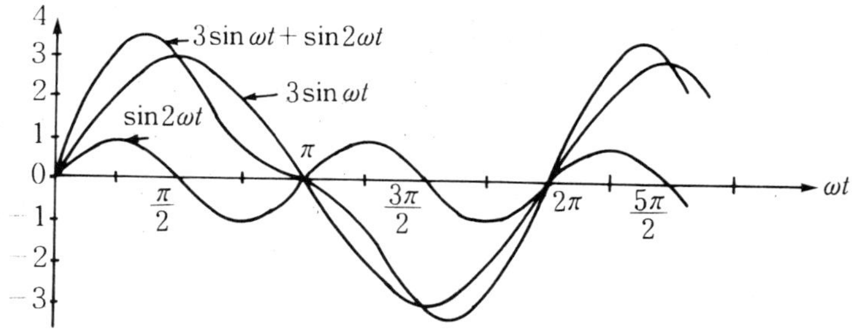

•• 그림 11-2 정수배의 주파수의 합성 ••

11.2 비정현파와 조파분석

일반적으로 비정현파 일지라도 일정한 주기 $T=\dfrac{2\pi}{\omega}$로 같은 파형을 반복하는 주기파의 경우에는 푸리에 급수로 전개하여 정현파로 분해할 수 있다. 즉, 주파수가 다른 여러 정현파의 합으로 취급할 수 있다. 즉, 주기 T인 비정현파를 $f(t)$라 하면

$$f(t)=f(t+nT)$$

이것을 푸리에 급수로 전개하면

$$\begin{aligned} f(t) &= b_0+b_1\cos\omega t+b_2\cos 2\omega t+\cdots+b_n\cos n\omega t \\ &\quad +a_1\sin\omega t+a_2\sin 2\omega t+\cdots+a_n\sin n\omega t \\ &= b_0+\sum_{n=1}^{\infty}a_n\sin n\omega t+\sum_{n=1}^{\infty}b_n\cos n\omega t \\ &= b_0+\sum_{n=1}^{\infty}C_n\sin(n\omega t+\phi_n) \end{aligned} \tag{11-4}$$

단, $C_n=\sqrt{a_n{}^2+b_n{}^2}$, $\phi_n=\tan^{-1}\dfrac{b_n}{a_n}$

여기서 b_0, a_1, a_2, $a_3\cdots$ b_1, b_2, $b_3\cdots$는 실수의 상수이다.

이와 같은 급수를 3각 급수(trigonometric series)라고 부르며, a_n과 b_n을 급수의 계수라 한다. 이 급수의 각 항은 주기가 2π이다. 그러므로 이 급수가 수렴한다면 이들의 합도 주기가 2π인 함수이다.

식 (11-4)의 상수항 b_0는 시각 t와 각 주파수 ω에 무관한 일정치의 직류성분이 되고 또 비정현파 교류의 한 주기에 걸친 평균값이 된다. $a_1 \cos x$, $b_1 \sin x$는 비정현파 $f(t)$의 기본이 되는 파형으로써 이것을 기본파라고 한다.

$a_2 \cos 2x$, $b_2 \sin 2x$는 제2고조파를 $a_3 \cos 3x$, $a_3 \sin 3x$는 제3고조파를 $a_n \cos nx$, $a_n \sin nx$는 n번째의 고조파(higher harmonic wave)를 표시하고 있다.

따라서 비정형파는 직류성분(일정항)과 기본파 및 기본파 주파수의 정수배의 주파수를 가진 여러 개의 고조파의 합성으로 분해할 수 있다. 이러한 분해를 조파 분석(harmonic analysis) 혹은 푸리에 분석이라고 부른다.

11.3 푸리에 급수의 계수 결정

11.3.1 b_0의 결정

간단히 표시하기 위해서 $\omega t = x$라고 놓으면 식 (11-4)는 다음과 같이 된다.

$$f(t) = b_0 + \sum_{n=1}^{\infty} a_n \sin nx + \sum_{n=1}^{\infty} b_n \cos nx \quad (n = 1, 2, 3 \cdots) \qquad (11\text{-}5)$$

식 (11-5)의 양변을 x에 관해서 $0 \sim 2\pi$까지 적분하면 sin항 및 cos항은 0이 되고 일정항만 남으므로

$$\int_0^{2\pi} f(x)dx = \int_0^{2\pi} b_0 dx = 2\pi b_0$$

$$\therefore\ b_0 = \frac{1}{2\pi} \int_0^{2\pi} f(x)dx \qquad (11\text{-}6)$$

위의 식에서 b_0는 주기함수의 1주기 동안의 평균치임을 알 수 있다.

11.3.2 a_n의 결정

식 (11-5)의 양변에 $\sin mx$(m은 양의 정수)를 곱하고 이것을 x에 관해서 0 ~ 2π까지 적분하면

$$\int_0^{2\pi} f(x)\sin mx dx = b_0\int_0^{2\pi}\sin mx dx + \sum_{n=1}^{\infty}\left(a_n\int_0^{2\pi}\sin nx \sin mx dx + b_n\int_0^{2\pi}\cos nx \sin mx dx\right) \tag{11-7}$$

식 (11-7)에서 우변의 제1항은 0이고 제2항과 제3항을 고쳐쓰면

$$\int_0^{2\pi}\sin nx\sin mx dx = \frac{1}{2}\int_0^{2\pi}\{\cos(n-m)x - \cos(n+m)x\}dx = \begin{cases} 0 : (m \neq n) \\ \pi : (m = n) \end{cases} \tag{11-8}$$

$$\int_0^{2\pi}\cos nx\sin mx dx = \frac{1}{2}\int_0^{2\pi}\{\sin(m+n)x + \sin(m-n)x\}dx = \frac{1}{2}\left[\frac{1}{m+n}\cos(m+n)x + \frac{1}{m-n}\cos(m-n)x\right]_0^{2\pi} = 0 \tag{11-9}$$

따라서 식 (11-7)은 제2항에서 $m = n$일 때만 적분값이 존재한다. 즉,

$$\int_0^{2\pi} f(x)\sin nx dx = \pi a_n$$

$$\therefore\ a_n = \frac{1}{\pi}\int_0^{2\pi} f(x)\sin nx dx \tag{11-10}$$

단, $n = 1, 2, 3\cdots$

11.3.3 b_n의 결정

식 (11-5)의 양변에 $\cos mx$를 곱하고 이것을 x에 관해서 $0 \sim 2\pi$까지 적분하면

$$\int_0^{2\pi} f(x)\cos mx dx = b_0 \int_0^{2\pi} \cos mx dx + \sum_{n=1}^{\infty}\left(a_n \int_0^{2\pi} \sin nx \cos mx dx \right.$$

$$\left. + b_n \int_0^{2\pi} \cos nx \cos mx dx\right) \tag{11-11}$$

식 (11-11)에서 우변의 제1항과 제2항은 위의 경우와 마찬가지로 0이고, 제3항은

$$\int_0^{2\pi} \cos nx \cos mx dx = \frac{1}{2}\int_0^{2\pi} \{\cos(m+n)x + \cos(m-n)x\}dx$$

$$= \begin{cases} 0 : (m \neq n) \\ \pi : (m = n) \end{cases} \tag{11-12}$$

그러므로 식 (11-11)의 우변은 제3항 중 $m=n$일 때 π이고, 전부 0이므로

$$\int_0^{2\pi} f(x)\sin nx = \pi b_n$$

$$\therefore\ b_n = \frac{1}{\pi}\int_0^{2\pi} f(x)\sin nx dx \tag{11-13}$$

단, $n = 1, 2, 3 \cdots$

예제 그림 11-3의 반파 정류파를 푸리에 급수로 전개하여라.

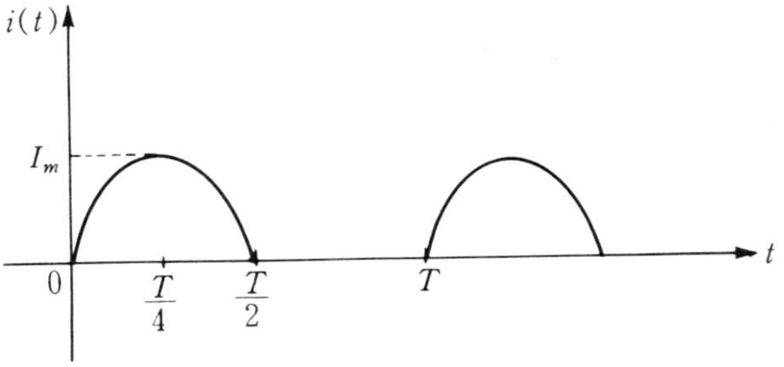

•• 그림 11-3 ••

풀이 1주기 사이의 반파 정류파는

$$i(t)=\begin{cases} I_m\sin\omega t\left(0<t<\dfrac{T}{2}\right) \\ 0\left(\dfrac{T}{2}<t<T\right) \end{cases}$$

로 표시됨을 알 수 있다.

식 (11-6), 식 (11-10), 식 (11-13)을 이용하여 푸리에 계수를 구하면

$$b_0=\frac{1}{T}\int_0^T i(t)dt=\frac{1}{T}\int_0^{\frac{T}{2}} I_m\sin\omega t dt$$

$$=\frac{1}{T}\left[-\frac{I_m}{\omega}\cos\omega t\right]_0^{\frac{T}{2}}=\frac{I_m}{\pi}$$

$$a_n=\frac{2}{T}\int_0^T i(t)\sin n\omega t dt=\frac{2}{T}\int_0^{\frac{T}{2}} I_m\sin\omega t\sin n\omega t dt$$

$$=\frac{2I_m}{T}\int_0^{\frac{T}{2}}\left\{\frac{\cos(n-1)\omega t-\cos(n+1)\omega t}{2}dt\right\}$$

$$=\frac{2I_m}{2\omega T}\left\{\frac{\sin(n-1)\pi}{n-1}-\frac{\sin(n+1)\pi}{(n+1)}\right\}=\begin{cases}0\ (n\neq 0) \\ \dfrac{I_m}{2}\ (n=1)\end{cases}$$

$$b_n=\frac{2}{T}\int_0^{\frac{T}{2}} i(t)\cos n\omega t dt=\frac{2}{T}\int_0^{\frac{T}{2}} I_m\sin\omega t\cos n\omega t dt$$

$$=\frac{2I_m}{T}\int_0^{\frac{T}{2}}\frac{\sin(1+n)\omega t-\sin(n-1)\omega t}{2}dt$$

$$=\frac{I_m}{T}\left[\frac{-\cos(1+n)\omega t}{(n+1)\omega}+\frac{\cos(n-1)\omega t}{(n-1)\omega}\right]_0^{\frac{T}{2}}$$

$$=\frac{I_m}{\omega T}\left[\frac{-\cos(1+n)\pi}{n+1}+\frac{\cos(n-1)\pi}{n-1}\right]=\begin{cases}0\ (n=\text{홀수}) \\ \dfrac{-2I_m}{\pi(n^2-1)}\end{cases}$$

이상을 종합하면

$$i(t)=I_m\left\{\frac{1}{\pi}+\frac{1}{2}\sin\omega t-\frac{2}{\pi}\left(\frac{\cos 2\omega t}{3}+\frac{\cos 4\omega t}{15}+\frac{\cos 6\omega t}{35}+\cdots\right)\right\}$$

11.4 대칭성

11.4.1 반파대칭

그림 11-4와 같이 반주기마다 그 값의 크기가 같고 부호가 반대인 경우, 즉 정(+)의 반파를 180°만큼 수평축으로 평행 이동하여 180° 회전하면 부(−)의 반파와 일치할 때 반파대칭이라고 한다.

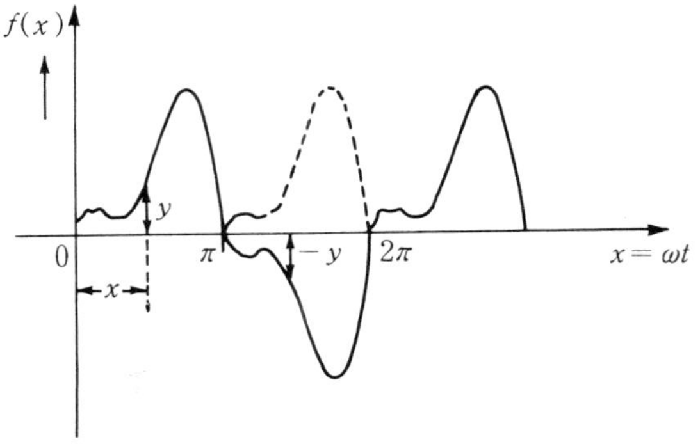

• • 그림 11-4 • •

반파대칭을 수식으로 표시하면

$$f(x) = -f(\pi + x) \tag{11-14}$$

가 되며, 반파대칭은 정(+)의 반파와 부의 반파의 면적이 서로 같으므로 $b_0 = 0$ 이 된다. 따라서 $f(x)$는

$$f(x) = \sum_{n=1}^{\infty} a_n \sin nx + \sum_{n=1}^{\infty} b_n \cos nx \tag{11-15}$$

가 되고, $-f(\pi + x)$는

$$-f(\pi + x) = \left\{ \sum_{n=1}^{\infty} a_n \sin n(\pi + x) + \sum_{n=1}^{\infty} b_n \cos n(\pi + x) \right\}$$

$$= (-1)^n \left\{ \sum_{n=1}^{\infty} a_n \sin nx + \sum_{n=1}^{\infty} b_n \cos nx \right\} \tag{11-16}$$

가 된다. 따라서 $f(x) = -f(\pi + x)$의 관계가 성립하려면 식 (11-15)와 식 (11-16)에서 n이 홀수라야 한다.

반파대칭의 경우는 정(+)의 반파와 부(−)의 반파의 면적이 같기 때문에 a_n, b_n을 구할 때 반주기만 적분하여 2배하여 주면 된다. 즉

$$\left. \begin{aligned} a_n &= \frac{2}{\pi} \int_0^{\pi} f(x) \sin nx dx \\ b_n &= \frac{2}{\pi} \int_0^{\pi} f(x) \cos nx dx \end{aligned} \right\} \tag{11-17}$$

단, $n = 1, 3, 5 \cdots$

이 때의 푸리에 급수는

$$\begin{aligned} f(x) = & A_1 \sin \omega t + A_3 \sin 3\omega t + A_5 \sin 5\omega t + \cdots \\ & + B_1 \cos \omega t + B_3 \cos 3\omega t + B_5 \cos 5\omega t + \cdots \end{aligned} \tag{11-18}$$

예제 그림 11-5의 파형을 푸리에 급수로 전개하여라.

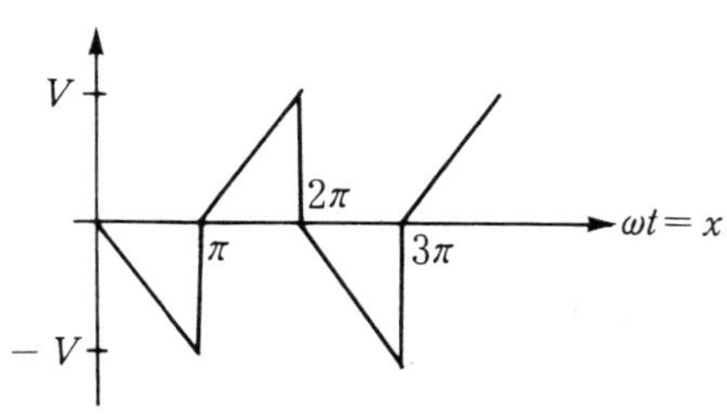

•• 그림 11-5 ••

풀이 반파대칭이므로 b_0항은 0이며 $f(x)$의 함수는

$$f(x) = -\frac{V}{\pi} x$$

식 (11-17)에 의해서

$$a_n = \frac{2}{\pi}\int_0^\pi f(x)\sin nxdx = \frac{-2V}{\pi^2}\int_0^\pi x\sin nxdx$$

$$= -\frac{2V}{\pi^2}\left\{\left[-\frac{x}{n}\cos nx\right]_0^\pi + \frac{1}{n}\int_0^\pi \cos nxdx\right\}$$

$$= -\frac{2V}{\pi^2}\left[-\frac{\pi}{n}\cos n\pi\right] = -\frac{2V}{n\pi}$$

$$b_n = \frac{2}{\pi}\int_0^\pi f(x)\cos nxdx = \frac{-2V}{\pi^2}\int_0^\pi x\cos nxdx$$

$$= -\frac{2V}{\pi^2}\left\{\left[\frac{x}{n}\sin nx\right]_0^\pi - \frac{1}{n}\int_0^\pi \sin nxdx\right\}$$

$$= -\frac{2V}{n^2\pi^2}(\cos n\pi - 1) = \frac{4V}{n^2\pi^2}$$

이상을 종합하면

$$\therefore\ f(x) = \frac{4V}{\pi^2}\left\{\cos\omega t + \frac{1}{9}\cos 3\omega t + \cdots\right\} - \frac{2V}{\pi}\left\{\sin\omega t + \frac{1}{3}\sin 3\omega t + \cdots\right\}$$

11.4.2 정현대칭(기함수파)

그림 11-6과 같이 정(+)의 반파를 수직축에 대하여 180° 회전하고 이것을 다시 수평축에 대하여 180° 회전할 때 부(−)의 반파와 일치하는 파를 **정현대칭**이라고 한다.

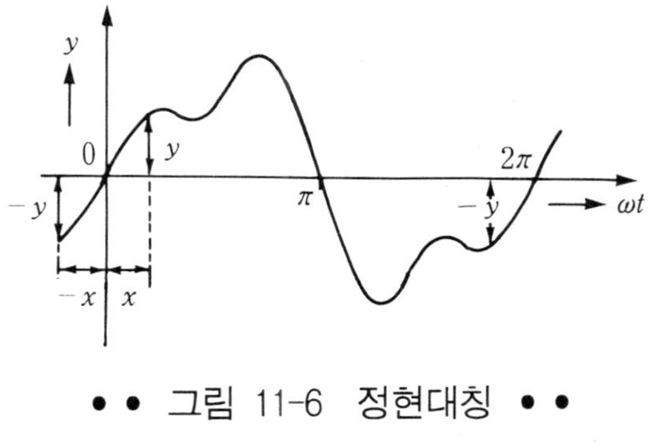

• • 그림 11-6 정현대칭 • •

정현대칭을 수식으로 표시하면

$$\left.\begin{aligned} f(x) &= -f(-x) \\ f(x) &= -f(2\pi - x) \end{aligned}\right\} \tag{11-19}$$

가 되며, 정현대칭의 경우 1주기 동안의 평균치는 0이므로 $b_0 = 0$이다. 따라서 $f(x)$는

$$f(x) = \sum_{n=1}^{\infty} a_n \sin nx + \sum_{n=1}^{\infty} b_n \cos nx \tag{11-20}$$

가 되고, $f(x) = -f(-x)$는

$$\begin{aligned} -f(-x) &= -\left\{ \sum_{n=1}^{\infty} a_n(-\sin nx) + \sum_{n=1}^{\infty} b_n \cos nx \right\} \\ &= \sum_{n=1}^{\infty} a_n \sin nx - \sum_{n=1}^{\infty} b_n \cos nx \end{aligned} \tag{11-21}$$

가 된다. 따라서 $f(x) = -f(-x)$의 관계가 성립하려면 식 (11-20)과 식 (11-21)에서 cos항은 존재할 수 없고 sin항만 존재하여야 한다. 이 경우도 정(+)의 반파와 부(−)의 반파의 면적이 같기 때문에 a_n을 구할 때 반주기만 적분하여 2배하여 주면 된다. 즉

$$a_n = \frac{2}{\pi} \int_0^{\pi} f(x) \sin nx dx \tag{11-22}$$

이 때의 푸리에 급수는

$$f(x) = A_1 \sin \omega t + A_2 \sin 2\omega t + A_3 \sin 3\omega t + \cdots \tag{11-23}$$

예제 그림 11-7과 같은 톱니파형을 푸리에 급수로 전개하여라.

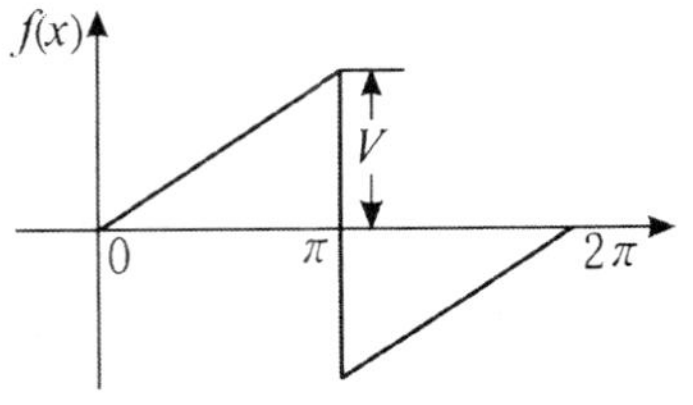

• • 그림 11-7 톱니파 • •

풀이 정현대칭이므로 $b_0=0$, $b_n=0$이며, $f(x)$의 함수는

$$f(x)=\frac{V}{\pi}x$$

식 (11-22)에 의해서

$$a_n=\frac{2}{\pi}\int_0^{\pi}f(x)\sin nx dx=\frac{2}{\pi}\int_0^{\pi}\frac{V}{\pi}x\sin nx dx$$

$$=\frac{2V}{\pi^2}\left[-\frac{x\cos nx}{n}+\frac{\sin nx}{n^2}\right]_0^{\pi}=\frac{2V}{\pi}\left\{-\frac{(-1)^n}{n}\right\}$$

$$\therefore f(x)=\frac{2V}{\pi}\left\{\sin x-\frac{1}{2}\sin 2x+\frac{1}{3}\sin 3x-\frac{1}{4}\sin 4x+\cdots\right\}$$

11.4.3 여현대칭(우함수파)

그림 11-8과 같이 수직축에 대해서 180° 회전할 때 좌우가 일치하는 파를 여현대칭이라고 한다.

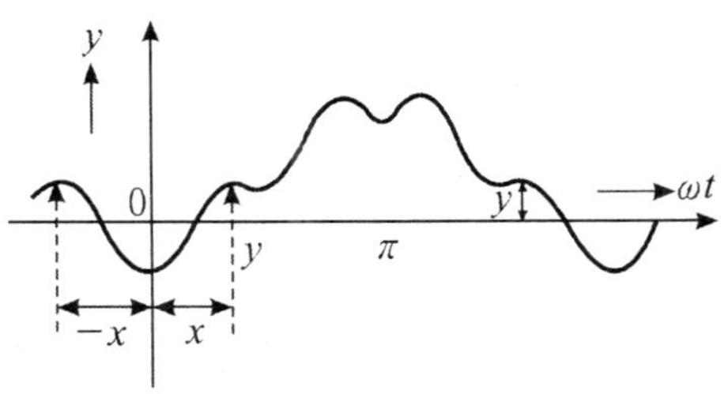

• • 그림 11-8 여현대칭 • •

이것을 수식으로 표시하면

$$\left.\begin{array}{l} f(x)=f(-x) \\ f(x)=f(2\pi-x) \end{array}\right\} \tag{11-24}$$

가 되며, $f(x)$는 x의 우함수이다. 따라서 $f(x)$는

$$f(x)=b_0+\sum_{n=1}^{\infty}a_n\sin nx+\sum_{n=1}^{\infty}b_n\cos nx \tag{11-25}$$

가 되고, $f(-x)$는

$$\begin{aligned} f(-x)&=b_0+\sum_{n=1}^{\infty}a_n\sin(-nx)+\sum_{n=1}^{\infty}b_n\cos nx \\ &=b_0-\sum_{n=1}^{\infty}a_n\sin nx+\sum_{n=1}^{\infty}b_n\cos nx \end{aligned} \tag{11-26}$$

가 된다. 따라서 $f(x)=f(-x)$가 성립하려면 식 (11-25)와 식 (11-26)에서 sin 항은 존재할 수 없고 일정항과 여현항만 존재하여야 한다.

따라서

$$\left.\begin{array}{l} b_0=\dfrac{1}{\pi}\displaystyle\int_0^{\pi}f(x)dx \\ b_n=\dfrac{2}{\pi}\displaystyle\int_0^{\pi}f(x)\cos nx\,dx \end{array}\right\} \tag{11-27}$$

이때의 푸리에 급수는

$$f(x)=b_0+b_1\cos\omega t+b_2\cos 2\omega t+b_3\cos 3\omega t+\cdots \tag{11-28}$$

예제 그림 11-9와 같은 반파 정류파를 푸리에 급수로 전개하여라.

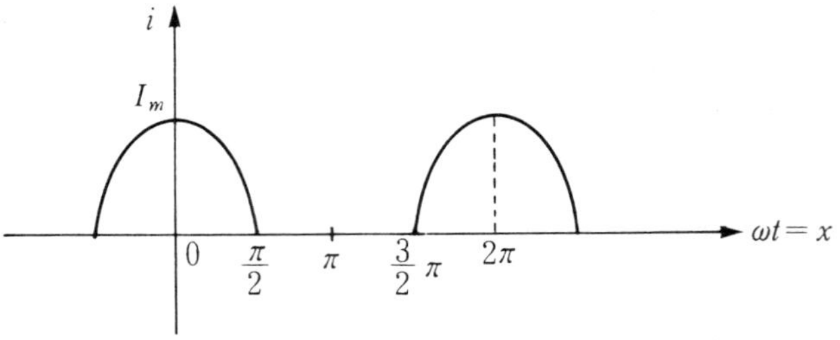

•• 그림 11-9 반파 정류파 ••

풀이 우함수이므로 $a_n = 0$이며, $f(x)$의 함수는

$$f(x) = I_m \cos x \ ; \ 0 \le x \le \frac{\pi}{2}$$

$$f(x) = 0 \ ; \ \frac{\pi}{2} \le x \leqq \pi$$

식 (11-27)에 의해서

$$b_0 = \frac{1}{\pi}\int_0^{\pi} f(x)dx = \frac{1}{\pi}\int_0^{\frac{\pi}{2}} I_m \cos x dx = \frac{I_m}{\pi}$$

$$b_n = \frac{2}{\pi}\int_0^{\pi} f(x)\cos nx dx = \frac{2}{\pi}\int_0^{\frac{\pi}{2}} I_m \cos x \cos nx\, dx$$

$$= \frac{I_m}{\pi}\int_0^{\frac{\pi}{2}} \{\cos(n+1)x + \cos(n-1)x\}dx$$

$$= \frac{I_m}{\pi}\left[\frac{\sin(n+1)\frac{\pi}{2}}{n+1} + \frac{\sin(n-1)\frac{\pi}{2}}{n-1}\right]$$

① $n=1$일 때 $b_1 = \frac{I_m}{2}$

② $n=2, 6, 10$일 때 $b_n = \frac{I_m}{\pi}\left[\frac{-1}{n+1} + \frac{1}{n-1}\right] = \frac{I_m}{\pi}\frac{2}{n^2-1}$

③ $n=4, 8, 12, \cdots$ 일 때 $b_n = \frac{I_m}{\pi}\left[\frac{1}{n+1} + \frac{-1}{n-1}\right] = \frac{I_n}{\pi}\frac{-2}{n^2-1}$

이상을 종합하면

$$i(t) = \frac{I_m}{\pi} + \frac{I_m}{2}\cos\omega t + \frac{2I_m}{\pi}\left[\frac{1}{3}\cos 2\omega t - \frac{1}{15}\cos 4\omega t + \frac{1}{35}\cos 6\omega t\right]$$

11.4.4 반파 및 정현대칭

그림 11-10과 같이 반파 및 정현대칭을 동시에 만족하는 파형으로서

$$\left.\begin{aligned} f(x) &= -f(-x) \\ f(x) &= -f(\pi - x) \end{aligned}\right\} \tag{11-29}$$

의 조건을 동시에 만족한다. 정현대칭조건에서 정현항만 존재하고 반파 대칭조건에서 n은 기수항만 존재함을 알 수 있다.

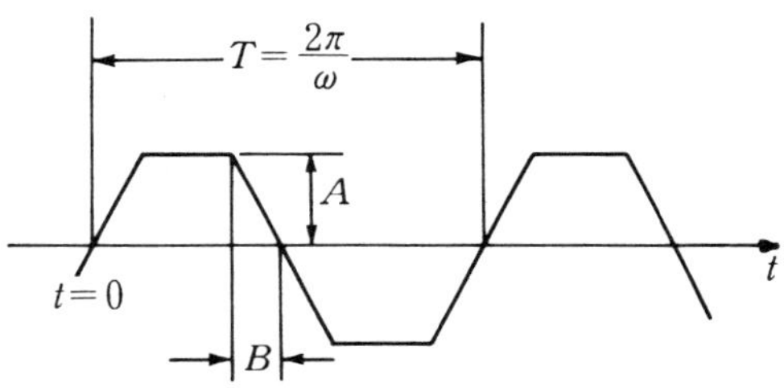

•• 그림 11-10 사다리꼴파 ••

따라서

$$\begin{aligned} f(x) &= \sum_{n=1}^{\infty} a_n \sin n\omega t \\ &= a_1 \sin x + a_3 \sin 3x + a_5 \sin 5x + \cdots \end{aligned} \tag{11-30}$$

이 경우에 식 (11-30)에서 a_n을 구하려면 $\frac{1}{4}$주기만 적분하여 4배하면 된다.

$$a_n = \frac{4}{\pi} \int_0^{\frac{\pi}{2}} f(x) \sin nx\, dx \tag{11-31}$$

단, $n = 1, 3, 5, 7 \cdots$

예제 그림 11-11과 같은 3각형 전압파를 푸리에 급수로 전개하여라.

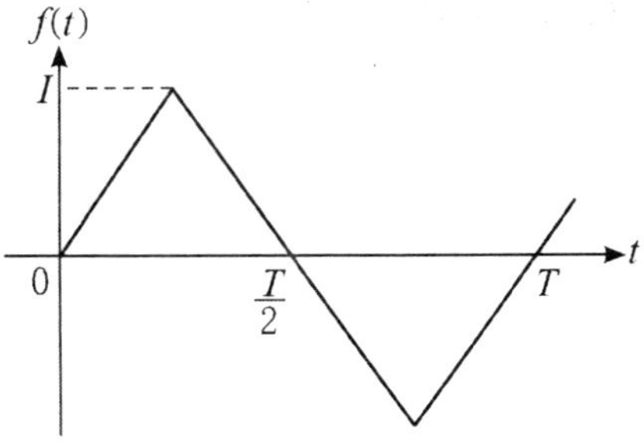

•• 그림 11-11 ••

풀이 반파 및 정현대칭이므로 $b_0 = b_n = 0$이며 $f(x)$의 함수는

$$f(x) = \frac{2I}{\pi}x \ (0 \leqq x \leqq \frac{\pi}{2})$$

$$\therefore \ a_n = \frac{4}{\pi}\int_0^{\frac{\pi}{2}} f(x)\sin nx\,dx = \frac{4}{\pi}\int_0^{\frac{\pi}{2}} \frac{2I}{\pi}x\sin nx\,dx$$

$$= \frac{8I}{\pi^2}\left[\frac{1}{n^2}\sin nx - \frac{1}{n}x\cos nx\right]_0^{\frac{\pi}{2}} = \begin{cases} \frac{8I}{n^2\pi^2} & ;\ n=1,5,9\cdots \\ -\frac{8I}{n^2\pi^2} & ;\ n=3,7,11\cdots \end{cases}$$

$$\therefore f(x) = \frac{8I}{\pi^2}\left(\sin x - \frac{1}{3^2}\sin 3\omega t + \frac{1}{5^2}\sin 5x - \frac{1}{72}\sin 7\omega t + \cdots\right)$$

예제 그림 11-12와 같은 파형을 푸리에 급수로 전개하여라.

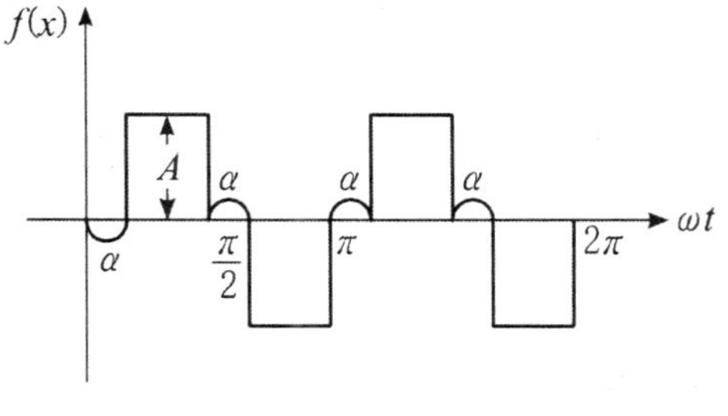

•• 그림 11-12 ••

풀이 반파 및 정현대칭이므로 $b_0 = b_n = 0$이며 $f(x)$의 함수는

$$f(x)=\begin{cases}0\ ;\ 0\le x\le \alpha\\ A\ ;\ \alpha\le x\le \dfrac{\pi}{2}\end{cases}$$

$$\therefore\ a_n=\frac{4}{\pi}\int_0^{\frac{\pi}{2}}f(x)\sin nx=\frac{4}{\pi}\int_\alpha^{\frac{\pi}{2}}A\sin nx\,dx=\frac{4A}{n\pi}[-\cos nx]_\alpha^{\frac{\pi}{2}}$$

$$=\frac{4A}{n\pi}\cos n\alpha\ (n=1,\ 3,5,\cdots)$$

$$\therefore\ f(x)\frac{4A}{\pi}\left\{\cos\alpha\sin x+\frac{1}{3}\cos 3\alpha\sin 3x+\frac{1}{5}\cos 5\alpha\sin 5x+\cdots\right\}$$

11.4.5 반파 및 여현대칭

그림 11-13과 같이 반파 및 여현대칭의 조건을 동시에 만족시키는 파형이다. 이것을 수식으로 표시하면

$$\left.\begin{aligned}f(x)&=-f(-x)\\ f(x)&=-f(\pi+x)\end{aligned}\right\}\qquad (11\text{-}32)$$

가 된다. 따라서 기수차의 여현항만 존재하여야 한다.

이 경우에도 마찬가지로 b_n을 구할 때 $\frac{1}{4}$주기만 적분하여 4배하면 된다. 즉

$$b_n=\frac{4}{\pi}\int_0^{\frac{\pi}{2}}f(x)\cos nx\,dx\qquad (11\text{-}33)$$

이때의 푸리에 급수는

$$f(x)=b_0+b_1\cos\omega t+b_3\cos 3\omega t+b_5\cos 5\omega t+\cdots\qquad (11\text{-}34)$$

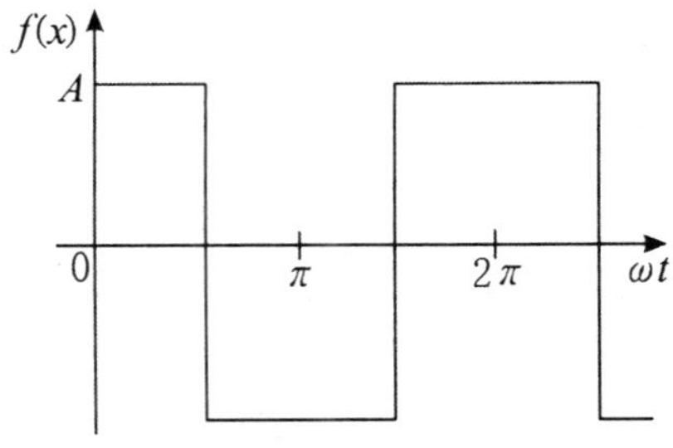

•• 그림 11-13 ••

예제 그림 11-13과 같은 파형에서 최대치가 A인 경우 푸리에 급수로 전개하여라.

풀이 반파 및 여현대칭이므로 $b_0=0$, $a_n=0$이며 $f(x)$의 함수는

$$f(x)=A \ ;0\leq x\leq \frac{\pi}{2}$$

$$\therefore b_n=\frac{4}{\pi}\int_0^{2\pi}f(x)\cos nx\,dx=\frac{4}{\pi}\int_0^{2\pi}A\cos nx\,dx$$

$$=\frac{4A}{\pi}\left[\frac{1}{n}\sin nx\right]_0^{\frac{\pi}{2}}=\frac{4A}{\pi}\frac{1}{n}=\begin{cases} n=1,5,9\cdots \text{일 때는 } + \\ n=3,7,11\cdots \text{일 때는 } - \end{cases}$$

$$\therefore f(x)=\frac{4A}{\pi}\left\{\cos\omega t-\frac{1}{3}\cos 3\omega t+\frac{1}{5}\cos 5\omega t-\cdots\right\}$$

11.5 비정현파의 전력

전압과 전류가 각각

$$v(t)=V_0+V_{m1}\sin(\omega t+\alpha_1)+V_{m2}\sin(2\omega t+\alpha_2)+\cdots+V_{mn}\sin(n\omega t+\alpha_n) \tag{11-35}$$

$$i(t)=I_0+I_{m1}\sin(\omega t+\beta_1)+I_{m2}\sin(2\omega t+\beta_2)+\cdots+I_{mn}\sin(n\omega t+B_n) \tag{11-36}$$

와 같이 표시되는 비정현파일 때 회로에 공급되는 순시전력은 $P=v(t)i(t)$가 되고 평균전력은

$$P=\frac{1}{T}\int_0^T v(t)i(t)dt \tag{11-37}$$

이다.

$$\therefore\ P=\frac{1}{T}\Big(\int_0^T\{V_0+V_{m1}\sin(\omega t+\alpha_1)+V_{m2}\sin(2\omega t+\alpha_2)+\cdots\cdots\}\times$$

$$\{I_0+I_{m1}\sin(\omega t+\beta_1)+I_{m2}\sin(2\omega t+\beta_2)+\cdots\cdots\}\Big)dt \tag{11-38}$$

위 식의 적분 속에 있는 항을 전개하면 다음과 같이 4개의 항으로 분리된다.

① $V_0 I_0$

② 일정치(I_0, V_0)와 정현파와의 곱의 항

③ 주파수가 같은 두 정현파의 곱의 항

④ 주파수가 다른 두 정현파의 곱의 항

앞의 ②와 ④의 적분은 0이 되므로 ①과 ③항만 남는다.

한편

$$\frac{1}{T}\int_0^T \sin(n\omega t+\alpha_n)\sin(n\omega t+\beta_n)dt$$

$$=\frac{1}{T}\int_0^T \frac{1}{2}\{\cos(n\omega t+\beta_n-n\omega t+\alpha_n)-\cos(n\omega t+\beta_n+n\omega t+\alpha_n)\}dt$$

$$=\frac{1}{2T}\int_0^T[\cos(\beta_n-\alpha_n)-\cos(2n\omega t+\beta_n+\alpha_n)]dt$$

$$=\frac{1}{2T}\cos(\beta_n-\alpha_n)\cdot T=\frac{1}{2}\cos(\beta_n-\alpha_n) \tag{11-39}$$

이므로

$$P=V_0 I_0+\sum_{n=1}^{\infty}\frac{1}{2}V_{mmn}I_n\cos(\beta_n-\alpha_n) \tag{11-40}$$

이 된다. 한편

$$\frac{V_{mn}}{\sqrt{2}} = V_n, \quad \frac{I_{mn}}{\sqrt{2}} = I_n, \quad \beta_n - \alpha_n = \theta_n \tag{11-41}$$

이라 하면 평균전력은

$$\begin{aligned} P &= V_0 I_0 + \sum_{n=1}^{\infty} V_n I_n \cos(\beta_n - \alpha_n) = V_0 I_0 + \sum_{n=1}^{\infty} V_n I_n \cos\theta_n \\ &= V_0 I_0 + V_1 I_1 \cos\theta_1 + V_2 I_2 \cos\theta_2 + \cdots\cdots \\ &= P_0 + P_1 + P_2 + \cdots\cdots \end{aligned} \tag{11-42}$$

이다.

여기서 P_0는 평균전력의 직류성분이고 P_1, $P_2 \cdots\cdots$는 고조파 성분이다.

이것으로부터 비정현파에 의하여 회로에 공급되는 평균전력은 각 고조파의 개별적인 평균전력의 합과 같음을 알 수 있다.

예제 전압이 $v(t) = 10\sin 10t + 20\sin 20t$[V]이고, 전류가 $i(t) = 20\sin 10t + 10\sin 20t$[A]이면 소비전력은 몇 [W]인가?

풀이 소비전력 P는

$$P = V_0 I_0 + V_1 I_1 \cos\theta_1 + V_2 I_2 \cos\theta_2 + \cdots\cdots$$

$$V_0 = I_0 = 0, \ V_1 = \frac{10}{\sqrt{2}}, \ V_2 = \frac{20}{\sqrt{2}}, \ I_1 = \frac{20}{\sqrt{2}}, \ I_1 = \frac{10}{\sqrt{2}}$$

$$P = \frac{10}{\sqrt{2}} \times \frac{20}{\sqrt{2}} \times \frac{20}{\sqrt{2}} \times \frac{10}{\sqrt{2}} = 100 + 100 = 200[\text{W}]$$

연 습 문 제

1. 그림 11-14에서와 같이 ωt가 0에서 π까지 $i=20$[A], π에서 2π까지는 $i=$ 0[A]인 파형을 푸리에 급수로 전개할 때 직류분 b_0는 얼마인가?

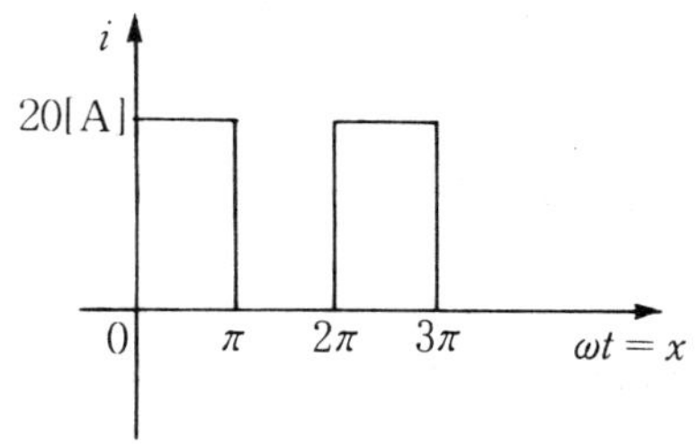

•• 그림 11-14 ••

[답] $b_0 = 10$

2. 그림 11-15와 같은 전파정류파형을 푸리에 급수로 전개하여라.

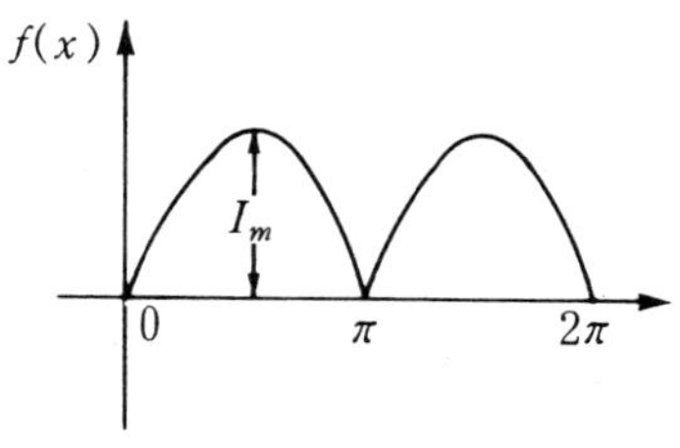

•• 그림 11-15 ••

[답] $f(x) = \frac{4I_m}{\pi}\left\{\frac{1}{2} - \frac{1}{3}\cos 2\omega t - \frac{1}{3\times 5}\cos 4\omega t - \frac{1}{5\times 7}\cos 6\omega t - \cdots\right\}$

3. 그림 11-16과 같은 구형파를 푸리에 급수로 전개하여라.

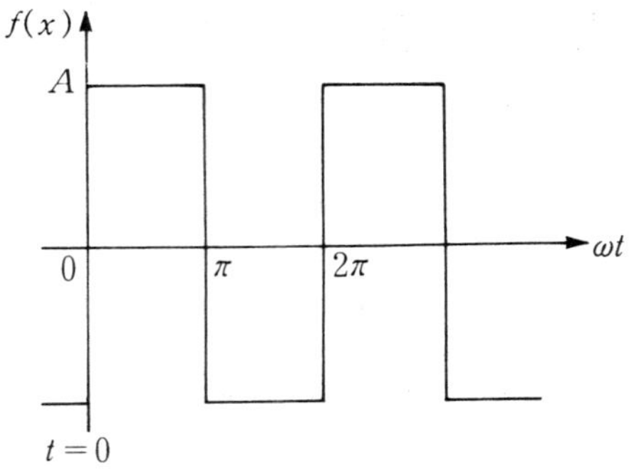

•• 그림 11-16 ••

[답] $f(x)=\dfrac{4A}{\pi}\left(\sin x+\dfrac{1}{3}\sin 3x+\dfrac{1}{5}\sin 5x+\cdots\right)$

4. 그림 11-17과 같은 파형을 푸리에 급수로 전개하여라.

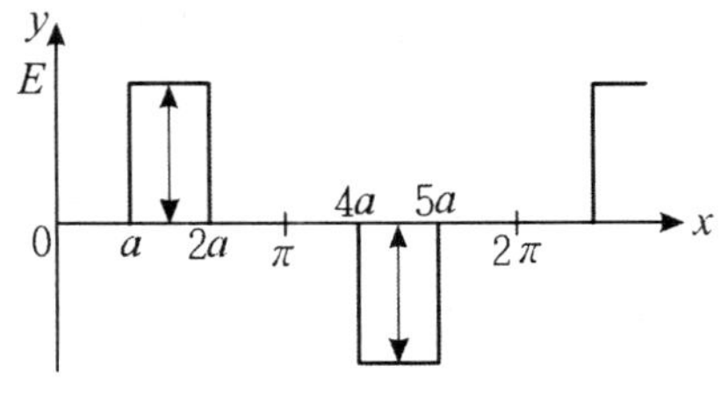

•• 그림 11-17 ••

[답] $f(x)=\dfrac{4E}{\pi}\left\{\cos a\sin x+\dfrac{1}{3}\cos 3a\sin 3x+\dfrac{1}{5}\cos 5a\sin 5x+\cdots\right\}$

5. 그림 11-18과 같은 반파 정류파를 푸리에 급수로 전개하여라.

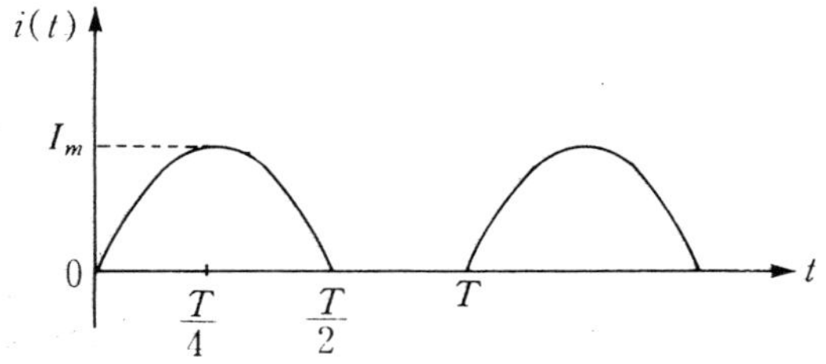

• • 그림 11-18 • •

[답] $i(t)=I_m\left\{\frac{1}{\pi}+\frac{1}{2}\sin\omega t-\frac{2}{\pi}\left(\frac{\cos 2\omega t}{3}+\frac{\cos 4\omega t}{15}+\frac{\cos 6\omega t}{35}+\cdots\right)\right\}$

6. 그림 11-19와 같은 파형을 푸리에 급수로 전개하여라.

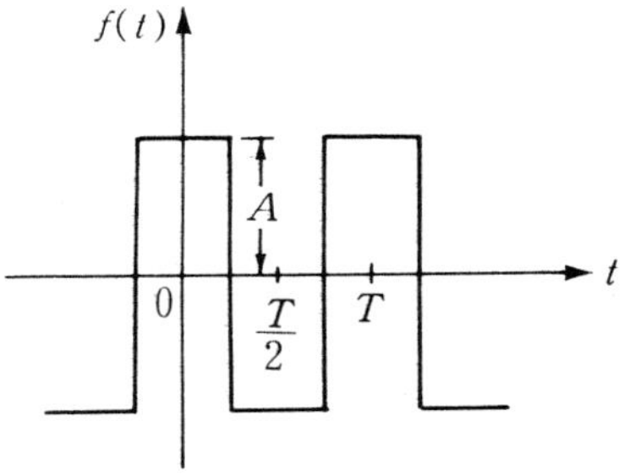

• • 그림 11-19 • •

[답] $f(t)=\frac{4}{\pi}A\left(\cos\omega t-\frac{1}{3}\cos 3\omega t+\frac{1}{5}\cos 5\omega t\right)$

$\sin\omega\left(t+\frac{\pi}{2}\right)$

제 12 장 미분 방정식

온도 θ의 매질 속에 놓여진 물체의 최초의 온도를 T_0라 하고 임의의 시각 t에 있어서 온도 T를 구하는 문제를 고찰하여 보기로 하자.

예를 들면 $T>\theta$라면 단위시간에 이 물체가 소모하는 열량은 온도의 차 $T-\theta$에 비례하므로 시간 Δt사이에 잃어버린 열량은 C를 비례상수로 해서 $C(T-\theta)\Delta t$로 표시되어 진다. 이 열량을 소비한 까닭에 물체의 온도가 ΔT만큼 내려갔다고 하면 물체가 소모한 열량은 ΔT에도 비례하므로 K를 비례상수로 해서 $-K\Delta T$로 표시할 수 있다.

따라서 다음과 같은 관계식이 성립된다.

$$-K\Delta T = C(T-\theta)\Delta t \tag{12-1}$$

양변을 Δt로 나누고 $\Delta t \to 0$라고 해서 정리하면

$$\frac{dT}{dt} = -\frac{C}{K}(T-\theta) \tag{12-2}$$

를 얻는다.

식 (12-2)와 같이 미지함수의 도함수를 포함한 방정식을 미분 방정식(differen-tial equation)이라 한다.

12.1 미분 방정식의 종류

자연현상을 조사해 나가면 미분 방정식을 풀 필요를 느끼는 경우가 대단히 많으므로 지금부터 미분 방정식에 대하여 해석해 보기로 한다. 예를 들면 다음과 같다.

$$x + y\frac{dy}{dx} = 0 \tag{12-3}$$

$$\frac{d^2y}{dx^2} + dy = 0 \tag{12-4}$$

$$y\frac{\partial Z}{\partial x} + x\frac{\partial Z}{\partial y} - x = 0 \tag{12-5}$$

식 (12-3), 식 (12-4)와 같이 미분방정식에 나타나는 함수가 하나의 독립변수에 종속하면 그 방정식을 상미분 방정식이라 하고 식 (12-5)와 같이 방정식 속에 2개 이상의 독립변수에 관한 미지함수의 편미분을 갖는 미분방정식을 편미분 방정식이라 부른다.

미분 방정식에 나타나는 도함수의 계수의 최대치가 n이면 그 미분 방정식을 n계 미분 방정식이라 한다. 또 미분 방정식이 미지함수 y 및 그 도함수에 관한 유리정식인 경우에 최고계의 도함수의 차수를 그 미분 방정식의 차수(order)라고 한다. 특히 1차인 미분 방정식을 선형미분 방정식이라 한다.

12.2 미분 방정식의 해

미분 방정식의 해를 구한다는 것은 미분 방정식이 주어진 경우 이 방정식을 만족하는 함수를 풀이라고 하며 풀이를 구하는 것을 풀이한다고 말한다. 즉 미분 방정식에서 도함수를 포함하지 않는 식을 구하는 것을 미분 방정식을 푼다고 하고, 풀이한 함수를 해라한다.

n계의 미분방정식의 해가 n개의 임의 정수를 포함하는 경우에는 이것을 일반해(general solution)라 하고, 이 임의 정수에 어떤 특별한 값을 주어 얻은 해

를 특수해(particular solution)라고 한다.

미분 방정식과 그 해의 관계를 알아보기 위해

$$\sqrt{x^2+1}\frac{dy}{dx}-x=0 \tag{12-6}$$

과 같은 미분 방정식에서 이것을 만족하는 x와 y사이의 관계식으로서 도함수를 갖지 않는 것을 구하여 보자.

우선 식 (12-6)을 변형하면

$\frac{dy}{dx}=\frac{x}{\sqrt{x^2+1}}$ 이므로

$$y=\int\frac{x}{\sqrt{x^2+1}}dx=\sqrt{x^2+1}+C$$

이 된다. 위의 풀이와 같이 임의의 상수 C를 포함한 풀이를 일반해라고 하고 특별한 값을 준 것, 이를테면 $y=\sqrt{x^2+1}+1$, $y=2\sqrt{1+x^2}$같은 것을 특수해라고 한다.

예제 미분 방정식 $(1+x^2)y'-xy=0$를 풀어라.(단, $e^{\log y}=y$)

풀이 $(1+x^2)\frac{dy}{dx}=xy$에서 주어진 미분 방정식을 변수 분수하면

$$\frac{dy}{y}=\frac{x}{1+x^2}dx \quad \therefore \int\frac{dy}{y}=\int\frac{x}{1+x^2}dx$$

$$\therefore \log|y|=\frac{1}{2}\log|1+x^2|+k$$

양변에 지수함수를 취하여 정리하면

$$\therefore y=e^k\sqrt{1+x^2}$$

여기서, $e^k=c$,

$$\therefore y=c\sqrt{1+x^2}$$

12.3 1계 미분 방정식과 응용

1계 미분 방정식은 $\frac{dy}{dx}+xy=x^2$와 같이 변수 x, 미지함수 y와 그 도함수 $\frac{dy}{dx}$만을 포함하고 차수가 1차인 미분 방정식을 나타낸다.

12.3.1 1계 미분 방정식의 해

주어진 1계 미분 방정식이

$$\frac{dy}{dx}=f(x)\cdot g(y) \tag{12-7}$$

과 같이, 우변이 x만의 함수와 y만의 함수로 분리된 경우 이것을 **변수 분리형**이라 한다. 따라서 식 (12-7)은 다음과 같이 변수 분리가 가능하다.

$$\frac{dy}{g(y)}=f(x)dx \tag{12-8}$$

식 (12-8)의 양변을 x에 관해서 적분하면

$$\int\frac{1}{g(y)}dy=\int f(x)dx+c \tag{12-9}$$

단, c는 상수

로 되어 일반해가 얻어진다.

예제 $\frac{dy}{dx}+ay=0$를 풀어라.

풀이 주어진 미분 방정식을 변형하면

$$\frac{dy}{dx}=-ay$$

변수 분리하여 정리하면

$$\frac{dy}{y} + adx = 0$$

로 되고 양변을 적분하고 지수함수를 취하여 정리하면

$$\log|y| + ax = c_1$$

$$\therefore y = e^{c_1 - ax} = ce^{-ax}$$

한편 다음 식과 같이 P, Q가 모두 x만의 함수일 때 1계 선형 미분 방정식은

$$\frac{dy}{dx} + p(x)y = Q(x) \tag{12-10}$$

의 형으로 주어질 수 있다. $Q(x) = 0$일 때는 **동차선형**, 그렇지 않을 때는 **비동차선형**이라고 한다. 식 (12-10)의 양변에 $e^{\int Pdx}$를 곱하면

$$e^{\int Pdx}\frac{dy}{dx} + e^{\int Pdx}Py = Qe^{\int Pdx}$$

이 좌변은 $\frac{d}{dx}(ye^{\int Pdx})$와 같으므로

$$\frac{d}{dx}(ye^{\int Pdx}) = Qe^{\int Pdx}$$

윗 식의 양변을 적분하면

$$ye^{\int Pdx} = \int Qe^{\int Pdx} + c$$

또 양변을 $e^{\int Pdx}$로 나누면 다음과 같이 된다.

$$y = e^{-\int Pdx}\left[\int Qe^{\int Pdx}dx + c\right] \tag{12-11}$$

이것이 주어진 미분 방정식의 일반해다.

예제 다음 미분 방정식의 일반해를 구하여라.

$$x\frac{dy}{dx}+y+2=0$$

풀이 주어진 미분 방정식을 변형하면

$$\frac{dy}{dx}+\frac{1}{x}y=-\frac{2}{x}$$

식 (12-10)에 의해서

$P=\frac{1}{x}$, $Q=-\frac{2}{x}$ 이 되므로

$$e^{-\int Pdx}=e^{-\int\frac{1}{x}dx}=e^{-\ln|x|}=\frac{1}{x}$$

그러므로 $y=\frac{1}{x}\left\{\int x\left(-\frac{2}{x}\right)dx+c\right\}=\frac{1}{x}(-2x+c)$

한편 미분 방정식

$$\frac{dy}{dx}+P(x)y=Q(x)y^n \quad (n\neq 0, 1) \tag{12-12}$$

의 형은 선형이 아니다. 이식을 베루누이(Bernoulli)의 미분 방정식이라 한다. 식 (12-12)에서 $n=0$ 또는 1인 경우에는 선형이고 그렇지 않은 경우에는 비선형이다.

예제 다음 미분 방정식의 일반해를 구하여라.

$$\frac{dy}{dx}+\frac{1}{x}y=x^2y^3$$

풀이 $n=3$이므로 이 방정식은 베루누이의 미분 방정식이다. $y^{-2}=u$라 놓으면

$$\frac{du}{dx}=-2y^{-3}\frac{dy}{dx}$$

따라서 주어진 방정식의 양변에 $-2y^{-3}$을 곱하면

$$\frac{du}{dx}-\frac{2}{x}u=-2x^2$$

식 (12-11)에 의하여

$$u = e^{\int \frac{2}{x}dx}\left[\int (-2x^2)e^{-\int \frac{2}{x}dx}dx + c\right]$$

$$= x^2\left[-2\int x^2\left(\frac{1}{x^2}\right)dx + c\right] = -2x^3 + cx^2$$

여기서 $u = y^{-2}$을 대입하면 구하는 일반해는

$$-2x^3y^2 + cx^2y^2 = 1$$

12.3.2 전기회로에의 응용

그림 12-1과 같이 저항 R과 인덕턴스 L을 직렬로 연결된 회로에 시간 $t = 0$에서 스위치 S를 닫아서 직류전압 E를 가한 경우 회로에 흐르는 전류 i를 변수분리형에 의해 구하여 보자.

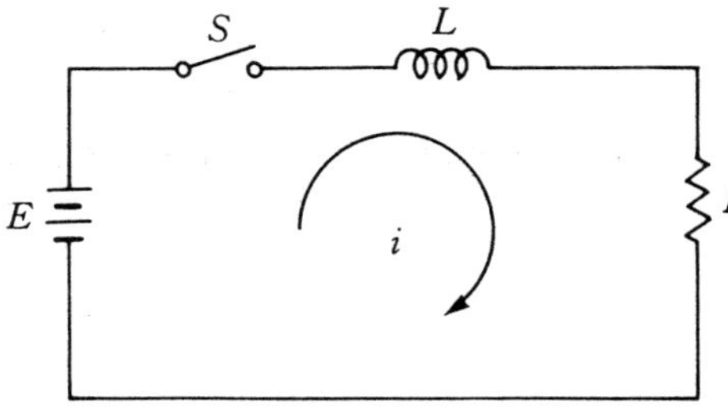

• • 그림 12-1 • •

회로에 흐르는 전류 i를 그림 12-1과 같이 가정하면 키르히호프의 제2법칙에 의하여 다음과 같은 관계식이 성립한다.

$$L\frac{di}{dt} + Ri = E \tag{12-13}$$

위 식을 변형하여 정리하면

$$L\frac{di}{E - Ri} = dt$$

양변을 적분하면

$$L\int \frac{di}{E-Ri} = \int dt$$

$$-\frac{L}{R}\ln(E-Ri) = t+C, \qquad \ln(E-Ri) = -\frac{R}{L}(t+C)$$

$$E-Ri = e^{-\frac{R}{L}(t+c)} = A_1 e^{-\frac{R}{L}t}$$

$$\therefore\ i = \frac{E}{R} - \frac{A_1}{R}e^{-\frac{R}{L}t} = \frac{E}{R} - A_2 e^{-\frac{R}{L}t} \tag{12-14}$$

식 (12-14)에 초기조건 $t=0$일 때, $i=0$를 대입하면

$$0 = \frac{E}{R} - A_2 \qquad \therefore\ A_2 = \frac{E}{R}$$

$$\therefore\ i = \frac{E}{R} - \frac{E}{R}e^{-\frac{R}{L}t} = \frac{E}{R}(1-e^{-\frac{R}{L}t}) \tag{12-15}$$

예제 그림 12-2와 같은 회로에서 스위치 S를 열 때 흐르는 전류 $i(t)$[A]를 구하여라.

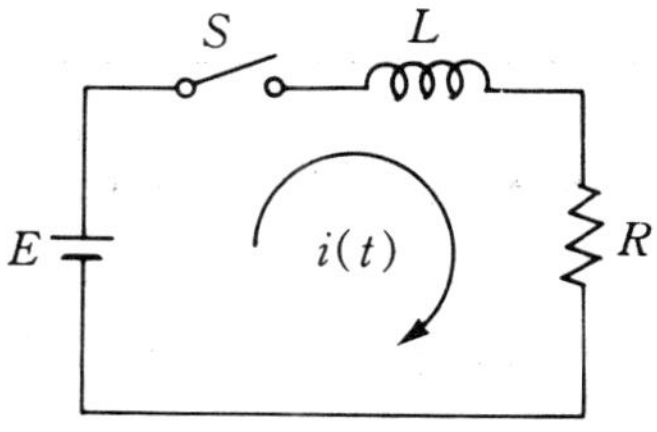

•• 그림 12-2 ••

풀이 스위치가 열려있는 상태에서 전압평형 방정식은

$$L\frac{di(t)}{dt} + Ri(t) = 0$$

위 식을 변형하여 정리하면

$$\frac{di(t)}{i(t)} = -\frac{R}{L}dt$$

양변을 적분하면

$$\ln i(t) = -\frac{R}{L}t + C$$

양변에 지수함수를 취하여 정리하면

$$i(t) = Ae^{-\frac{R}{L}t}$$

초기조건은 $t=0$에서 $i(t)=\frac{E}{R}$이므로 $A=\frac{E}{R}$

$$\therefore\ i(t) = \frac{E}{R}e^{-\frac{R}{L}t}$$

그림 12-3과 같이 저항 R과 커패시턴스 C를 직렬로 연결된 회로에 시간 $t=0$에서 스위치 S를 닫아서 직류전압 E를 인가한 경우, 회로에 흐르는 전류를 구하여 보자.

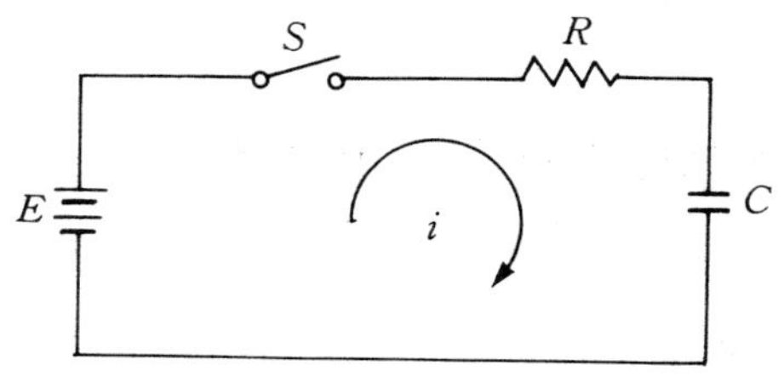

•• 그림 12-3 ••

이때의 회로 방정식은

$$Ri + \frac{1}{C}\int i\,dt = E \tag{12-16}$$

$i=\frac{dq}{dt}$이므로 전하 q를 사용하여 식 (12-16)을 변형하면

$$R\frac{dq}{dt} + \frac{1}{C}q = E \tag{12-17}$$

이것을 변수 분리하여 풀 수 있으나 여기서는 선형미분 방정식의 해법에 의하여 풀어보자.

식 (12-17)을 변형하면

$$\frac{dq}{dt}+\frac{1}{RC}q=\frac{E}{R}$$

여기서, $P=\frac{1}{RC}$, $Q=\frac{E}{R}$이고, $\int Pdt=\frac{1}{RC}t$이므로

$$q=e^{-\frac{1}{RC}t}\left\{\int e^{\frac{1}{RC}t}\left(\frac{E}{R}\right)dt+A\right\}$$

$$=e^{-\frac{1}{RC}t}\left(\frac{E}{R}\frac{1}{\frac{1}{CR}}e^{\frac{1}{RC}t}+A\right)=(CE+Ae^{-\frac{1}{RC}t})$$

초기조건은 $t=0$일 때 $q=0$이므로 위식으로 부터 $A=-CE$가 되어

$$q=CE(1-e^{-\frac{1}{RC}t}) \tag{12-18}$$

전류 i는 q를 시간에 대하여 미분한 것이므로

$$\therefore\ i=\frac{dq}{dt}=\frac{E}{R}e^{-\frac{1}{RC}t} \tag{12-19}$$

12.4 2계 미분 방정식과 응용

2계 미분 방정식은 $\frac{d^2y}{dx^2}+a\frac{dy}{dx}+by=0$과 같이 $\frac{d^2y}{dx^2}$까지 포함하고 차수가 2차인 미분 방정식을 나타낸다.

12.4.1 2계 미분 방정식의 해

다음의 2계 선형 미분 방정식에서 일반해를 구하여 보자.

$$\frac{d^2i}{dt^2}+a\frac{di}{dt}+bi=0 \tag{12-20}$$

식 (12-20)을 만족하는 해를 $i = Ae^{\alpha t}$라 하면

$$\frac{di}{dt} = \alpha Ae^{\alpha t}, \quad \frac{d^2 i}{dt^2} = \alpha^2 Ae^{\alpha t} \tag{12-21}$$

이므로 식 (12-21)은 식 (12-20)에 대입하여 정리하면

$$Ae^{\alpha x}(\alpha^2 + a\alpha + b) = 0$$

$$\therefore \ \alpha^2 + a\alpha + b = 0 \tag{12-22}$$

을 만족하는 α를 구하면 주어진 식의 해를 얻게 된다.

식 (12-22)를 주어진 2계 미분 방정식의 보조 방정식이라 한다. 보조 방정식을 만족하는 α를 α_1, α_2라 하면

$$i_1 = Ae^{\alpha_1 x}, \quad i_2 = Be^{\alpha_2 x}$$

는 모두 주어진 방정식의 해가 된다.

$$\therefore \ \text{일반해 } i = i_1 + i_2 = Ae^{\alpha_1 x} + Be^{\alpha_2 x} \tag{12-23}$$

초기 조건에서 상수 A, B를 구하면 2계 선형 미분 방정식의 해가 구해진다.

예제 $\dfrac{d^2y}{dx^2} + 6\dfrac{dy}{dx} + 9y = 0$을 구하여라.

풀이 보조 방정식은 $\alpha^2 + 6\alpha + 9 = 0$ $(\alpha + 3)^2 = 0$ $\therefore \alpha = -3$

따라서 $y = e^{-3x}$가 특수해이다.

이때에는 새로이 $y = xe^{-3x}$라고 놓으면 $\dfrac{d^2y}{dx^2} + 6\dfrac{dy}{dx} + 9y = 0$을 만족하는 것으로 이것도 특수해이다.

따라서 일반해는

$$y = (ax + b)e^{-3x}$$

12.4.2 2계 미분 방정식의 응용

그림 12-4와 같은 $L-C$ 직렬회로에 $t=0$인 순간에 스위치 S를 닫아서 직류 전압 E를 가하여 충전하는 경우 전류 i를 구하여 보자.

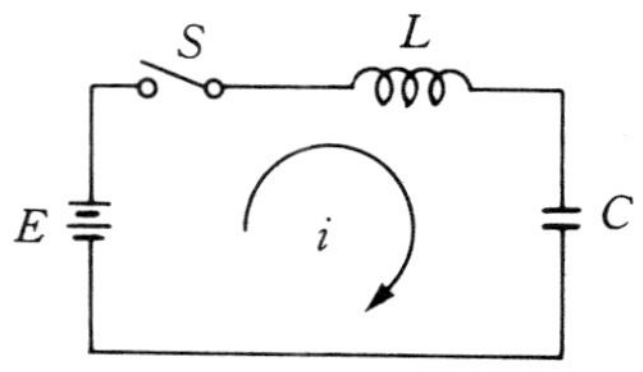

•• 그림 12-4 $L-C$ 회로 ••

회로에 흐르는 전류를 i라 하면 키르히호프의 제2법칙에 의하여 다음과 같은 방정식이 성립된다.

$$L\frac{di}{dt}+\frac{1}{C}\int idt=E \tag{12-24}$$

C의 전하를 q라 하면, $i=\dfrac{dq}{dt}$이므로 이 관계를 식 (12-24)에 대입하여 정리하면

$$L\frac{d^3q}{dt^2}+\frac{1}{C}q=E \tag{12-25}$$

이 미분 방정식의 일반해 q는 정상항 q_s와 식 (12-25)의 우변을 0으로 놓은 보조 방정식의 해 과도항 q_t와의 합이다. 즉

$$q=q_s+q_t$$

정상해는 $t=\infty$일 때의 값으로 $q_s=CE$이다.

q_t를 구하기 위하여 식 (12-25)에서 우변을 0으로 놓으면

$$L\frac{d^2q_t}{dt^2}+\frac{1}{C}q_t=0 \tag{12-26}$$

가 되고 이 식의 해를 $q_t=Ae^{pt}$라고 가정하여 식 (12-26)에 대입하면

$$\left(Lp^2+\frac{1}{C}\right)Ae^{pt}=0 \tag{12-27}$$

이 된다. 한편 $Ae^{pt}\neq 0$이므로 윗 식은

$$Lp^2+\frac{1}{C}=0 \qquad \therefore\ p=\pm j\frac{1}{\sqrt{LC}}=\pm j\omega_0$$

$$q=q_s+q_t=CE+A\cos\omega_0 t+B\sin\omega_0 t \tag{12-28}$$

$$i=\frac{dq}{dt}=-\omega_0 A\sin\omega_0 t+\omega_0 B\cos\omega_0 t \tag{12-29}$$

초기 조건에서 $t=0$일 때, $q=0$, $i=0$이므로 식 (12-28), 식 (12-29)에 대입하여 상수 A, B를 구하면

$$A=-CE,\ B=0$$

이 관계를 식 (12-29)에 대입하면

$$i=\omega_0 CE\sin\omega_0 t=\frac{1}{\sqrt{LC}}CE\sin\frac{1}{\sqrt{LC}}t=\frac{E}{\sqrt{\frac{L}{C}}}\sin\frac{1}{\sqrt{LC}}t \tag{12-30}$$

이다.

예제 그림 12-5와 같은 RLC직렬회로에 $t=0$인 순간에 스위치 S를 닫아서 직류 전압 E를 인가했을 때 회로가 입계적 $\left(R=2\sqrt{\frac{L}{C}}\right)$인 경우의 전류 i를 구하여라.

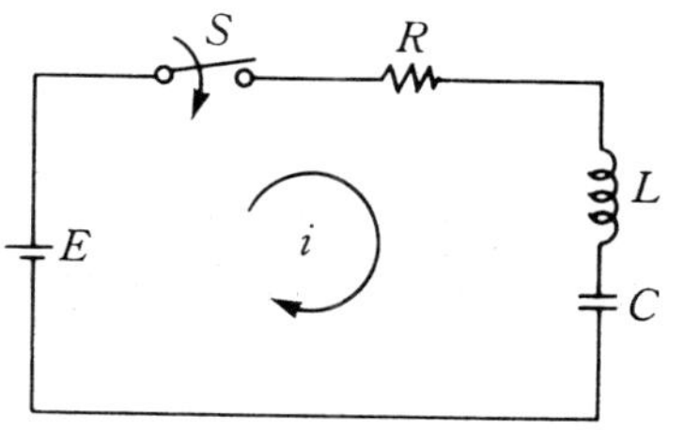

• • 그림 12-5 • •

풀이 회로에 흐르는 전류를 i라 하면 키르히호프 전압법칙에 의하여 다음과 같은 방정식이 성립된다.

$$L\frac{di}{dt}+Ri+\frac{1}{C}\int idt=E$$

$i=\frac{dq}{dt}$를 이용해서 정리하면

$$L\frac{d^2q}{dt^2}+R\frac{dq}{dt}+\frac{1}{C}q=E$$

이 미분방정식의 일반해 $q=q_s+q_t$이다.

정상해 $q_s=CE$이고,

q의 과도해 q_t는

$L\frac{d^2q_t}{dt^2}+R\frac{dq_t}{dt}+\frac{1}{C}q_t=0$에서

두 근 $P_1=P_2=-\alpha=-\frac{R}{2L}$(중근)이므로

$q_t=(A+Bt)e^{-\alpha t}$이다.

$$\therefore\ q=q_s+q_t=CE+(A+Bt)e^{-\alpha t} \qquad ①$$

$$\therefore\ i=\frac{dq}{dt}=-(A+Bt)\alpha e^{-\alpha t}+Be^{-\alpha t} \qquad ②$$

초기조건 $t=0$에서 $q=0$, $i=0$이므로 식 ①, ②에 대입하여 상수 AB를 구하면

$$A=-CE,\ B=-\alpha CE \qquad ③$$

식 ③을 식 ②에 대입하여 정리하면

$$i=CE\alpha^2te^{-\alpha t}=\frac{E}{L}te^{-\alpha t}$$

연 습 문 제

1. $2x\dfrac{dy}{dx}-y=0$ 의 일반해는 $y^2=cx$ 이다. 이 미분 방정식의 초기조건이 $x=1$, $y=4$ 일 때 이 미분 방정식의 특수해를 구하여라.

[답] $y^2=16x$

2. $\dfrac{dy}{dt}+8y=0$ 를 풀어라.

[답] $y=ce^{-8x}$

3. 미분 방정식 $(1+x)ydy-(1-y)xdy=0$ 를 풀어라.

[답] $xy=ce^{y-x}$

4. $\dfrac{dy}{dx}+\cos x\, e^{y}=0$ 를 풀어라.

[답] $y=\ln\dfrac{1}{\sin x-c}$

5. 그림 12-6과 같은 L-C 회로에서 50[mH]의 코일에 $I_0=200$ [A]의 직류전류를 급히 흘려 에너지를 축적시킨 뒤 200[μF]의 콘덴서를 연결할 때 회로에 생기는 최대 전압은 몇 [kV]인가?

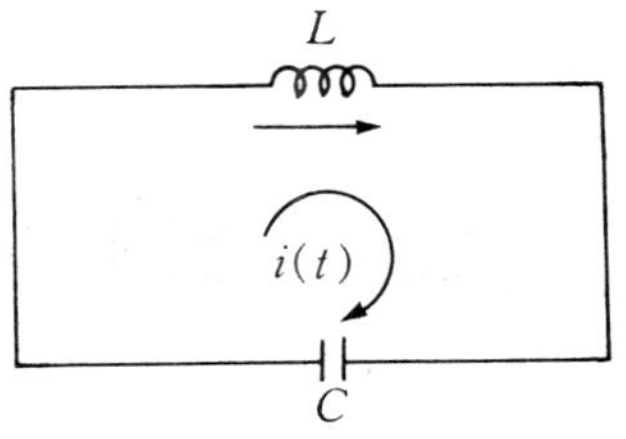

• • 그림 12-6 • •

[답] 10 [kV]

6. 그림 12-7과 같은 회로에서 스위치 S가 닫힌 상태에서 회로에 정상전류가 흐르고 있다. 지금 $t=0$에서 스위치 S를 열 때 회로의 전류는 몇 [A]인가?

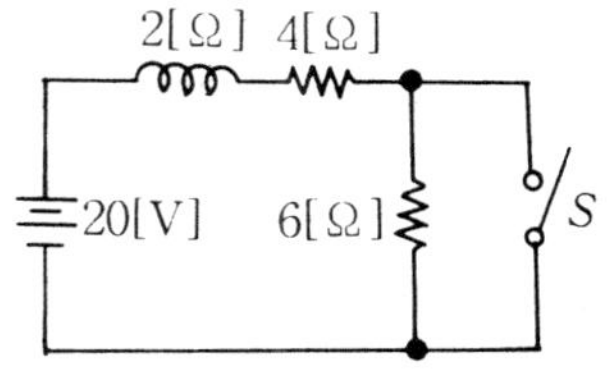

• • 그림 12-7 • •

[답] $i=2+3e^{-5t}$[A]

제 13 장 라플라스 변환

전기 · 전자 · 통신공학에서 입력신호에 대한 계통의 응답을 구하는데는 미분방정식이나 푸리에 변환 방법 등으로 해를 구할 수도 있으나 입력신호가 복잡해지고 또한 불연속적인 함수로 될 경우에는 그의 응답을 구하기가 어려우므로 라플라스 변환(Laplace transform)을 이용하여 쉽게 구한다.

이 장에서는 라플라스 변환법을 사용하여 시간 함수를 주파수 함수로 변환하여 임의의 복소수 S의 관계식으로 나타내어 미분, 적분식을 대수식으로 손쉽게 계산할 수 있고 시간 함수로 된 해를 얻으려면 역라플라스 변환하면 얻어지는 과정을 배우게 된다.

13.1 라플라스 변환의 정의

시간 $t \geqq 0$으로 정의된 t의 함수 $f(t)$에 대하여, 다음 식으로 정의되는 함수 $F(s)$를 $f(t)$의 라플라스 변환이라고 한다.

$$F(s) = \mathcal{L}[f(t)] = \int_0^{\infty} f(t)e^{-st}dt \tag{13-1}$$

여기서 변수 s를 라플라스 변수 또는 라플라스 연산자라 하며 일반적으로 복소 변수로 $s = \sigma + j\omega$이다. σ를 포락정수라 하고, ω를 각 주파수라고 한다.

그림 13-1은 라플라스 변환의 흐름도를 나타낸 것이다.

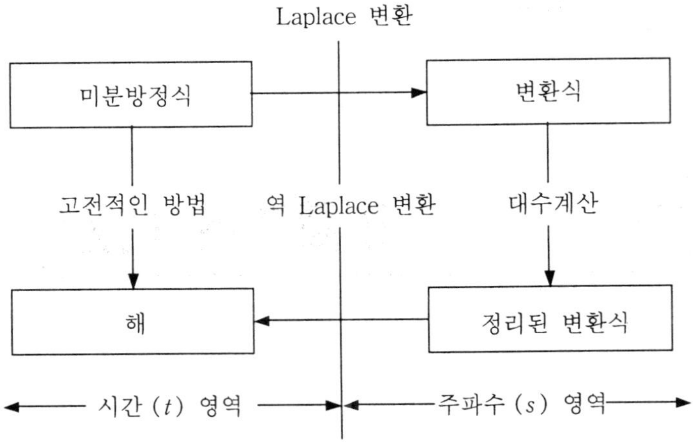

•• 그림 13-1 ••

13.2 라플라스 변환에 의한 전기 · 전자 · 통신회로의 해석

전기 · 전자 · 통신회로의 해석에 라플라스 변환을 이용하면 과도응답을 구하는데 매우 효과적이다. 라플라스 변환을 사용해서 전기 · 전자 · 통신회로를 해석하는데는 다음과 같은 4단계에 의해 이루어진다.

① 주어진 전기 · 전자 · 통신회로에 키르히호프의 법칙을 적용해서 회로의 방정식을 세운다.

② 회로 방정식의 각 항을 이에 대응하는 라플라스 변환을 구하여, 전체를 대수방정식의 형태로 만든다.

③ 구해진 대수 방정식을 $Q(s)/P(s)$의 형으로 하여 부분 분수로 전개한다.

④ 각 부분분수에 대해 라플라스 역변환을 구한다.

13.3 라플라스 변환의 성질

라플라스 변환은 다음에 표시할 여러 가지 성질을 가지고 있어 적분계산 없이도 주어진 함수의 변환식을 간단히 구할 수 있다.

13.3.1 선형성 정리

두 개의 시간함수 $f_1(t)$와 $f_2(t)$가 주어진 경우

$$\mathcal{L}[af_1(t)+bf_2(t)]=aF_1(s)+bF_2(s) \tag{13-2}$$

여기서 a나 b는 상수이다.

예제 $f(t)=e^{-2t}+3t+7$의 라플라스 변환을 구하여라.

풀이 선형성 정리에 의하여

$$\mathcal{L}[f(t)]=\mathcal{L}[e^{-2t}]+\mathcal{L}[3t]+\mathcal{L}[7]=\frac{1}{s+2}+\frac{3}{s^2}+\frac{7}{s}$$

13.3.2 비례정리

상사정리라고도 한다. 비례정리는 s 즉, 주파수 축의 변화와 t, 즉 시간축의 변화의 비율을 관련지어 주는 정리이다.

축의 변화라 함은 s 혹은 t 변수에 정(+)의 상수를 곱하는 것을 의미한다. 즉 시간함수 $f(t)$에 대하여 새로운 함수 $f\left(\frac{t}{t_0}\right)$은 시간축이 변화된 것이다. 이에 대한 변환은 다음과 같다.

$$\mathcal{L}\left[f\left(\frac{t}{t_0}\right)\right]=t_0F(t_0s) \tag{13-3}$$

13.3.3 시간 추이 정리

그림 13-2와 같이 $f(t)$의 파형이 t축을 따라 t를 $a(a>0)$만큼 우측으로 이동한 $f(t-a)$파형을 생각하자. 지금 $t<a$에서 0인 함수 $f(t-a)$에 대하여 라플라

스 변환을 생각한다. 함수 $f(t)$의 라플라스 변환이 가능하고 $\mathcal{L}[f(t)] = F(s)$이면

$$\mathcal{L}[f(t-a)] = e^{-as}F(s) \tag{13-4}$$

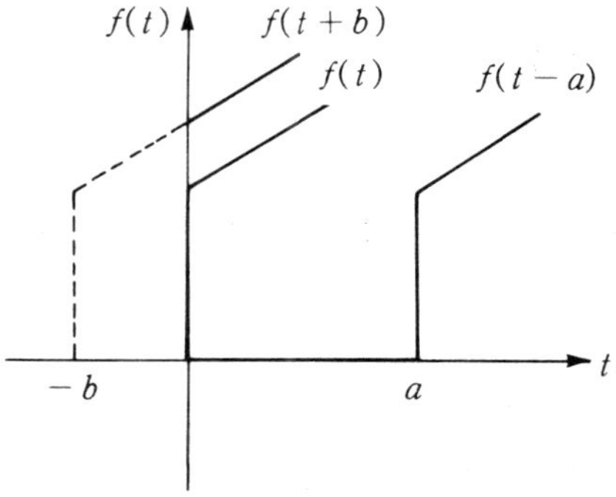

•• 그림 13-2 ••

예제 $f(t) = (t-4)^2$의 라플라스 변환을 구하여라.

풀이 $\mathcal{L}[t^2] = \dfrac{2!}{s^{2+1}} = \dfrac{2}{s^3}$ 이므로 이것을 시간 추이 정리로 풀면

$$\mathcal{L}[(t-4)^2] = e^{-4s}\frac{2}{s^3} = 2\frac{e^{-4s}}{s^3}$$

13.3.4 주파수 추이 정리

만일 함수 $f(t)$의 라플라스 변환이 가능하고 $\mathcal{L}[f(t)] = F(s)$라면

$$\mathcal{L}[e^{at}f(t)] = F(s-a) \tag{13-5}$$

이다. 즉, 변환에서 s 대신 $s-a$를 대입하면 원함수에 e^{-st}를 곱한 것과 같다.

예제 $f(t) = e^{-3t}\cos\omega t$의 라플라스 변환을 구하여라.

풀이 $\mathcal{L}[\cos\omega t] = \frac{s}{s^2+\omega^2}$ 이다. 따라서 주파수 추이 정리에 의해서 s 대신에 $s+3$ 을 대입하면

$$\mathcal{L}[e^{-3t}\cos\omega t] = \frac{s}{(s+3)^2+\omega^2} = \frac{s}{s^2+6s+9+\omega^2}$$

13.3.5 미분정리

시간함수 $f(t)$가 주어진 경우, 함수 $f(t)$의 라플라스 변환이 가능하고 $\mathcal{L}[f(t)] = F(s)$이면, $\frac{df(t)}{dt}$ 의 라플라스 변환도 가능하며 다음과 같다.

$$\mathcal{L}\left[\frac{df(t)}{dt}\right] = sF(s) - f(0_+) \tag{13-6}$$

여기서 $f(0_+)$는 $f(t)$의 초기값으로서 $f(0_+) = \lim_{t\to 0} f(t)$이다.

예제 $\mathcal{L}[\sin t] = \frac{1}{s^2+1}$ 을 이용하여 $\mathcal{L}[\cos t]$를 구하여라.

풀이 $\cos t = \frac{d}{dt}\sin t$ 이므로 식 (13-6)에 의하여

$$\mathcal{L}[\cos t] = \mathcal{L}\left[\frac{d}{dt}\sin t\right] = s\frac{1}{s^2+1} - \sin 0 = \frac{s}{s^2+1}$$

13.3.6 적분정리

함수 $f(t)$의 라플라스 변환이 가능하고 $\mathcal{L}[f(t)] = F(s)$이면, $\mathcal{L}\left[\int f(t)dt\right]$의 라플라스 변환도 가능하며

$$\mathcal{L}\left[\int f(t)dt\right] = \frac{1}{s}F(s) + \frac{1}{s}f^{(-1)}(0_+) \tag{13-7}$$

이다.

여기서

$$f^{(-1)}(0_+) = \int_{-\infty}^{0} f(t)dt = \left[\int f(t)dt\right]_{t=0}$$

이다.

예제 $\int_0^t (t^2 + e^{-3t})dt$의 라플라스 변환을 구하여라.

풀이 $\int_0^t f(t)dt$의 라플라스 변환에서는

$$f^{(-1)}(0_+) = \int_0^{0_+} f(t)dt = 0$$

이므로

$$\mathcal{L}\left[\int_0^t f(t)\,dt\right] = \frac{1}{s}F(s)$$

한편 $\mathcal{L}[t^2 + e^{-3t}] = \frac{2}{s^3} + \frac{1}{s+3}$ 이므로 적분정리에 의하여

$$\mathcal{L}\left[\int_0^t (t^2 + e^{-3t})\right] = \frac{1}{s}\left(\frac{2}{s^3} + \frac{1}{s+3}\right) = \frac{1}{s}\left(\frac{s^3+2s+6}{s^3(s+3)}\right) = \frac{s^3+2s+6}{s^4(s+3)}$$

13.3.7 초기치 정리

시간함수 $f(t)$의 라플라스 변환이 $F(s)$이고, 또 $\lim_{s\to 0} sF(s)$가 존재하면 그 시간함수의 초기치는 다음과 같다.

$$f(0_+) = \lim_{t\to 0} f(t) = \lim_{s\to\infty} sF(s) \tag{13-8}$$

예제 $F(s) = \frac{3(s+2)}{s^2+3s+4}$ 일 때 $f(t)$의 초기치를 구하여라.

풀이 초기치의 정리에 의해서

$$f(0)=\lim_{t\to 0}f(t)=\lim_{s\to\infty}sF(s)=\lim_{s\to\infty}s\frac{3(s+2)}{s^2+3s+4}=\lim_{s\to\infty}\frac{3s^2+2s}{s^2+3s+4}=3$$

13.3.8 최종치 정리

시간함수 $f(t)$의 라플라스 변환이 $F(s)$이고, 또 $sF(s)$의 극점이 s평면의 좌반면에만 존재하면

$$f(\infty)=\lim_{t\to\infty}f(t)=\lim_{s\to 0}sF(s) \tag{13-9}$$

예제 $F(s)=\dfrac{6(s+1)}{s^3+2s^2+3s}$ 일 때 $f(t)$의 최종치를 구하여라.

풀이 최종치의 정리에 의해서

$$f(\infty)=\lim_{t\to\infty}f(t)=\lim_{s\to 0}sF(s)=\lim_{s\to 0}s\frac{6s+6}{s^3+2s^2+3s}$$

$$=\lim_{s\to 0}\frac{s(6s+6)}{s(s^2+2s+3)}=2$$

13.4 몇 가지 중요한 함수의 라플라스 변환

13.4.1 상수 : $f(t)=C$의 라플라스 변환

$$\mathcal{L}[C]=\int_0^\infty Ce^{-st}dt=C\int_0^\infty e^{-st}dt=C\left[\frac{e^{-st}}{-s}\right]_0^\infty=\frac{C}{s}$$

13.4.2 단위램프함수 : $f(t)=t$의 라플라스 변환

$f(t)=t$에 대한 라플라스 변환은

$$\mathcal{L}[f(t)] = \int_0^\infty te^{-st}dt$$

이다.

부분적분공식 $\int u dv = uv - \int v du$

에서 $u = t$, $dv = e^{-st}dt$로 놓고, 이것을 윗식에 대입하여 정리하면 다음과 같다.

$$\int_0^\infty te^{-st}dt = \left[t\frac{e^{-st}}{-s}\right]_0^\infty - \int_0^\infty \frac{e^{-st}}{-s}dt$$

$$= 0 + \frac{1}{s}\left[-\frac{1}{s}e^{-st}\right]_0^\infty = \frac{1}{s^2}$$

$$\therefore \ \mathcal{L}[t] = \frac{1}{s^2} \qquad (13\text{-}10)$$

일반적으로

$$\mathcal{L}[ct^n] = \frac{cn!}{s^{n+1}} \qquad (13\text{-}11)$$

예제 $f(t) = 3t^2$의 라플라스 변환을 구하여라.

풀이 $\mathcal{L}[Ct^n] = \frac{Cn!}{s^{n+1}}$에 의해서

$$\mathcal{L}[3t^2] = 3\frac{2!}{s^{2+1}} = \frac{6}{s^3}$$

13.4.3 지수함수 : $f(t) = e^{-\alpha t}$의 라플라스 변환

$$\mathcal{L}[f(t)] = \mathcal{L}[e^{-\alpha t}] = \int_0^\infty e^{-\alpha t}e^{-st}dt = \int_0^\infty e^{-(s+\alpha)t}dt$$

$$=\left[-\frac{1}{s+\alpha}e^{-(s+\alpha)t}\right]_0^{\infty}=\frac{1}{s+\alpha} \tag{13-12}$$

한편 $\mathcal{L}[e^{\alpha t}]=\dfrac{1}{s+\alpha}$ 이 된다.

예제 $f(t)=e^{-3t}$의 라플라스 변환을 구하여라.

풀이 식 (13-12)에 의해서

$$\mathcal{L}[e^{-3t}]=\frac{1}{s+3}$$

13.4.4 삼각함수 : $f(t)=\sin\omega t$

$\sin\omega t$를 지수함수로 고치면

$$\sin\omega t=\frac{1}{2j}(e^{j\omega t}-e^{-j\omega t})$$

이므로 선형성 정리 및 식 (13-12)을 이용하면

$$\mathcal{L}[\sin\omega t]=\frac{1}{2j}\{\mathcal{L}[e^{j\omega t}]-\mathcal{L}[e^{-j\omega t}]\}$$

$$=\frac{1}{2j}\left(\frac{1}{s-j\omega}-\frac{1}{s+j\omega}\right)=\frac{1}{2j}\frac{2j\omega}{s^2+\omega^2}=\frac{\omega}{s^2+\omega^2} \tag{13-13}$$

한편 $f(t)=\cos\omega t$의 라플라스 변환을 구하면

$$\cos\omega t=\frac{1}{2}(e^{j\omega t}+e^{-j\omega t})$$

이므로 앞과 같이 계산하면

$$\mathcal{L}[\cos\omega t]=\frac{1}{2}\{\mathcal{L}[e^{j\omega t}]+\mathcal{L}[e^{-j\omega t}]\}=\frac{1}{2}\left[\frac{1}{s-j\omega}+\frac{1}{s+j\omega}\right]$$

$$= \frac{1}{2}\frac{2s}{s^2+\omega^2} = \frac{s}{s^2+\omega^2} \tag{13-14}$$

예제 $\sin(\omega t+\theta)$의 라플라스 변환을 구하여라.

풀이 $\mathcal{L}[\sin(\omega t+\theta)] = \mathcal{L}[\sin\omega t\cos\theta + \cos\omega t\sin\theta]$이므로

식 (13-12), 식 (13-13)에 의해서

$$\mathcal{L}[\sin(\omega t+\theta)] = \mathcal{L}[\cos\theta\sin\omega t + \sin\theta\cos\omega t]$$
$$= \frac{\omega\cos\theta}{s^2+\omega^2} + \frac{s\sin\theta}{s^2+\omega^2} = \frac{\omega\cos\theta + s\sin\theta}{s^2+\omega^2}$$

13.4.5 쌍곡선 함수 : $f(t) = \sinh at$

$\sinh at$를 지수함수로 고치면

$$\sinh at = \frac{1}{2}(e^{at} - e^{-at})$$

이므로, 이에 대한 라플라스 변환은

$$\mathcal{L}[f(t)] = \mathcal{L}[\sinh at] = \int_0^\infty \frac{1}{2}(e^{at} - e^{-at})e^{-st}dt$$
$$= \frac{1}{2}\int_0^\infty \{e^{-(s-a)t} - e^{-(s+a)t}\}dt = \frac{1}{2}\left(\frac{1}{s-a} + \frac{1}{s+a}\right) = \frac{a}{s^2-a^2}$$

예제 $f(t) = \cosh at$의 라플라스 변환을 구하여라.

풀이 $\cosh at$를 지수함수로 고치면

$$\cosh at = \frac{1}{2}(e^{at} + e^{-at})$$

이므로, 이에 대한 라플라스 변환은

$$\mathcal{L}[f(t)] = \mathcal{L}[\cosh at] = \frac{1}{2}\int_0^\infty (e^{at} + e^{-at})e^{-st}dt$$

$$= \frac{1}{2} \int_0^{\infty} \{ e^{-(s-a)t} + e^{-(s+a)t} \} dt$$

$$= \frac{1}{2} \left(\frac{1}{s-a} + \frac{1}{s+a} \right) = \frac{s}{s^2 - a^2}$$

13.5 여러 가지 입력 전원의 라플라스 변환

이 절에서는 전기 · 전자 · 통신회로의 회로 해석에서 입력 전원으로 흔히 사용되는 몇 가지 함수의 라플라스 변환을 구하는 문제를 다루고자 한다.

예를 들면 그림 13-3에서 (a), (b)는 어떤 시간의 구간에서만 신호가 존재하고 다른 시간에서는 0이다. 이러한 파형을 비반복 신호라 하고, (c)와 같이 계속적으로 존재하는 파형을 반복파라 한다.

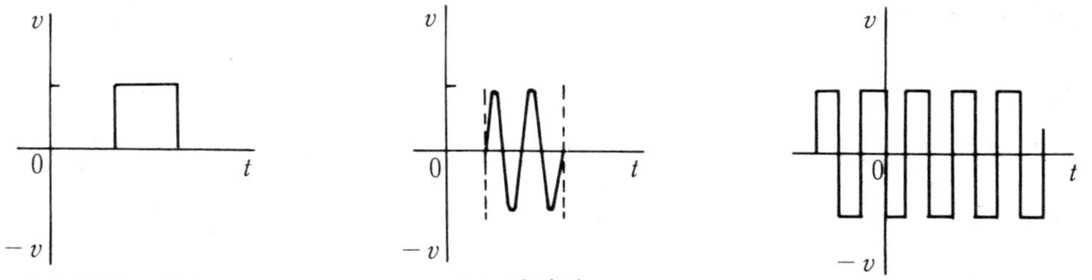

(a) 단일 펄스 (b) 사인파 (c) 구형파

•• 그림 13-3 입력 전원 ••

13.5.1 단위 계단 함수

그림 13-4와 같이 $t<0$에서 0이고 $t \geq 0$에서 1의 크기로 유지되는 함수를 단위 계단 함수(unit step function)라고 하며, 기호는 $u(t)$로 표시한다. 즉

$$f(t) = u(t), \quad f(t) = \begin{cases} 1 : (t>0) \\ 0 : (t<0) \end{cases}$$

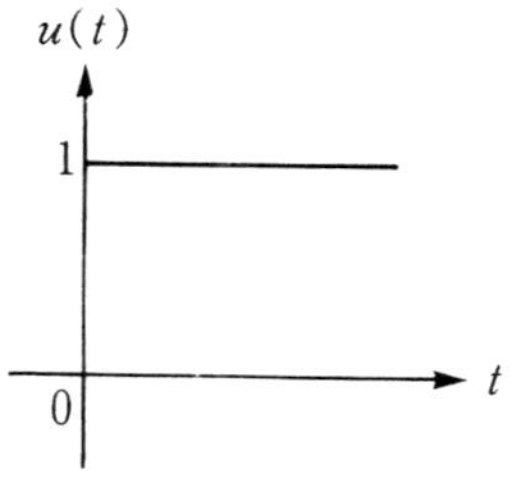

•• 그림 13-4 ••

이에 대한 라플라스 변환은

$$\mathcal{L}[f(t)] = \int_0^\infty u(t)e^{-st}dt = \int_0^\infty 1 \cdot e^{-st}dt$$

$$= -\frac{1}{s}[e^{-st}]_0^\infty = \frac{1}{s} \qquad (13\text{-}15)$$

한편 $f(t)=1$의 라플라스 변환도 $\frac{1}{s}$이 되어 $f(t)=1$은 $u(t)$와 같은 함수임을 알 수 있다.

또한 그림 13-5와 같이 $t=a$의 순간에 단위값으로 변하는 함수, 즉 시간 지연을 갖는 단위 계단 함수를 추이 단위 계단 함수라 하며 다음과 같이 표시한다.

$$f(t) = u(t-a), \quad f(t) = \begin{cases} 1 : (t > a) \\ 0 : (t < a) \end{cases}$$

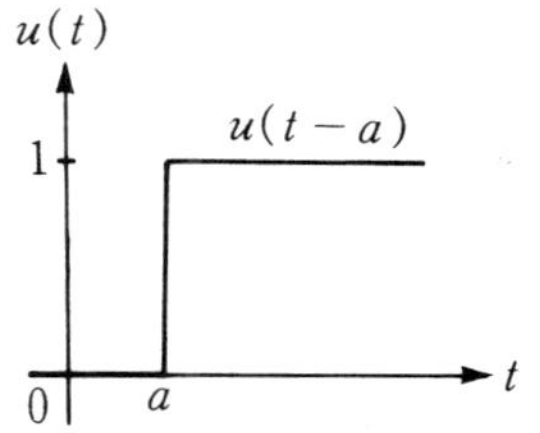

•• 그림 13-5 ••

이에 대한 라플라스 변환을 구하기 위하여 새로운 변수 τ를 도입하며 $t-a=\tau$라고 놓으면 $t=a+\tau$, $dt=d\tau$이므로

$$\mathcal{L}[f(t)] = \int_0^\infty u(t-a)e^{-st}dt = \int_0^\infty u(\tau)e^{-s\tau}e^{-as}d\tau$$

$$= e^{-as}\int_0^\infty u(\tau)e^{-s\tau}d\tau = \frac{1}{s}e^{-as} \tag{13-16}$$

예제 그림 13-6과 같은 파형의 라플라스 변환을 구하여라.

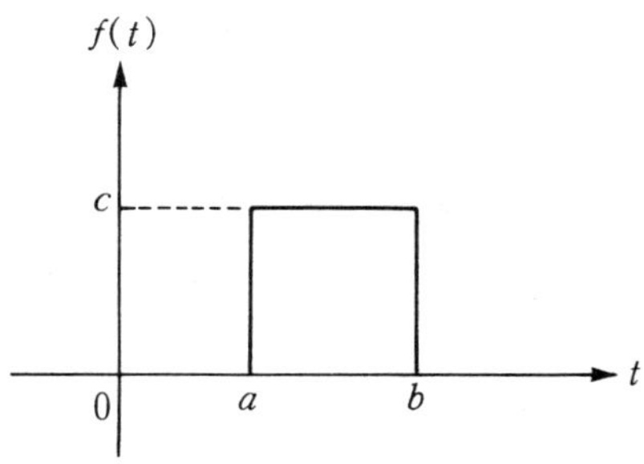

•• 그림 13-6 ••

풀이 단위 계단 함수로 표시하여 구하면

$$f(t) = C\{u(t-a) - u(t-b)\}$$

이므로, 라플라스 변환하면

$$F(s) = \frac{C}{s}(e^{-as} - e^{-bs}) \quad ①$$

식 ①을 이용하여 그림 13-7과 같은 주기적 구형파의 라플라스 변환을 구할 수 있다. 그림 13-7 (a)에 보인 단일 구형 펄스는

$$v_1(t) = u(t) - u(t-a) \quad ②$$

로 주어지고 그림 13-7 (b)에 표시한 펄스는

$$v_2(t) = u(t) - 2u(t-a) + u(t-2a) \quad ③$$

로 주어진다.

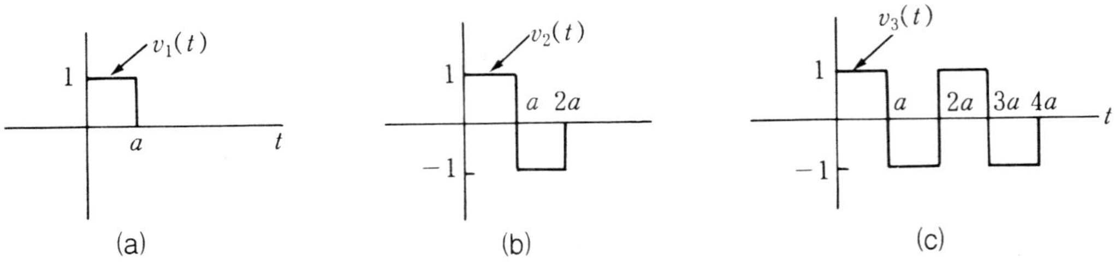

•• 그림 13-7 주기적 함수 ••

그러므로 이와 같은 과정을 반복하면 그림 13-7 (c)에 나타낸 주기적인 구형 펄스를 얻는다.

$$v(t)=u(t)-2u(t-a)+2u(t-2a)-2u(t-3a)+\cdots \qquad ④$$

윗 식에 선형성 정리를 적용하고 각 항의 라플라스 변환을 구하면 다음과 같다.

$$\mathcal{L}[v(t)]=V(s)=\frac{1}{s}-2\frac{e^{-as}}{s}+2\frac{e^{-2as}}{s}-2\frac{e^{-3as}}{s}+\cdots \qquad ⑤$$

윗 식을 정리하여 구하면 다음과 같이 된다.

$$\begin{aligned}\mathcal{L}[v(t)]&=\frac{1}{s}[1-2e^{-as}(1-e^{-as}+e^{-2as}-e^{-3as}+\cdots)]\\&=\frac{1}{s}[1-2e^{-as}(1+e^{-as})^{-1}]=\frac{1}{s}\left(1-\frac{2e^{-as}}{1+e^{-as}}\right)\\&=\frac{1}{s}\left(\frac{1-e^{-as}}{1+e^{-as}}\right)=\frac{1}{s}\,\frac{e^{-as/2}}{e^{-as/2}}\left(\frac{e^{-as/2}-e^{-as/2}}{e^{as/2}+e^{-as/2}}\right)=\frac{1}{s}\tanh\frac{as}{2}\end{aligned}$$

여기서

$$(1+e^{-as})=1-e^{-as}+e^{-2as}-e^{-3as}+\cdots$$

13.5.2 단위 임펄스 함수

단위 임펄스 함수(unit impulse function) $\delta(t)$는 단위 계단 함수와 더불어 회로 해석에서 매우 중요한 특이 함수이다.

단위 임펄스 함수는 펄스폭이 ε이고 진폭 $\frac{1}{\varepsilon}$인 그림 13-8과 같은 구형 펄스일 때, 그 면적은 단위 면적이고 $\varepsilon\to 0$의 극한에서 그림 13-8 (d)에 보인 바와 같이 진폭이 무한대인 펄스로 정의한다. 즉

$$\delta(t)=\begin{cases} 0 : t\neq 0 \\ \infty : t=0 \end{cases} \tag{13-17}$$

단위 임펄스 함수 $\delta(t)$의 라플라스 변환은 단위 계단 함수를 사용하면

$$\delta_{\varepsilon}(t)=\frac{1}{\varepsilon}\{u(t)-u(t-\varepsilon)\}$$

가 된다.

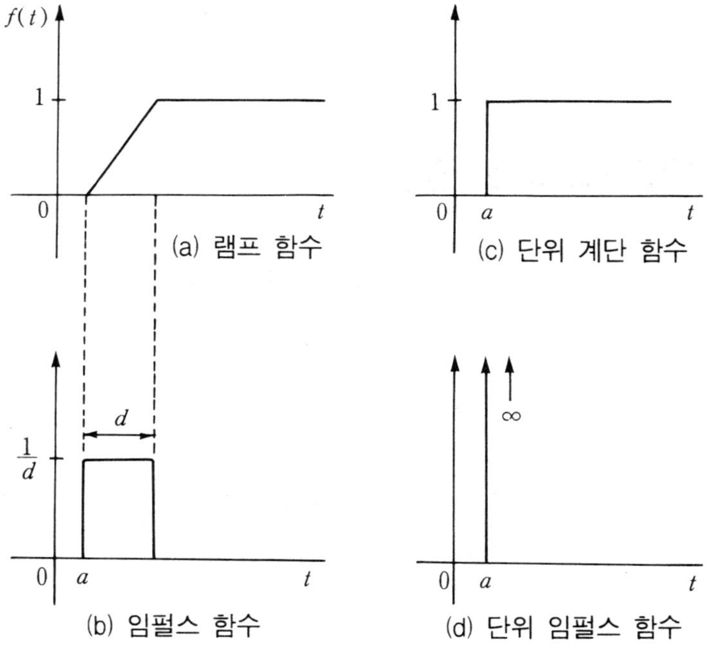

•• 그림 13-8 단위 임펄스와 단위 계단 함수와의 관계 ••

단위 임펄스 함수 $\delta(t)$의 라플라스 변환은 단위 계단 함수를 사용하면

$$\delta_{\varepsilon}(t)=\frac{1}{\varepsilon}\{u(t)-u(t-\varepsilon)\}$$

가 된다. 정의에 의하여

$$\delta(t)=\lim_{\varepsilon\to 0}\delta_{\varepsilon}(t)=\frac{du(t)}{dt}$$

즉 단위 임펄스 함수는 단위 계단 함수 $u(t)$를 시간 t로 미분한 것이라고 생각할 수 있다.

그러므로

$$\mathcal{L}[\delta(t)] = \delta[\lim_{\varepsilon \to 0} \delta_\varepsilon(t)] = \lim_{\varepsilon \to 0} \int_0^\infty \delta_\varepsilon(t) e^{-st} dt$$

$$= \lim_{\varepsilon \to 0} \frac{1}{\varepsilon} \int_0^\infty \{u(t) - u(t-\varepsilon)\} e^{-st} dt$$

$$= \lim_{\varepsilon \to 0} \frac{1}{\varepsilon} \cdot \frac{1-e^{-\varepsilon s}}{s} = \lim_{\varepsilon \to 0} \frac{1}{\varepsilon s} \left(\varepsilon s - \frac{\varepsilon^2 s^2}{2!} + \frac{\varepsilon^3 s^3}{3!} \right) = 1$$

13.6 역라플라스 변환

라플라스 변환하여 얻어지는 s함수에서 역으로 t함수를 얻는 것을 **역라플라스 변환**(inverse laplace transform)이라 하고 다음 기호로 표시한다.

$$f(t) = \mathcal{L}^{-1}[F(s)] \tag{13-18}$$

이 역변환을 구하는데는 일반적으로 간단한 함수의 경우에는 s함수의 형을 정리하여 t함수로 역변환하기 쉬운형으로 하고 변환표를 이용하여 구한다.

예제 $F(s) = \dfrac{3}{s-a}$ 의 역라플라스 변환을 구하여라.

풀이 $\dfrac{3}{s-a} = 3\dfrac{1}{s-a}$ 이므로

표 13-1 공식 [4]의 라플라스 변환표에 의하여

$\mathcal{L}^{-1}\left[\dfrac{1}{s-a}\right] = e^{at}$ 이므로

$\therefore \mathcal{L}^{-1}\left[\dfrac{3}{s-a}\right] = 3e^{at}$

표 13-1 중요한 몇 가지 라플라스 변환표

	$f(t)$	$\rightleftarrows$	$F(s)$	비 고
[1]	$\delta(t)$	$\rightleftarrows$	1	단위 임펄스 함수
[2]	$u(t)$	$\rightleftarrows$	$\frac{1}{s}$	단위 스텝함수[4]에서 $a=0$
[3]	$t,\ t^2,\ t^n$	$\rightleftarrows$	$\frac{1}{s^2},\ \frac{2}{s^3},\ \frac{n!}{s^{n+1}}$	$t>0,\ n=1, 2, \cdots$
[4]	ε^{at}	$\rightleftarrows$	$\frac{1}{s-a}$	a는 복소수라도 가능
[5]	$\sin\omega t$	$\rightleftarrows$	$\frac{\omega}{s^2+\omega^2}$	
[6]	$\cos\omega t$	$\rightleftarrows$	$\frac{s}{s^2+\omega^2}$	
[7]	$\sinh\omega t$	$\rightleftarrows$	$\frac{\omega}{s^2-\omega^2}$	[4]로부터 쉽게 유도
[8]	$\cosh\omega t$	$\rightleftarrows$	$\frac{s}{s^2-\omega^2}$	

예제 함수 $F(s)=\dfrac{1}{s^2+9}$ 의 역라플라스 변환을 구하여라.

풀이 식을 정리하면

$$F(s)=\frac{1}{s^2+9}=\frac{1}{3}\,\frac{3}{s^2+3^2}$$ 이므로

표 13-1의 [5]의 라플라스 변환표에 의하여

$$\mathcal{L}[\sin 3t]=\frac{3}{s^2+3^2}$$ 이므로

$$\therefore\ \mathcal{L}^{-1}\left[\frac{1}{s^2+9}\right]=\frac{1}{3}\sin 3t$$

그렇지 않는 경우에는 역라플라스 변환적분에 의해 다음과 같이 계산하여야 한다.

$$\mathcal{L}^{-1}[F(s)]=f(t)=\frac{1}{2\pi j}\int_{\sigma_1-j\infty}^{\sigma_1+j\infty}F(s)e^{st}ds$$

일반적으로 이 식에 의한 라플라스 역변환은 계산이 복잡하고 용이하지 않다.

그러나 $F(s)$는 s의 다항식으로 표시되는 경우가 보통이고 이러한 라플라스 변환형은 부분분수로 전개하는 다음과 같은 전개정리에 의해서 역변환을 쉽게 구할 수 있다. 따라서 이 절에서는 부분 분수 전개에 의한 역라플라스 변환에 대하여 설명하기로 한다.

상계수 선형 미분 방정식을 라플라스 변환하면 s의 다항식으로 된 대수식이 된다. $F(s)$가 s의 분수 다항식

$$F(s)=\frac{A(s)}{B(s)}=\frac{a_m s^m+a_{m-1}s^{m-1}+\cdots+a_1 s+a_0}{b_n s^n+b_{n-1}s^{n-1}+\cdots+b_1 s+b_0} \tag{13-19}$$

으로 표시된다고 하자. 지금, 윗식에서 $A(s)$의 차수가 $B(s)$보다 높으면 $A(s)$를 $B(s)$로 나누어 분자의 차수를 $B(s)$의 차수보다 작게 한 후 부분 분수 전개를 하면 되고, $A(s)$가 $B(s)$의 차수보다 작은 경우에는 바로 부분 분수 전개를 하면 된다. 윗식에서 $B(s)=0$으로 놓고 구한 방정식의 근을 s_1, s_2, $\cdots s_n$이라 하면 식 (13-19)는 다음과 같이 표시된다.

$$F(s)=\frac{A(s)}{B(s)}=\frac{a_n s^m+a_{m-1}s^{n-1}+\cdots+a_1 s+a_0}{(s-s_1)(s-s_2)\cdots(s-s_n)} \tag{13-20}$$

이 때 s_1, $s_2 \cdots s_n$ 등을 $F(s)$의 극이라 한다. 이 경우에 근의 종류에 따라 두 가지 경우가 생기는데, 이들의 계산 방법이 다르다. 그러면 이 두 가지 경우에 대한 부분 분수 전개법을 구체적으로 알아 보기로 하자.

(1) 근이 모두 다른 단근인 경우

분자의 차수가 분모보다 작은 실수의 근을 갖는 함수를 생각해 보면

$$\begin{aligned} F(s)&=\frac{A(s)}{(s-s_1)(s-s_2)\cdots(s-s_n)} \\ &=\frac{C_1}{(s-s_1)}+\frac{C_2}{(s-s_2)}+\cdots+\frac{C_n}{(s-s_n)} \end{aligned} \tag{13-21}$$

이다. 여기서 C_i를 극 s_i에서의 유수(residue)라 한다.

식 (13-21)을 부분 분수화하면 C_1, C_2, $\cdots C_n$ 중 C_i의 값은 다음과 같이 구해진다.

$$C_i = \lim_{s \to s_i}(s - s_i)F(s) = [(s - s_i)F(s)]_{s = s_i}$$

따라서 $F(s)$의 역라플라스 변환은 다음과 같다.

$$\mathcal{L}^{-1}[F(s)] = f(t) = C_1 e^{s_1 t} + C_2 e^{s_2 t} + \cdots C_n e^{s_n t}$$
$$= \sum_{i=1}^{n} C_i e^{s_i t}$$

예제 $\mathcal{L}^{-1}\left[\dfrac{s-2}{s^2+3s+2}\right]$을 구하여라.

풀이 $\dfrac{s-2}{s^2+3s+2} = \dfrac{s-2}{(s+1)(s+2)}$ 이므로 윗식을 부분분수로 전개하면

$$\frac{s-2}{(s+1)(s+2)} = \frac{C_1}{s+1} + \frac{C_2}{s+2}$$

유수 C_i는

$$C_1 = [(s+1)F(s)]_{s=-1} = \left[(s+1)\frac{(s-2)}{(s+1)(s+2)}\right]_{s=-1} = -3$$

$$C_2 = [(s+2)F(s)]_{s=-2} = \left[s+2\frac{s-2}{(s+1)(s+2)}\right]_{s=-2} = 4$$

$$\therefore\ F(s) = \frac{-3}{s+1} + \frac{4}{s+2}$$

따라서 이 식을 역라플라스 변환하면

$$f(t) = \mathcal{L}^{-1}[F(s)] = -3e^{-t} + 4e^{-2t}$$

(2) k중근이 있는 경우

s_1이 k중근이고 s_{k+1}, $\cdots$ s_n이 단근일 때, 즉

$$F(s)=\frac{A(s)}{(s-s_1)^k(s-s_{k+1})\cdots(s-s_n)} \tag{13-22}$$

의 경우에는 부분 분수로 전개하면 다음과 같이 된다.

$$F(s)=\frac{C_{1k}}{(s-s_1)^k}+\frac{C_{1k-1}}{(s-s_1)^{k-1}}+\cdots+\frac{C_{12}}{(s-s_1)^2}+\frac{C_{11}}{(s-s_1)}$$
$$+\frac{C_{k+1}}{s-s_{k+1}}+\cdots+\frac{C_n}{s-s_n} \tag{13-23}$$

여기서 중근의 항은 다음 식으로 구해진다.

$$\left.\begin{aligned}
C_{1k}&=\lim_{s\to s_1}(s-s_1)^kF(s)=[F(s)(s-s_1)^k]_{s=s_1}\\
C_1(k-1)&=\frac{1}{(2-1)!}\lim_{s\to s_1}\frac{d}{ds}\{F(s)(s-s_1)^k\}\\
C_{11}&=\frac{1}{(k-1)!}\lim_{s\to s_1}\frac{d^{k-1}}{ds^{k-1}}\{F(s)(s-s_1)^k\}
\end{aligned}\right\} \tag{13-24}$$

예제 $F(s)=\dfrac{1}{s^2(s+a)}$의 역라플라스 변환을 구하여라.

풀이 부분분수로 전개하면

$$F(s)=\frac{1}{s^2(s+a)}=\frac{C_{11}}{s^2}+\frac{C_{12}}{s}+\frac{C_2}{s+a} \quad ①$$

C_2는 식 ①의 양변에 $(s+a)$를 곱하고 정리한 다음 $s=-a$로 두면

$$C_2=\left[\frac{1}{s^2}\right]_{s=-a}=\frac{1}{a^2}$$

C_{11}은 식 ①의 양변에 s^2을 곱하고 정리하면

$$\frac{1}{s+a}=C_{11}+sC_{12}+\frac{s^2C_2}{s+a} \quad ②$$

여기서, $s=0$로 두면

$$C_{11}=\frac{1}{a}$$

C_{12}는 식 ②의 양변을 미분하여

$$\frac{-1}{(s-a)^2}=C_{12}+\frac{d}{ds}\left(\frac{s^2C_2}{s+a}\right)$$

여기서, $s=0$로 하면

$$C_{12}=-\frac{1}{a^2}$$

$$\therefore\ F(s)=\frac{1}{a}\frac{1}{s^2}-\frac{1}{a^2}\frac{1}{s}+\frac{1}{a^2}\frac{1}{s+a}$$

따라서 윗 식을 역라플라스 변환하면

$$f(t)=\mathcal{L}^{-1}[F(s)]=\frac{1}{a}t-\frac{1}{a^2}+\frac{1}{a^2}e^{-at}=\frac{1}{a^2}(at-1+e^{-at})$$

예제 $F(s)=\dfrac{s+1}{s^2+s-6}$ 의 역라플라스 변환를 구하여라.

풀이 부분분수로 전개하면

$$\frac{s+1}{s^2+s-6}=\frac{C_1}{s-2}+\frac{C_2}{s+3} \qquad ①$$

미정계수법에 의해 풀기 위해

식 ①의 양변에 (s^2+s-6)을 곱하고, 정리하면

$$s+1=C_1(s+3)+C_2(s-2)=(C_1+C_2)s+3C_1-2C_2$$

양변의 s의 동차의 계수를 같다고 두면

$$\left.\begin{aligned}C_1+C_2&=1\\ 3C_1+2C_2&=1\end{aligned}\right\} \qquad ②$$

식 ②로 부터 $C_1=\frac{3}{5}$, $C_2=\frac{2}{5}$

$$\therefore\ F(s)=\frac{3}{5}\frac{1}{s-2}+\frac{2}{5}\frac{1}{s+3}$$

따라서 윗 식을 역라플라스 변환하면

$$f(t)=\mathcal{L}^{-1}[f(s)]=\left(\frac{3}{5}e^{2t}+\frac{2}{5}e^{-3t}\right)=\frac{1}{5}(3e^{2t}+2e^{-3t})$$

13.7 라플라스 변환의 응용

이 절에서는 간단한 전기·전자·통신회로에서 특히 빈도가 높은 과도현상의 해석을 라플라스 변환법을 적용하여 선형 수동 회로망 회로의 응답을 구하기로 한다.

13.7.1 R-L 직렬회로와 직류전원

그림 13-9와 같은 R-L 직렬회로에 시간 $t=0$의 순간에 스위치 s를 닫고, 직류 전압 E를 인가하는 경우 회로에 흐르는 전류 i를 라플라스 변환에 의하여 구해보기로 하자.

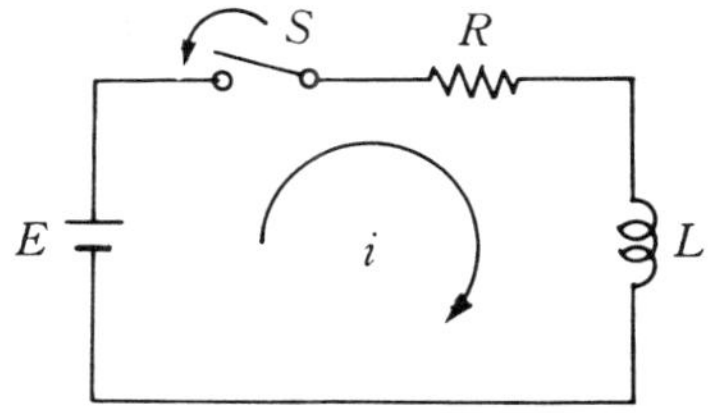

• • 그림 13-9 • •

회로에 키르히호프의 전압법칙을 적용하여 방정식을 세우면 다음과 같다.

$$L\frac{di}{dt}+Ri=E \qquad (13\text{-}25)$$

윗 식을 라플라스 변환하면

$$L[sI(s)-i(0_+)]+RI(s)=\frac{E}{s} \qquad (13\text{-}26)$$

초기조건은 식 (13-26)의 $i(0_+)$로 나타내며, 스위치를 닫은 직후의 전류에 해당한다. 여기에서는 코일이 있으므로 $i(0_+)=0$이 된다. 따라서 윗 식을 정리하여 $I(s)$를 구하면

$$I(s)=\frac{\frac{E}{s}}{Ls+R}=\frac{E}{s(Ls+R)} \tag{13-27}$$

가 된다.

역변환하기 쉬운 형으로 하기 위하여 부분분수로 전개하면

$$\frac{E}{s(Ls+R)}=\frac{K_1}{s}+\frac{K_2}{Ls+R} \tag{13-28}$$

이 된다. 여기서 K_1, K_2의 값을 각각 구하면

$$K_1=\left[\frac{E}{Ls+R}\right]_{s=0}=\frac{E}{R}$$

$$K_2=\left[\frac{E}{s}\right]_{s=-\frac{R}{L}}=-\frac{L}{R}E$$

이 된다. 따라서 식 (13-27)은 다음과 같이 표시된다.

$$I(s)=\frac{E}{R}\left(\frac{1}{s}-\frac{1}{s+\frac{R}{L}}\right) \tag{13-29}$$

이것의 각 항에 상당하는 변환대는 변환표를 보면 알 수 있다.

따라서 각 항에 대하여 역라플라스 변환하면 시간의 함수 $i(t)$는

$$i(t)=\mathcal{L}^{-1}[I(s)]=\frac{E}{R}\left(1-e^{-\frac{R}{L}t}\right) \tag{13-30}$$

예제 그림 13-9와 같은 $R-L$ 직렬회로에 $t=0$인 순간에 스위치 s를 닫고 전압 Ee^{-at}를 인가할 때 회로에 흐르는 전류 i를 구하여라.

풀이 회로에 특수한 전압 Ee^{-at}를 인가할 때 전압평형 방정식은

$$L\frac{di}{dt}+Ri=Ee^{-at} \quad ①$$

식 ①을 라플라스 변환하면 다음과 같이 된다.

$$sI(s)+\frac{R}{L}I(s)=\frac{E}{L}\cdot\frac{1}{s+\alpha} \qquad ②$$

식 ②를 정리하여 $I(s)$를 구하면

$$I(s)=\frac{E}{L}\frac{1}{(s+\alpha)\left(s+\frac{R}{L}\right)}=\frac{E}{L\left(\frac{R}{L}-\alpha\right)}\left(\frac{1}{s+\alpha}-\frac{1}{s+\frac{R}{L}}\right)$$

$$=\frac{E}{R-\alpha L}\left(\frac{1}{s+\alpha}-\frac{1}{s+\frac{R}{L}}\right) \qquad ③$$

이 된다. 따라서 각 항에 대하여 역라플라스 변환하면 $i(t)$는

$$i(t)=\mathcal{L}^{-1}[I(s)]=\frac{E}{R-\alpha L}\left(e^{-\alpha t}-e^{-\frac{R}{L}t}\right) \qquad ④$$

13.7.2 R-C 직렬회로와 직류전원

그림 13-10과 같은 R-C 직렬회로에 $t=0$인 순간에 스위치 s를 닫아서 직류전압 E를 인가하는 경우 회로에 흐르는 전류를 구해보자.

키르히호프의 전압법칙에 의해 회로방정식을 세우면

$$Ri+\frac{1}{C}\int i dt=E \qquad (13\text{-}31)$$

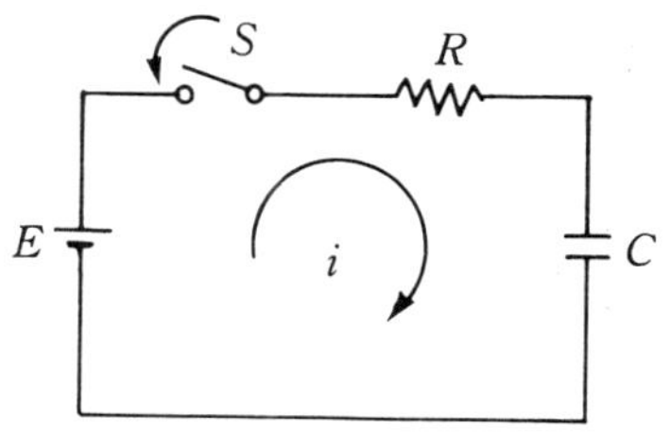

• • 그림 13-10 • •

이 된다. 윗 식을 라플라스 변환하면

$$RI(s)+\frac{1}{C}\left[\frac{I(s)}{s}+\frac{q(0_+)}{s}\right]=\frac{E}{s} \qquad (13\text{-}32)$$

스위치 s를 닫기 직전에 C에는 축적 전하가 없으므로 $t=0^+$에서 초기 전하는 $q(0^+)=0$이다. 따라서 식 (13-32)는 다음과 같이 된다.

$$RI(s)+\frac{1}{sC}I(s)=\frac{E}{s} \tag{13-33}$$

따라서 윗 식을 정리하여 $I(s)$를 구하면

$$I(s)=\frac{E}{s}\frac{1}{R+\frac{1}{sC}}=\frac{E}{R}\cdot\frac{1}{S+\frac{1}{RC}}$$

이것을 역라플라스 변환하면

$$i(t)=\mathcal{L}^{-1}[I(s)]=\frac{E}{R}e^{-\frac{1}{RC}t} \tag{13-34}$$

예제 그림 13-11과 같은 회로에서 $t=0$인 시간에 스위치 s를 닫을 때 전류 $i(t)$를 구하여라. 단, $V_c(0)=1[\mathrm{V}]$

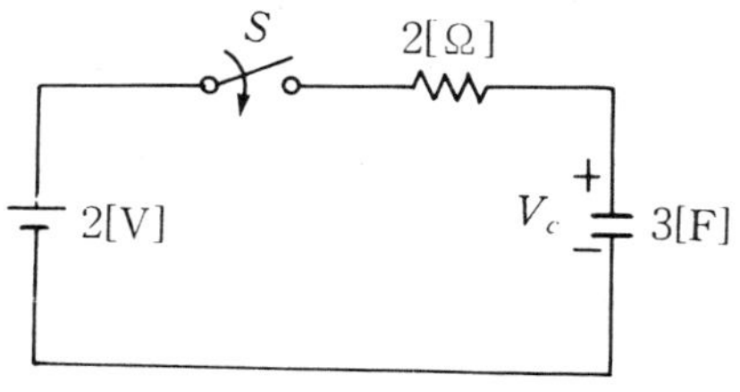

•• 그림 13-11 ••

풀이 스위치를 닫았을 때 전압방정식은

$$Ri+\frac{1}{C}\int idt=V$$

윗 식을 라플라스 변환하면

$$RI(s)+\frac{1}{sC}\{I(s)+i^{-1}(0_+)\}=\frac{V}{s}$$

주어진 값을 대입하여 정리하면

$$2I(s)+\frac{1}{3s}\{I(s)+i^{-1}(0_+)\}=\frac{2}{s}$$

여기서, $i(0_+)$는 초기 충전 전하이므로, $Q_0=CV_c(0)=3\times1=3$

$$\therefore\ I(s)=\frac{\frac{2}{s}-\frac{1}{s}}{2+\frac{1}{3s}}=\frac{3}{6s+1}=\frac{3}{6}\frac{1}{s+\frac{1}{6}}$$

$$\therefore\ i(t)=2e^{-\frac{1}{6}t}$$

13.7.3 $L-C$ 직렬회로와 직류전원

그림 13-12와 같은 $L-C$ 직렬회로에 $t=0$인 순간에 스위치 s를 닫아서 직류 전압 E을 인가하는 경우에 회로에 흐르는 전류 $i(t)$를 구해보자.

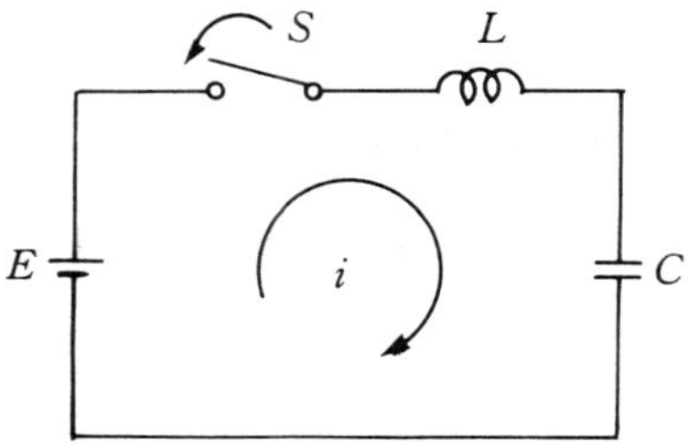

• • 그림 13-12 • •

그림 13-12의 회로에 키르히호프의 전압법칙을 적용하여 회로방정식을 세우면 다음과 같다.

$$L\frac{di}{dt}+\frac{1}{C}\int idt=E \qquad (13\text{-}35)$$

식 (13-35)을 라플라스 변환하면

$$L[sI(s)]+\frac{1}{Cs}I(s)=\frac{E}{s} \qquad (13\text{-}36)$$

이 된다. 따라서 식 (13-36)을 정리하여 $I(s)$를 구하면

$$I(s)=\frac{E}{L}\,\frac{\frac{1}{\sqrt{LC}}\cdot\sqrt{LC}}{s^2+\left(\frac{1}{\sqrt{LC}}\right)^2}=\frac{E}{\sqrt{\frac{L}{C}}}\cdot\frac{\frac{1}{\sqrt{LC}}}{s^2+\left(\frac{1}{\sqrt{LC}}\right)^2} \tag{13-37}$$

이것을 역라플라스 변환하면

$$i(t)=\mathcal{L}^{-1}[I(s)]=\frac{E}{\sqrt{\frac{L}{C}}}\sin\frac{1}{\sqrt{LC}}t \tag{13-38}$$

13.7.4 R-L 직렬회로의 직류전원 제거

그림 13-13과 같은 R-L 직렬회로에서 $t=0$에서 스위치 s를 닫음과 동시에 스위치 s_1을 열어 직류전원 E를 제거하는 경우 회로에 흐르는 전류 $i(t)$를 구하여 보자.

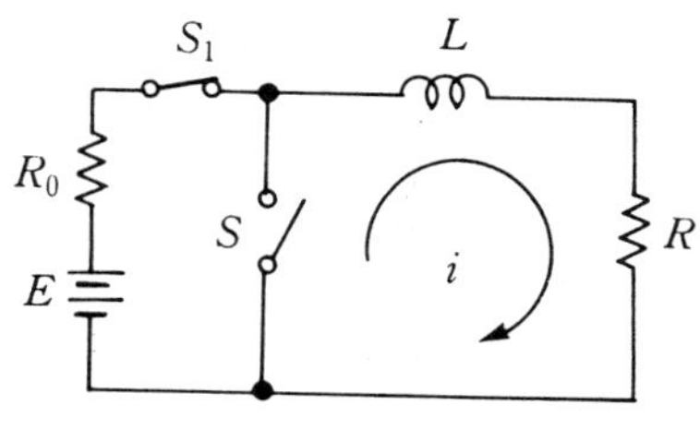

• • 그림 13-13 • •

키르히호프의 전압법칙을 적용하여 회로방정식을 세우면 다음과 같이 된다.

$$L\frac{di}{dt}+Ri=0 \tag{13-39}$$

식 (13-39)을 라플라스 변환하면

$$L[sI(s)-i(0_+)]+RI(s)=0 \tag{13-40}$$

$i(0_+)$는 $t=0$에서의 초기값이므로 $i(0_+)=I$로 된다. 따라서

$$L[sI(s)-I]+RI(s)=0 \tag{13-41}$$

이 된다. 식 (13-41)을 정리하여 $I(s)$를 구하면

$$I(s)=\frac{LI}{Ls+R}=\frac{I}{s+\frac{R}{L}} \tag{13-42}$$

식 (13-42)을 역라플라스 변환하면

$$i(t)=\mathcal{L}^{-1}[I(s)]=Ie^{-\frac{R}{L}t} \tag{13-43}$$

예제 그림 13-14와 같은 회로에서 스위치 S는 a에서 정상상태로 있다가 b로 이동된다. 이 경우 전류 i[A]를 구하여라.
단, $E=100$[V], $R_1=1[\Omega]$, $R_2=2[\Omega]$, $L=3$[H]이다.

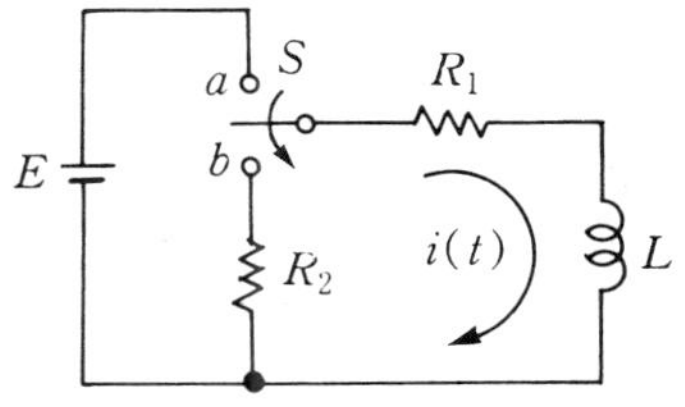

•• 그림 13-14 ••

풀이 스위치가 b로 이동되었을 때 전압방정식은

$$(R_1+R_2)i+L\frac{di}{dt}=0$$

$$(R_1+R_2)I(s)+L[sI(s)-i(0_+)]=0$$

여기서, $i(0_+)=\dfrac{E}{R_1}$

윗 식을 주어진 값을 대입하면 정리하면

$$(1+2)I(s)+3[sI(s)-100]=0$$

$$I(s)\{3+3s\}=300, \quad I(s)=\frac{300}{3(s+1)}=\frac{100}{s+1}$$

$$\therefore\ i(t)=\mathcal{L}^{-1}[I(s)]=\mathcal{L}^{-1}\left[\frac{100}{s+1}\right]=100e^{-t}$$

13.7.5 전달함수

자동제어계에서의 전달함수는 선형미분 방정식의 초기값을 0으로 했을 때 출력신호의 라플라스 변환과 입력신호의 라플라스 변환과의 비이다. 그러므로 입력신호 $r(t)$에 대하여 출력신호 $c(t)$를 발생하는 요소의 전달함수 $G(s)$는 $r(t)$, $c(t)$의 라플라스 변환을 각각 $R(s)$, $C(s)$라 하면

$$G(s)=\frac{\text{출력신호의 라플라스 변환}}{\text{입력신호의 라플라스 변환}}=\frac{C(s)}{R(s)} \tag{13-44}$$

의 관계가 성립한다. 라플라스 변환한 함수의 입력측과 출력측의 비를 전달함수라고 해서 증폭기(또는 계)의 증폭상황을 표시하는 것이다. 따라서 입력과 출력의 관계를 계로 구획짓고 이것들을 일괄해서 라플라스 변환한 것을 **전달함수**(tra-nsfer function)로 정의하고 있다.

한편 입력신호 $r(t)$와 출력신호 $c(t)$의 관계가 $c(t)=Kr(t)$로 표현되는 요소를 비례요소라 하고 비례상수 k를 이득정수라 한다.

전달함수는 다음과 같다.

$$G(s)=\frac{C(s)}{R(s)}=K \tag{13-45}$$

비례요소의 예를 한가지 들어보자. 그림 13-15와 같은 포텐쇼미터에서 입력전압 v_i와 출력전압 v_0의 관계를 r로 표시하면 직렬회로에 흐르고 있는 전류는 어느 부분이나 같기 때문에

$$v_i=r_1+r_2, \quad v_0=r_2$$

그리고 $\frac{v_0}{v_i} = \frac{r_2}{r_1 + r_2}$이므로 계의 전달함수 $G(s)$는

$$G(s) = \frac{V_0(s)}{V_i(s)} = \frac{R_2(s)}{R_1(s) + R_2(s)} \tag{13-46}$$

가 된다. 또 $\frac{r_2}{r_1 + r_2} = K$로 할 수 있으므로 이계도 비례요소에 속한다.

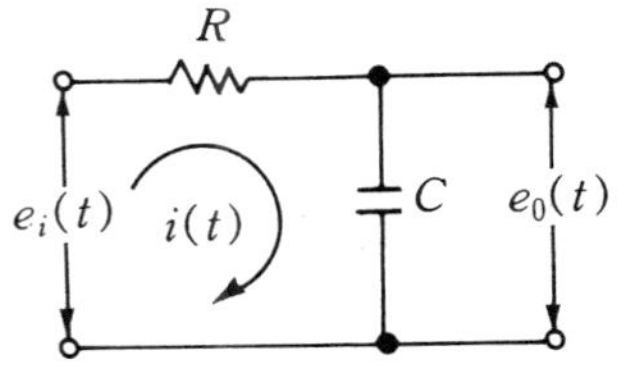

• • 그림 13-15 • •

예제 그림 13-15와 같은 $R-C$ 회로에서 입력을 $e_i(t)$, 출력을 $e_0(t)$라 할 때 전달함수 $G(s)$를 구하여라.

풀이 회로의 전압평형 방정식은 다음과 같다.

$$e_i(t) = Ri(t) + \frac{1}{C}\int i dt$$

$$e_0(t) = \frac{1}{C}\int i(t) dt$$

윗 식을 라플라스 변환하면 다음과 같다.

$$E_i(s) = RI(s) + \frac{I(s)}{Cs}$$

$$E_0(s) = \frac{I(s)}{Cs}$$

$$\therefore G(s) = \frac{E_0(s)}{E_i(s)} = \frac{\frac{I(s)}{Cs}}{I(s)\left\{R + \frac{1}{Cs}\right\}} = \frac{1}{CRs+1} = \frac{1}{\tau s+1} = \frac{1}{\tau s}$$

이 식의 $\tau = RC$이므로 상수 K로 할 수 있어 일반적으로

$$G(s) = \frac{1}{Ks}$$

의 형태가 된다. 이와 같이 $\frac{1}{Ks}$인 계를 적분요소라고 한다.

연 습 문 제

1. 함수 $f(t)=3+t^2-\sin 3t$의 라플라스 변환을 구하여라.

[답] $\frac{3}{s}+\frac{2}{s^3}-\frac{3}{s^2+9}$

2. 주파수 추이정리를 이용해서 $f(t)=e^{-2t}\cos t$의 라플라스 변환을 구하여라.

[답] $\frac{s+2}{s^2+4s+5}$

3. 다음 함수의 라플라스 변환을 구하여라.

$f(t)=\sin(\omega t+\theta)$

[답] $\frac{\omega\cos\theta+s\sin\theta}{s^2+\omega^2}$

4. 유기 기전력 $e(t)=E_m\sin\omega t$ 의 라플라스 변환을 구하여라.

[답] $\frac{\omega}{s^2+\omega^2}E_m$

5. $f(t)=\sin t\cdot\cos t$의 라플라스 변환을 구하여라.

[답] $\frac{1}{s^2+4}$

6. 그림 13-16과 같은 파형의 라플라스 변환을 구하여라.

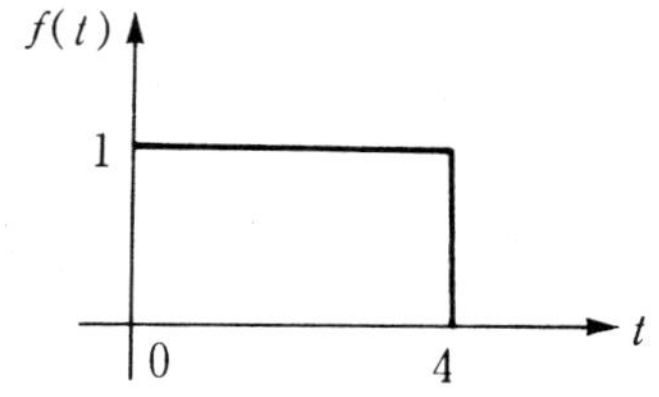

• • 그림 13-16 • •

[답] $\frac{1}{s}(1-e^{-4s})$

7. $F(s)=\frac{s}{(s+1)(s+2)}$ 의 역라플라스 변환을 구하여라.

[답] $-e^{-t}+2e^{-2t}$

찾아보기

전기·전자·통신 공학도를 위한

공학수학

2017. 2. 20 인쇄
2017. 2. 25 발행

판 권
소 유

저 자 : 최동유 · 노순국 · 노진수 공저

발행자 : 이진권

발행처 : 도서출판 **태영문화사**

주 소 : 서울특별시 강서구 초원로 38

전 화 : 2661-8751

F A X : 2661-8798

등 록 : 1998년 11월 12일 제 2-2682호

정가 23,000원